U0721100
万事不求人
·中华民间百艺宝典·
博雅 / 编著
生活小窍门
一书在手，万事不求人，人生更从容
台海出版社

图书在版编目（CIP）数据

万事不求人：生活小窍门 / 博雅编著 . -- 北京：台海出版社，2025. 5. -- ISBN 978-7-5168-4200-3

Ⅰ. TS976.3

中国国家版本馆 CIP 数据核字第 2025480U9Y 号

**万事不求人：生活小窍门**

编　　著：博雅

责任编辑：曹任云　　　　封面设计：于 芳

出版发行：台海出版社
地　　址：北京市东城区景山东街 20 号　邮政编码：100009
电　　话：010-64041652（发行，邮购）
传　　真：010-84045799（总编室）
网　　址：www.taimeng.org.cn/thcbs/default.htm
E-mail：thcbs@126.com

经　　销：全国各地新华书店
印　　刷：三河市龙大印装有限公司
本书如有破损、缺页、装订错误，请与本社联系调换

开　　本：710 毫米 ×1000 毫米　1/16
字　　数：256 千字　　　　印　　张：19
版　　次：2025 年 5 月第 1 版　　印　　次：2025 年 5 月第 1 次印刷
书　　号：ISBN 978-7-5168-4200-3

定　　价：68.00 元

# 前言

*Preface*

生活细节中充满智慧。这些细节使得生活丰富多彩，更轻松惬意。它们让我们更好地认知家，更好地感受人生。

有些细节虽小，却影响着生活的全部。关注细节就是关注生活，讲究细节就是讲究生活的质量和品位。但是，在生活当中我们常常忽略了细节，有许多细微之处，因嫌烦琐而被删减了；有许多细小之事，因为大意而被忽略了。

生活是幸福的、温馨的，但也是琐碎的、杂乱的，有时更是困难重重的。如何将生活安排得井井有条、科学合理、健康舒适，对于许多人来说，可是一个不小的难题。在现实生活中，我们的父辈、祖辈为我们积累了丰富的生活经验和小窍门，用这些经验和窍门可以规避许多风险，给我们的生活带来极大的便利。

《万事不求人：生活小窍门》指导性、实用性强，是居家过日子随手可查的顾问和好帮手。一书在手,万事不愁。你生活中可能遇到的种种难题和疑问，都可以在本书中找到恰当的解决方案。书中详细介绍了与日常生活息息相关的食品选购、贮藏、保鲜和饮食宜忌的常识，家居装修宜忌、居室布置和花卉养护的知识，日常生活中运动健身和保持心理健康的具体方法，日常生活购房置业、安全行驶、外出旅游的相关知识及注意事项，厨艺、烹饪技术，人际交往，留学移民，理财投资，创业经商，育儿等方方面面的内容。希望读者通过本书的阅读与学习，能够掌握更多的生活智慧与技巧，成为传承生活智慧、享受美好生活的桥梁与纽带。

# 目 录

*Contents*

## 第十五章　社交礼仪 / 207



## 第十六章　留学移民常识 / 224



## 第十七章　投资理财 / 231

# 第一章　历法节令

## 历法的起源

中国人最早是使用结绳记事来记录时间和事件的。由于生产和生活的需要，古人希望知道昼夜、月份和季节的变化规律，以及更长时间的计量方法。在长期的劳作中，人们掌握了更先进的计时方式，于是制定了历法。

所谓历法，简单说就是根据天象变化的自然规律，推算年、月、日的时间长度和它们之间的关系，制定时间序列的法则，计量较长的时间间隔，判断气候的变化，预示季节来临的法则。

因此历代制定的历法，侧重点各不相同。大体可分为三类：一类叫阳历，阳历的历年约等于回归年，月的日数和年的月数则人为规定，如公历、儒略历等；一类叫阴历，阴历的一个月约等于朔望月，年的月数则人为规定，如希腊历等；另一类叫阴阳合历，其中月的日数约等于朔望月，而年的日数又约等于回归年。此外，确定年首、月首、节气以及比年更长的时间单位，也是历法制定的内容。

历法的实施，使人类在农业生产上有了更多的掌握，极大地促进了农业文明的发展。在今天看来，中国历法的产生，是中国古人为了掌握农务的时候（简称农时），长期观察天体运行的结果。中国的农历之所以被称为阴阳合历，是因为它不仅有阳历的成分，又有阴历的成分。它把太阳和月亮的运行规则合为一体，做出了两者对农业影响的总结，所以中国的农历比纯粹的阴历或西方普遍使用的阳历都要方便和实用。农历是中国传统文化的代表之一，它的准确巧妙，常常被中国人视为骄傲。

定出年、月、日的长度，是制定历法的主要环节。日的长度是根据太阳每天的运动定出的，一年的月数和日数以及月的日数，有的按天象定出，有的是人为定出的。因按天象确定的年和月所包括的日数不是简单的有理数，例如按季节变化确定的年（即回归年）为365.24220……日，按月相变化确定的月（即朔望月）为29.53059……日，而制定的历法又必须使年的月数和月的日数为整数。

中国从古到今使用过的历法就有102种。不过不管有多少种历法，都可以把它们分别归到以下三大系统中去：阳历、阴历、阴阳合历。这是因为，计算时间要么以地球绕太阳公转的周期为基础，要么以月亮绕地球公转的周期为基础，要么把两种周期加以调和。前者属于阳历系统，后者属于阴历系统，调和者则属于阴阳合历系统。

“我国历法之发生，有谓始于尧”，

以《书经·尧典》有“历象日月星辰”之语为据。相传历法发明是这样的：在很久以前，有个名字叫万年的青年，在山上砍柴的时候经常在树荫下休息。他偶然发现树荫的变化与日光转移的关系，回家之后，他就用了几天几夜设计出一个测日影计天时的晷仪。可是，当天阴有雨或有雾的时候，就会因为没有太阳，而影响了测量。后来，山崖上的滴泉引起了他的兴趣，他又动手做了一个五层漏壶。天长日久，他发现每隔三百六十多天，天时的长短就会重复一遍。

当时的国君叫祖乙，天气的不测，使他很苦恼。万年听说后，忍不住就带着日晷和漏壶去见国君，他对祖乙讲了日月运行的道理。祖乙听后大悦，觉得很有道理，于是把万年留下，在天坛前修建日月阁，筑起日晷台和漏壶亭。祖乙对万年说：“希望你能测准日月规律，推算出准确的晨夕时间，创建历法，为天下的黎民百姓造福。”

冬去春来，年复一年。万年经过长期观察，精心推算，制定出了准确的太阳历。当他把太阳历呈给继任的国君时，已是满面银须。国君深为感动，为纪念万年的功绩，便将太阳历命名为“万年历”，封万年为日月寿星。

综观中国古代的历法，所包含的内容十分丰富，大致说来包括推算朔望、二十四节气，安置闰月以及计算日食、月食和行星位置等。当然，这些内容是随着天文学的发展逐步充实到历法中去的，而且经历了一个相当长的历史阶段。

如果再将这个“相当长的历史阶段”细分的话，大致又可以分为四个时期。古历时期：汉武帝太初元年（公元前 104 年）以前所采用的历法。中法时期：从汉太初元年以后，到清代初期改历为止。这期间制定历法者有七十余家，均有成文载于二十四史的《历志》或《律历志》中。诸家历法虽多有改革，但其原则却没有大的改变。中西合法时期：从清代耶稣会传教士汤若望上呈《新法历书》到辛亥革命为止。公历时期：辛亥革命之后，孙中山先生于 1912 年宣布采用格里历（即公历，又称阳历），即进入了公历时期。中华人民共和国成立后，在采用公历的同时，考虑到人们生产、生活的实际需要，还颁发了中国传统的农历。就此中国的历法系统完整地成立并流传。

历法的推广使人们更精确地掌握四时与昼夜的变化，并在此基础上开始发现更多的自然的秘密，进一步地掌握了自然的规律，为人类更好地生存奠定了坚实的基础。

## 阳　历

在天文学上，阳历指主要按太阳的周年运动来安排的历法。它的一年有365日左右。阳历是根据太阳直射点的运行周期而制定的，其历年为一个平均回归年，其历年有两种，一种是平年，一种是闰年，闰年和平年仅差一天。

通常所说的阳历，即太阳历，又称格里历，为世界上通用的公历纪元。公历的前身是古罗马恺撒修订的儒略历。根据儒略历的规定，每4年有1个闰年，闰年为366日，其余3年（称为平年）各有365日。公元年数能被4除尽的是闰年。儒略历1年平均长365.25日，比实际公转周期的365.2422日长11分14秒，即每400年约长3日。这样到公元16世纪时已经积累了有10天误差。在此情况下，教皇格列高里十三世于1582年宣布改历。先是一步到位把儒略历1582年10月4日的下一天定为格列历10月15日，中间跳过10天。同时修改了儒略历置闰法则。除了保留儒略历年数被4除尽的是闰年外，增加了被100除得尽而被400除不尽的则不是闰年的规定。这样的做法可在400年中减少3个闰年。

在格列高里历历法里，400年中有97个闰年（每年366日）及303个平年（每年365日），所以每年平均长365.2425日，与公转周期的365.2422日十分接近。可基本保证到公元5000年前误差不超过1天。1949年9月27日，中国人民政治协商会议第一届全体会议通过使用世界上通用的公历纪元，把公历即阳历的元月一日定为元旦，为新年。因为农历正月初一通常都在立春前后，因而把农历正月初一定为“春节”。

阳历是以地球绕太阳公转的周期为计算基础的，要求历法年同回归年（地球绕太阳公转一周）基本符合。它的要点是定一阳历年为365日，机械地分为12个月，每月30日或31日（近代的公历还有29日或28日为一个月者，例如每年二月），这种月同月亮运转周期毫不相干。

阳历的优点是地球上的季节固定，冬夏分明，便于人们科学地安排生活和生产。缺点是历法同月亮的运转规律毫无关系，月中之夜可以是天暗星明，两月之交又往往满月当空，对于沿海人民计算潮汐很不方便。我们今天使用的公历，就是这种阳历。

## 阴　历

阴历在天文学中主要指按月亮的

月相周期来安排的历法，又称“太阴历”或“纯阴历”。它以月球绕行地球一周（以太阳为参照物，实际月球运行超过一周）为一月，即以朔望月作为确定历月的基础，一年为十二个历月的一种历法。真正意义上的阴历，就是伊斯兰历（回历）。即十二个阴历月为一年，不管季节变化。阴历主要用来指导人们的宗教节日等，因此穆斯林的斋戒节有时在夏天，有时在冬天。但伊斯兰教国家另设一种阳历指导世俗生活。在农业气象学中，阴历俗称农历、殷历、古历、旧历，是指中国传统上使用的夏历。而天文学认为夏历实际上是一种阴阳历。

阴历定月的依据是月亮的运动规律：月球运行的轨道，名曰白道，白道与黄道同为天体上之两大圆，以五度九分而斜交，月球绕地球一周，出没于黄道者两次，历二十七日七小时四十三分十一秒半，为月球公转一周所需的时间，谓之“恒星月”。当月球绕地球运动之时，地球因公转，位置亦有变动，计前进二十七度余，而月球每日行十三度十五分，故月球自合朔，全绕地球一周，复至合朔，实需二十九日十二时四十四分二秒八，谓之“朔望月”，习俗所谓一个月，即指朔望月而言。

因朔望月较之回归年易于观测，远古的历法几乎都是阴历。因为地球绕太阳一周为三百六十五天，而十二个阴历月只有约三百五十四天，所以古人以增置闰月来解决这一问题。我国的历法自古就是一种阴阳历。因为每月初一为新月，十五为圆月，易于辨识，使用方便，所以通常称这种历法为阴历。由于历法中有节气变化，跟农业种植活动密切相关，所以阴历，在国人尤其是农民的生活中起着举足轻重的作用，直到今天。

## 天干地支

天干地支，是古人建历法时，为了方便做六十进位而设出的符号。对古代的中国人而言，天干地支的存在，就像阿拉伯数字般单纯，而且后来更开始把这些符号运用在地图、方位及时间（时间轴与空间轴）上，所以这些数字被赋予的意义就越来越多了。

传说黄帝时代有一位大臣，“采五行之情，占斗纲所建，于是作甲乙以名目，谓之干，作子丑以名目，谓之支，干支相配以成六旬”。这只是一个传说，干支到底是谁最先创立的，现在还没有证实，不过在殷墟出土的甲骨文中，已有表示干支的象形文字，说明早在殷代已经使用干支纪时法了。我国古人用这六十对干支来表示年、月、日、时的序号，周而复始，不断循环，这就是干支纪时法。

干支就字面意义来说，就相当于树干和枝叶。我国古代以天为主，以地为从，天和干相连叫天干，地和支相连叫地支，合起来叫天干地支，简称干支。

天干有十个，就是甲、乙、丙、丁、戊、己、庚、辛、壬、癸，地支有十二个，依次是子、丑、寅、卯、辰、巳、午、未、申、酉、戌、亥。古人把它们按照甲子、乙丑、丙寅……的顺序而不重复地搭配起来（也就是天干转六圈而地支转五圈，正好一个循环），从甲子到癸亥共六十对，叫作六十甲子。

甲子　乙丑　丙寅　丁卯　戊辰　己巳　庚午　辛未　壬申　癸酉

甲戌　乙亥　丙子　丁丑　戊寅　己卯　庚辰　辛巳　壬午　癸未

甲申　乙酉　丙戌　丁亥　戊子　己丑　庚寅　辛卯　壬辰　癸巳

甲午　乙未　丙申　丁酉　戊戌　己亥　庚子　辛丑　壬寅　癸卯

甲辰　乙巳　丙午　丁未　戊申　己酉　庚戌　辛亥　壬子　癸丑

甲寅　乙卯　丙辰　丁巳　戊午　己未　庚申　辛酉　壬戌　癸亥

每个干支组合代表一天，假设某日为甲子日，则甲子以后的日子依次顺推为乙丑、丙寅、丁卯等。甲子以前的日子依次逆推为癸亥、壬戌、辛酉等。六十甲子周而复始。这种纪日法远在甲骨文时代就已经有了。

同一天内，人们也会用天干地支来表示时辰。用十二地支表示十二个时辰，每个时辰等于现代的两小时。和现代的时间对照，夜半十一点（即二十三点）是子时（所以说子夜），凌晨一点是丑时，三点是寅时，五点是卯时，其余依此顺推。近代又把每个时辰细分为初、正。晚上十一点（即二十三点）为子初，夜半十二点为子正；凌晨一点为丑初，凌晨两点为丑正；等等。这就等于把一昼夜分为二十四小时了。

列表对照如下：

| | 子 | 丑 | 寅 | 卯 | 辰 | 巳 | 午 | 未 | 申 | 酉 | 戌 | 亥 |
|---|---|---|---|---|---|---|---|---|---|---|---|---|
| 初 | 23 | 1 | 3 | 5 | 7 | 9 | 11 | 13 | 15 | 17 | 19 | 21 |
| 正 | 24 | 2 | 4 | 6 | 8 | 10 | 12 | 14 | 16 | 18 | 20 | 22 |

还有一个重要的计时系统，那就是“刻”。自古以来，人们习惯分一昼夜为若干刻，在漏壶的箭上刻成等份，以作为较短的时间单位。

干支纪年始行于王莽，通行于东汉后期。汉章帝元和二年（公元85年），朝廷下令在全国推行干支纪年。有人认为中国在汉武帝以前已用

干支纪年。可是，那其实是类似的太岁纪年，用太岁所在位置来纪年，干支只是用以表示十二辰（把黄道附近一周天分为十二等分），木星（太岁）11.862年绕天一周，所以太岁约86年会多走过一辰，这叫作“超辰”。在颛顼历上，西汉武帝太初元年是太岁在丙子，太初历由超辰法改变为丁丑。汉成帝末年，由刘歆重新编订的三统历又把太初元年改变为丙子，把太始二年（公元前95年）从乙酉改变为丙戌。而东汉的历学者没用超辰法。所以太岁纪年和干支纪年从太始二年表面一样。

必须特别注意的是干支纪年是以立春作为一年即岁次的开始，是为岁首，不是以农历正月初一作为一年的开始。例如，1984年大致是岁次甲子年，但严格来讲，当时的甲子年是自1984年立春起，至1985年立春止。

## 二十四节气

节气是中华祖先历经千百年的实践创造出来的宝贵的科学遗产，是反映气候和物候变化、掌握农事季节的工具。

早在春秋战国时期，中国黄河流域就已经用土圭（在平面上竖一根杆子）来测量正午太阳影子的长短，以确定冬至、夏至、春分、秋分四个节气。一年中，土圭在正午时分影子最短的一天为夏至，最长的一天为冬至，影子长度适中的为春分或秋分。春秋时期的著作《尚书》就对节气有所记述。到秦汉年间，二十四节气已完全确立。我国古代用农历（月亮历）纪时，用阳历（太阳历）划分春夏秋冬二十四节气。我们祖先把五天叫一候，三候为一气，称节气，全年分为七十二候二十四节气。二十四节气是我国劳动人民独创的文化遗产，它能反映季节的变化，指导农事活动，影响着千家万户的衣食住行。

随着不断地观察、分析和总结，节气的划分逐渐丰富和科学，到了距今两千多年前的秦汉时期，已经形成了完整的二十四节气的概念。

立春、雨水、惊蛰、春分、清明、谷雨、立夏、小满、芒种、夏至、小暑、大暑、立秋、处暑、白露、秋分、寒露、霜降、立冬、小雪、大雪、冬至、小寒、大寒。每个节气约间隔半个月的时间，分列在十二个月里面。在月首的叫作节气，在月中的叫作“中气”，所谓“气”就是气象、气候的意思。

立春：立是开始的意思。立春就

是春季的开始。雨水：降雨开始，雨量渐增。

惊蛰：蛰是藏的意思。惊蛰是指春雷乍动，惊醒了蛰伏在土中冬眠的动物。春分：分是平分的意思。春分表示昼夜平分。

清明：天气晴朗，草木繁茂。谷雨：雨生百谷。雨量充足而及时，谷类作物能茁壮成长。

立夏：夏季的开始。小满：麦类等夏熟作物籽粒开始饱满。

芒种：麦类等有芒作物成熟。夏至：炎热的夏天来临。

小暑：暑是炎热的意思。小暑就是气候开始炎热。大暑：一年中最热的时候。

立秋：秋季的开始。处暑：处是终止、躲藏的意思。处暑是表示炎热的暑天结束。

白露：天气转凉，露凝而白。秋分：昼夜平分。

寒露：露水已寒，将要结冰。霜降：天气渐冷，开始有霜。

立冬：冬季的开始。小雪：开始下雪。

大雪：降雪量增多，地面可能积雪。冬至：寒冷的冬天来临。

小寒：气候开始寒冷。大寒：一年中最冷的时候。

二十四节气中有立春、立夏、立秋、立冬、春分、夏至、秋分、冬至八个节气反映四个季节及其变化。立春表示春季开始，万物从此开始有生机，春分表示它平分了昼夜，又表示它平分了春季；立夏表示夏季开始，植物将随着温暖湿润的气候而生长；夏至表示炎热的夏季就要来临；立秋表示秋季的开始，植物将随着秋天的到来而成熟；秋分与春分的意义相似，表示既平分了昼夜又平分了秋季；立冬表示冬季开始，冬至表示寒冷的冬季正式来临。

小暑、大暑、处暑、小寒、大寒五个节气表示天气的气温冷暖变化。小暑表示炎热已经到来，大暑表示最炎热的时候到来，处暑表示炎热的暑天已经过去，小寒表示天气寒冷，大寒表示天气已经寒冷到了极点。

雨水、谷雨、小雪、大雪、白露、寒露、霜降，表示自然界的降水。雨水表示少雨的冬季过去，谷雨表示雨水增加，谷物生长；小雪表示下雪天到来，大雪表示雪天更多，地面有积雪出现；白露表示气温降低，近地面的水汽在草木上凝结成露；寒露表示气温进一步降低，露水快凝结成霜；霜降表示露水已

经凝结成霜。

惊蛰、清明、小满、芒种反映农事变化。惊蛰表示春天的雷声惊醒了冬眠的动物；清明表示大自然明净清洁，万物复苏；小满表示农作物开始结实；芒种则表示麦芒成熟。

明白二十四节气的意义之后，就知道历法以二十四节气为准绳是多么重要。但是二十四节气是按太阳在天空走过的大圆的二十四个等分角度来定义的，不是按一年二十四个等分时间来定义的，所以时间间隔并不相等，按近似的天数说，有的近似十五天，有的近似十六天。所以一年的月怎样分才能既简明又足够准确地表现二十四节气，使它们排列得有规律，且让人容易记忆掌握，这是设计历法的重要任务。

二十四节气歌

春雨惊春清谷天，
夏满芒夏暑相连。
秋处露秋寒霜降，
冬雪雪冬小大寒。
每月两节不变更，
最多相差一两天。
上半年来六廿一，
下半年是八廿三。
立春梅花分外艳，
雨水红杏花开鲜。
惊蛰芦林闻雷报，
春分蝴蝶舞花间。
清明风筝放断线，
谷雨嫩茶翡翠连。
立夏桑果像樱桃，
小满养蚕又种田。
芒种育秧放庭前，
夏至稻花如白练。
小暑风催早豆熟，
大暑池畔赏红莲。
立秋知了催人眠，
处暑葵花笑开颜。
白露燕归又来雁，
秋分丹桂香满园。
寒露菜苗田间绿，
霜降芦花飘满天。
立冬报喜献三瑞，
小雪鹅毛片片飞。
大雪寒梅迎风狂，
冬至瑞雪兆丰年。
小寒游子思乡归，
大寒岁底庆团圆。

二十四节气表

| 立春 | 2月3～4日 | 雨水 | 2月18～19日 | 惊蛰 | 3月5～6日 |
|---|---|---|---|---|---|
| 春分 | 3月20～21日 | 清明 | 4月4～6日 | 谷雨 | 4月19～20日 |
| 立夏 | 5月5～6日 | 小满 | 5月20～22日 | 芒种 | 6月5～6日 |
| 夏至 | 6月21～22日 | 小暑 | 7月7～8日 | 大暑 | 7月22～23日 |
| 立秋 | 8月6～9日 | 处暑 | 8月22～24日 | 白露 | 9月7～9日 |
| 秋分 | 9月22～24日 | 寒露 | 10月7～9日 | 霜降 | 10月23～4日 |
| 立冬 | 11月7～8日 | 小雪 | 11月22～23日 | 大雪 | 12月7～8日 |
| 冬至 | 1月21～23日 | 小寒 | 1月5～6日 | 大寒 | 1月19～21日 |
| 由于地球的自转和公转存在一定的周期性变化，因此每个节气的具体日期可能会略有不同，但通常都在上述时间范围内。 | | | | | |

## 历史朝代公元纪年对照表

| 朝代 | | 起讫年代 | 都城 | 今地 | 开国皇帝 |
|---|---|---|---|---|---|
| 三皇五帝 | | | | | |
| 夏朝 | | 约前2070—约前1600 | 安邑 | 山西夏县 | 禹 |
| 商朝 | | 约前1600—约前1046 | 亳 | 河南商丘 | 汤 |
| 周 | 西周 | 约前1046—前771 | 镐京 | 陕西西安 | 周文王姬发 |
| | 东周[1] | 前770—前256 | 洛邑 | 河南洛阳 | 周平王姬宜臼 |
| 秦朝 | | 前221—前207 | 咸阳 | 陕西咸阳 | 始皇帝嬴政 |
| 汉 | 西汉 | 前206—公元25 | 长安 | 陕西西安 | 汉高祖刘邦 |
| | 东汉 | 25—220 | 洛阳 | 河南洛阳 | 汉光武帝刘秀 |
| 三国 | 曹魏 | 220—265 | 洛阳 | 河南洛阳 | 魏文帝曹丕 |
| | 蜀汉 | 221—263 | 成都 | 四川成都 | 汉昭烈帝刘备 |
| | 孙吴 | 222—280 | 建业 | 江苏南京 | 吴大帝孙权 |

1　东周加之后的35年为我国历史上的春秋战国时期。

续表

| 朝代 | | 起讫年代 | 都城 | 今地 | 开国皇帝 |
|---|---|---|---|---|---|
| 晋 | 西晋 | 265—317 | 洛阳 | 河南洛阳 | 晋武帝司马炎 |
| | 东晋 | 317—420 | 建康 | 江苏南京 | 晋元帝司马睿 |
| 十六国 | 前赵（汉赵） | 304—318 | 平阳 | 山西临汾 | 高祖光文皇帝刘渊 |
| | | 319—329 | 长安 | 陕西西安 | |
| | 成汉 | 306—347 | 成都 | 四川成都 | 太宗武皇帝李雄 |
| | 前凉 | 318—376 | 姑臧 | 甘肃武威 | 高祖明王张寔 |
| | 后赵 | 319—351 | 襄国 | 河北邢台 | 高祖明皇帝石勒 |
| | 前燕 | 337—370 | 龙城 | 辽宁朝阳 | 太祖文明皇帝慕容皝 |
| | 前秦 | 351—394 | 长安 | 陕西西安 | 世宗明皇帝符健 |
| | 后秦 | 384—417 | 长安 | 陕西西安 | 太祖武昭皇帝姚苌 |
| | 后燕 | 384—407 | 中山 | 河北定州 | 世祖成武皇帝慕容垂 |
| | 西秦 | 385—431 | 苑川 | 甘肃榆中 | 烈祖宣烈王乞伏国仁 |
| | 后凉 | 386—403 | 姑臧 | 甘肃平凉 | 太祖懿武皇帝吕光 |
| | 南凉 | 397—414 | 西平 | 青海西宁 | 烈祖武王拓跋乌孤 |
| | 南燕 | 398—410 | 广固 | 山东益都 | 世宗献武皇帝慕容德 |
| | 西凉 | 400—421 | 酒泉 | 甘肃酒泉 | 太祖昭武王李暠 |
| | 胡夏 | 407—431 | 统万城 | 陕西靖边 | 世祖烈武皇帝赫连勃勃 |
| | 北燕 | 407—436 | 龙城 | 辽宁朝阳 | 高句丽人高云 |
| | 北凉 | 397—460 | 张掖 | 甘肃张掖 | 太祖武宣王沮渠蒙逊 |

续表

<table>
<tr><th colspan="3">朝代</th><th>起讫年代</th><th>都城</th><th>今地</th><th>开国皇帝</th></tr>
<tr><td rowspan="11">南北朝</td><td rowspan="4">南朝</td><td>宋</td><td>420—479</td><td>建康</td><td>江苏南京</td><td>宋武帝刘裕</td></tr>
<tr><td>齐</td><td>479—502</td><td>建康</td><td>江苏南京</td><td>齐高帝萧道成</td></tr>
<tr><td>梁</td><td>502—557</td><td>建康</td><td>江苏南京</td><td>梁武帝萧衍</td></tr>
<tr><td>陈</td><td>557—589</td><td>建康</td><td>江苏南京</td><td>陈武帝陈霸先</td></tr>
<tr><td rowspan="7">北朝</td><td rowspan="2">北魏</td><td rowspan="2">386—534</td><td>平城</td><td>山西大同</td><td rowspan="2">魏道武帝拓跋珪</td></tr>
<tr><td>洛阳</td><td>河南洛阳</td></tr>
<tr><td>东魏</td><td>534—550</td><td>邺城</td><td>河北临漳</td><td>魏孝静帝元善见</td></tr>
<tr><td>西魏</td><td>535—556</td><td>长安</td><td>陕西西安</td><td>魏文帝元宝炬</td></tr>
<tr><td>北齐</td><td>550—577</td><td>邺城</td><td>河北临漳</td><td>齐文宣帝高洋</td></tr>
<tr><td>北周</td><td>557—581</td><td>长安</td><td>陕西西安</td><td>周孝闵帝宇文觉</td></tr>
<tr><td colspan="3">隋朝</td><td>581—618</td><td>大兴</td><td>陕西西安</td><td>隋文帝杨坚</td></tr>
<tr><td colspan="3">唐朝</td><td>618—907</td><td>长安</td><td>陕西西安</td><td>唐高祖李渊</td></tr>
<tr><td rowspan="15">五代十国</td><td colspan="2">后梁</td><td>907—923</td><td>汴</td><td>河南开封</td><td>梁太祖朱晃</td></tr>
<tr><td colspan="2">后唐</td><td>923—936</td><td>洛阳</td><td>河南洛阳</td><td>唐庄宗李存勖</td></tr>
<tr><td colspan="2">后晋</td><td>936—947</td><td>汴</td><td>河南开封</td><td>晋高祖石敬瑭</td></tr>
<tr><td colspan="2">后汉</td><td>947—950</td><td>汴</td><td>河南开封</td><td>汉高祖刘暠</td></tr>
<tr><td colspan="2">后周</td><td>951—960</td><td>汴</td><td>河南开封</td><td>周太祖郭威</td></tr>
<tr><td colspan="2">前蜀</td><td>907—925</td><td>成都</td><td>四川成都</td><td>高祖王建</td></tr>
<tr><td colspan="2">后蜀</td><td>934—966</td><td>成都</td><td>四川成都</td><td>高祖孟知祥</td></tr>
<tr><td colspan="2">杨吴</td><td>902—937</td><td>江都</td><td>江苏扬州</td><td>太祖杨行密</td></tr>
<tr><td colspan="2">南唐</td><td>937—975</td><td>江宁</td><td>江苏南京</td><td>烈祖李昪</td></tr>
<tr><td colspan="2">吴越</td><td>907—978</td><td>杭州</td><td>浙江杭州</td><td>武肃王钱镠</td></tr>
<tr><td colspan="2">闽国</td><td>909—945</td><td>长乐</td><td>福建福州</td><td>太祖王审知</td></tr>
<tr><td colspan="2">马楚</td><td>907—951</td><td>潭州</td><td>湖南长沙</td><td>武穆王马殷</td></tr>
<tr><td colspan="2">南汉</td><td>917—971</td><td>兴王府</td><td>广东广州</td><td>高祖刘龑</td></tr>
<tr><td colspan="2">南平</td><td>924—963</td><td>荆州</td><td>湖北荆州</td><td>武信王高季兴</td></tr>
<tr><td colspan="2">北汉</td><td>951—979</td><td>晋阳</td><td>山西太原</td><td>世祖刘崇</td></tr>
</table>

续表

<table>
<tr><th colspan="2">朝代</th><th>起讫年代</th><th>都城</th><th>今地</th><th>开国皇帝</th></tr>
<tr><td rowspan="2">宋</td><td>北宋</td><td>960—1127</td><td>开封</td><td>河南开封</td><td>宋太祖赵匡胤</td></tr>
<tr><td>南宋</td><td>1127—1279</td><td>临安</td><td>浙江临安</td><td>宋高宗赵构</td></tr>
<tr><td colspan="2">辽</td><td>907—1125</td><td>皇都</td><td>辽宁</td><td>辽国耶律阿保机</td></tr>
<tr><td colspan="2">大理</td><td>937—1254</td><td>羊苴咩城</td><td>云南大理</td><td>太祖段思平</td></tr>
<tr><td colspan="2">西夏</td><td>1038—1227</td><td>兴庆府</td><td>宁夏银川</td><td>景宗李元昊</td></tr>
<tr><td colspan="2" rowspan="3">金</td><td rowspan="3">1115—1234</td><td>会宁</td><td>阿城（黑）</td><td rowspan="3">金太祖阿骨打</td></tr>
<tr><td>中都</td><td>北京</td></tr>
<tr><td>开封</td><td>河南开封</td></tr>
<tr><td colspan="2">元</td><td>1206—1368</td><td>大都</td><td>北京</td><td>元太祖铁木真</td></tr>
<tr><td colspan="2">明</td><td>1368—1644</td><td>北京</td><td>北京</td><td>明太祖朱元璋</td></tr>
<tr><td colspan="2">清</td><td>1616—1911</td><td>北京</td><td>北京</td><td>清太祖努尔哈赤</td></tr>
<tr><td colspan="2">中华民国</td><td>1912—1949</td><td>南京</td><td>南京</td><td></td></tr>
</table>

# 第二章　传统民俗

## 民间吉祥象征

古老的中国是世界文明的发源地之一，中国传统吉祥图案历史悠久，富于民间特色，又蕴含吉祥的意义，通过在历史积淀中不断得以完善。在漫长的岁月里，这些图案运用各种手法，结合完美的美术形式，表达先人们对幸福美满生活的热切和渴望。

传统图案巧妙地运用人物、走兽、花鸟、日月星辰、风雨雷电、文字等，以神话传说、民间谚语为题材，通过借喻、比拟、双关、谐音、象征等手法，创造出完美的美术形式，成为中华民族传统文化的重要组成部分。

中国传统吉祥图案始于商周，高速发展于宋元，到明清时期达到高峰。在各个时期吉祥图案都有其相对的局限性，但其发展的脚步始终未曾停歇。直至今日，传统吉祥图案仍具有极强的生命力。随着社会的进步，人类文明的发展，人们的观念意识和审美情趣在不断地发展变化，与之相生相伴的各种艺术形式也都打上了鲜明的时代烙印。

中国的吉祥图案类别多样，载体丰富，形成的原因和标准也多种多样。图案被广泛地应用在建筑装饰（如石刻、砖印及木结构上的彩画等）、家具装饰、印染织绣、瓷器、漆器、彩陶的制作等中。依据吉祥图案的题材可分为人物类、祥禽瑞兽类、植物类、文字类、几何纹、器物组合类等。

汉字中存在很多同音字，聪明的中国人借这些同音字表达了自己美好的愿望，尤其是节日，人人都希望喜庆吉祥，偏好讨个“口彩”。所以利用汉语言的谐音作为某种吉祥寓意的表达，在吉祥图案中的运用十分普遍。

例如，“蝠”与“福”同音，而蝙蝠在中国也就成为一种瑞兽，代表一种福气。大家常常在各种图画上看到画有五只蝙蝠的画面，这便是“五福临门”之意，民间认为五福是指“福、禄、寿、喜、财”，因此喜欢带有五只蝙蝠的装饰品。

喜鹊更是在传统吉祥图案中得到了广泛的利用。两只喜鹊寓意双喜，和獾子一起寓意欢喜，和豹子一起寓意报喜，喜鹊和莲在一起寓意喜得连科。

除了用同音字来表达吉祥之外，民间还习惯用代表性事物来寓意吉祥喜庆。如灯彩是传统的喜庆之物，将灯笼绘上五谷，寓意五谷丰登，丰衣足食；“瓶”与“平”二者同音，用花瓶则直接表示“平安”之意。

除了直接运用字义和形象之外，还有很多吉祥图案综合运用了象征手法，从而赋予图案更丰富的含义。例如“三多图”由石榴、桃、佛手组成，寓意多福（佛）多寿（桃）多子（石榴子多），三多组合在一起，便成了人生幸福美满的象征。

人们发现鸳鸯本性喜欢成对生活、形影不离，就会拿鸳鸯比作忠贞的爱情，夫妻的象征。狮子在民间被公认为百兽之王，勇不可当，威震四方，人们便在大门的两旁摆放石狮，用来镇宅辟邪，使门外的邪魔妖怪不敢入屋肆虐，起到镇宅守门、驱魔辟邪、消灾解祸、祈求阖家平安的效用。

除了形象之外，吉祥图案在色彩的选择上也符合大众化的心理。红、黄等色彩在民间一向被当作吉祥的颜色，人们喜爱用这些色彩来表达自己的美好愿望。如“红靠黄，亮晃晃”，“红搭绿，一块玉”，“粉笼黄，胜增光”，“红红绿绿，图个吉利”，等等。这种审美心理经过历史的演变成为一种下意识的精神现象被人们自发地应用。这类色彩迎合了民众的审美趣味，成为寓意吉祥和喜庆的符号。

## 悠远的民间传说

中国有着非常悠久的历史。按照传统说法，从传说中的黄帝到现在，有四五千年的历史，通常叫作“上下五千年”。在上下五千年的历史里，有许多动人的有意义的故事，其中有许多是有文字记载的，也有许多神话和传说没有文字记载，但却流传下来了。中国上古神话按内容分为七类：创世神话、洪水神话（鲧禹治水）、民族起源神话、文化起源神话、英雄神话（夸父追日、精卫填海、后羿射日）、部族战争神话和自然神话。

盘古开天

我们人类的祖先，究竟是从哪里来的？古时候流传着一个盘古开天辟地的神话，说的是在天地开辟之前，宇宙不过是混混沌沌的一团气，里面没有光，没有声音。这时候，出了一个盘古氏，用大斧把这一团混沌劈了开来。轻的气往上升，就成了天；重的气往下沉，就成了地。之后，天每天高出一丈，地每天加厚一丈，盘古氏本人也每天长高一丈。这样过了一万八千年，天就很高很高，地就很厚很厚了，盘古氏当然也成了顶天立地的巨人。后来，盘古氏死了，他的身体的各个部分就变成了太阳、月亮、星星、高山、河流、草木等。这就是开天辟地的神话。

女娲补天

在盘古开天辟地之后，才有了万物生灵。不知哪一年，西天突然塌了一块，天河中的水哗哗地从缺口流下

人间，淹死了无数生命。当时，有个姑娘名叫女娲，她目睹百姓颠沛流离，动了恻隐之心，立誓要把天上的缺口补起来。有一天她做了一个很奇怪的梦，梦中有一位神仙告诉她，昆仑山顶堆满了五色宝石，用大火将宝石炼烧后，就可以拿来补天。女娲醒来后，直奔昆仑山。昆仑山高耸陡峭，更有狮虎等恶兽无数，等闲人上不了山。但她一心一意想早日找到补天的宝石替天下百姓消灾，道路崎岖险恶，全不加理会，只是专心致志地日夜赶路。女娲在山顶上终于找到了五色宝石。她捡了许多，堆在山顶上，烧起一把大火，炼了九九八十一天，把宝石炼成熔浆。女娲一次又一次地把熔浆拿去补天，直至天上的缺口滴水不漏，她才舒了口气。这时，地上的百姓见天河水不再漏下来，纷纷重整家园，再过快活的日子。

百草神农架

上古时候，五谷和杂草长在一起，药物和百花开在一起，哪些可以吃，哪些可以治病，谁也分不清。没有药治病的人类饱受病痛的折磨。老百姓的疾苦，神农氏瞧在眼里，为了解决这个问题，他想出了一个办法。他带着一批臣民砍木杆，割藤条，靠着山崖搭架子，一天搭一层，从春天搭到夏天，从秋天搭到冬天，不管刮风下雨，还是飞雪结冰，从来不停工。整整搭了一年，搭了三百六十层，才搭到山顶。神农氏不怕危险，自己尝百草，记录哪些草是苦的，哪些热，哪些凉，哪些能充饥，哪些能医病，都写得清清楚楚。他尝完一山花草，又到另一山去尝，他尝出了三百六十五种草药，写成《神农本草经》，叫臣民带回去，为天下百姓治病。为了纪念神农尝百草、造福人间的功绩，老百姓就把他搭架子尝百草的这片茫茫林海，取名为“神农架”。

大禹治水

远古时期，天地茫茫，宇宙洪荒，百姓饱受海浸水淹之苦。舜即帝位后，命禹治理洪水。禹欣然领命，跋山涉水、顶风冒雨到洪灾严重的地区进行勘察，了解各地山川地貌，摸清洪水流向和走势，制订统一的治水规划，在此基础上才展开大规模的治水工作。他采用“堕高堰库”筑堤截堵的办法，吸取一旦洪水冲垮堤坝便前功尽弃的教训，大胆改用疏导和堰塞相结合的新办法。按《国语·周语》所说，就是顺天地自然，高的培土，低的疏浚，成沟河，除壅塞，开山凿渠，疏通水道，历时十三年之久，终于把洪渊填平，河道疏通，使水由地中行，经湖泊河流汇入海洋，有效驯服了洪水。

### 精卫填海

传说炎帝有一个女儿，叫女娃。女娃十分乖巧，黄帝见了她，都忍不住夸奖她。炎帝视女娃为掌上明珠。有一天，她独自去东海看日出，不幸落入海中。女娃死了，她的精魂化作了一只小鸟，名叫“精卫”，为报仇雪恨，她从她住的发鸠山上衔石子，展翅高飞，一直飞到东海。她在波涛汹涌的海面上回翔，悲鸣着，把石子投下去，想把大海填平。她衔呀，扔呀，成年累月，往复飞翔，从不停息。人们同情精卫，钦佩精卫，把它叫作“冤禽”“誓鸟”“志鸟”“帝女雀”，并在东海边上立了个古迹，叫作“精卫誓水处”。

### 嫦娥奔月

相传，远古时候天上有一对令人羡慕的神仙眷侣，后羿与嫦娥。后羿力大无比又英勇无畏，嫦娥美丽善良，两人因疾恶如仇、爱打抱不平而受到百姓的尊敬和爱戴。有一天，天空中突然出现了十个太阳，都是天帝的儿子。由于他们的出现，大地的温度骤然升高，森林、庄稼着火了，河流干涸了，被烤死的人横尸遍野。后羿听闻此事，与嫦娥来到人间，拉开神弓，一口气射下九个太阳，并严令最后一个太阳按时起落，为民造福。后羿为人间除了大害，却得罪了天帝，天帝因为他射杀自己九个儿子而大发雷霆，不许他们夫妇再回到天上。既然无法回天，后羿便决定留在人间，为百姓做更多的好事，可是他的妻子嫦娥却日渐对充满苦难的人间生活感到不满。一天，后羿到昆仑山访友求道，巧遇由此经过的王母娘娘，便向王母求得一包不死药。据说，服下此药，能即刻升天成仙。遗憾的是，西王母的神药只够一个人使用。后羿既舍不得抛下心爱的妻子自己一个人上天，也不愿妻子一个人上天而把自己留在人间，所以他把神药带回家后就悄悄藏了起来。后羿讨得神药的秘密被嫦娥发现了，嫦娥禁不住天上极乐世界的诱惑，在八月十五中秋节月亮最明的时候，趁后羿不在家，偷偷吃下神药，随后她的身子便飘离地面，冲出窗口，向天上飞去。由于嫦娥牵挂着丈夫，便飞落到离人间最近的月亮上成了仙。

### 夸父追日

据说“夸父”本是一个巨人族的名称，他们个个都是身材高大、力大无比的巨人，耳朵上挂着两条黄蛇，手中握着两条黄蛇，性情温顺善良，都为创造美好的生活而勤奋努力。

当时夸父族生活在天气寒冷漫长的北方，夏季虽暖但却很短，每

天太阳从东方升起，山头的积雪还没有融化，又匆匆从西边落下去了。夸父族的人想，要是能把太阳追回来，让它永久高悬在上空，不断地给大地光和热，那该多好啊！于是他们从本族中推选出一名英雄，去追赶太阳，并把族名“夸父”送给他做名字。夸父十分高兴，他决心不辜负全族父老的希望，跟太阳赛跑，把它追回来，让寒冷的北方和南方一样温暖。于是他跨出大步，风驰电掣般朝西方追去，转眼就是几千、几万里。他一直追到禺谷，也就是太阳落山的地方，那一轮又红又大的火球就在夸父的眼前，他是那么地激动、那么地兴奋，他想立刻伸出自己的一双巨臂，把太阳捉住带回去。可是他已经奔跑了一天了，火辣辣的太阳晒得他口渴难忍，他便俯下身去喝那黄河、渭河里的水。把两条河的水顷刻间就喝干了，但还是没有解渴，他就又向北方跑去，去喝北方大泽里的水，但他还没到达目的地，就在中途渴死了。虽然夸父失败了，但他的这种毅力一直被人们传为佳话，并且激励着许多有志之士不断进取。

神话是民族性的反映，中国的神话自然也反映出了中华民族的特性：博大坚忍、自强不息、富于希望。中国神话里祖先们利人利己的伟大精神，值得后代子孙很好地去学习发扬。

## 姓氏家谱渊源

姓氏最重要的作用是延续血脉，使中华文化的统一性和连续性在姓氏的传承之中得以体现。在封建社会，姓氏还代表尊卑贵贱。姓氏制度同样最早出现在中国，并随着社会的发展变迁，绵延不绝。从公元前三千年中国第一个姓——风姓开始，中国人使用过的姓氏多达22000多个，其中不少姓氏有上千年的历史。

《百家姓》最早是在北宋的时候写的，里面一共收集了单姓408个，复姓30个，一共438个姓。发展到后来，总数据说已达5000个，但是实际应用的，只有1000个左右。

据学者考证，华人最大的十个姓是：张、王、李、赵、陈、杨、吴、刘、黄、周。这十个姓占华人人口近40%。徐、朱、林、孙、马、高、胡、郑、郭、萧这十个姓的人口占华人人口10%以上。谢、何、许、宋、沈、罗、韩、邓、梁、叶这十个姓的人口占华人人口10%左右。接下来的十五个大姓是：方、崔、程、潘、曹、冯、汪、蔡、袁、卢、唐、钱、杜、彭、陆。加起来也占华人人口的近10%。

据1996年《中华姓氏大辞典》统计，中国的姓共有11969个（其中有些姓氏随着时代的发展消亡了）。其中单字姓是5233个，双字姓为4329个，三字姓为1615个，四字姓为569个，五字姓为96个，六字姓为22个，七字姓为7个，八字姓为3个，九字姓为1个。

众多姓氏都有历史可考，现将部分姓氏渊源列举如下。

黄

相传黄姓是伯益之后。伯益为禹所重用，他助禹治水有功，名重一时。周代有黄国（今河南潢川县西），是伯益后裔的封国。公元前648年，黄国被楚国灭掉，其子孙以国为姓，称黄氏。据考证，黄姓有声望的世家大族居住在江夏郡（今湖北云梦县东南）。黄姓最早南迁到宁都黄石田坑。黄姓也是唐朝至五代迁入石城的15个开基大姓之一。

周

周姓是我国最古老的姓氏之一。相传周人的祖先本来居住在邰（今陕西武功县西南），到商朝后期，游牧民族不断侵袭周人，让以农业为生的周人无法安居，于是古公亶父率领族人迁往周原（今陕西渭河平原一带），开荒耕种，兴建宗庙和宫殿，还修了坚固的城墙，从此称周族。公元前256年，秦国灭掉东周，将周赧王废为庶人。当地百姓认为赧王是周家后代，因此称为周氏。另外，还有一些改姓周的，如北魏时鲜卑皇族普乃氏、代北地区贺鲁氏、北周普屯氏等。据赣南历代府县志记载，周姓从唐朝起历次大南迁都有移居赣南的。

赵

造父从华山一带得到八匹千里马，周穆王坐八匹马拉的车子来到昆仑山上，西王母在瑶池设宴招待他。这时东南方的徐偃王造反，造父驾车日行千里，让周穆王及时赶回镐京，发兵打败了徐偃王。由于造父在这次平叛中立了头功，周穆王就赐给他赵城（在今山西洪洞县北）。从此，造父及其子孙便以封地命氏，称为赵氏。造父就是普天下赵姓的始祖。

徐

相传徐国是夏、商、周三代的诸侯。周穆王时的徐君偃聪明仁爱，很得百姓拥护，国力日强。后来他在挖河时挖出一副红色的弓箭，以为这是天赐祥瑞，顿时产生代周为天子的野心。于是，他自称徐偃王，率领三十六国联军向周都进攻。周穆王此时正在西王母那里做客，得到消息后连夜动身，由造父驾车，日行千里回

到周都，点起大军前去镇压。徐偃王没想到周穆王回来得这么快，眼见一场血战就要发生，他审时度势，不忍见生灵涂炭，立即收兵，躲进彭城（今徐州）一带的深山中。周穆王见徐偃王在当地很得人心，便封他的子孙为徐子，继续管理徐国。徐子的后代称徐氏，这就是徐姓的由来。

高

相传齐太公的六世孙齐文公有儿子受封于高，人称公子高。公子高的孙子傒同齐襄公的弟弟公子小白是好友。后来齐襄公被公孙无知所杀，傒联同其他大臣一起平定内乱，诛杀公孙无知迎立公子小白为君，史称齐桓公。齐桓公为了表彰傒的功劳，便赐他以祖父之名“高”为姓。高氏后来世袭齐国上卿之职，成为春秋时齐国名重一时的权贵之族。

何

何姓是以讹传讹产生的姓氏。秦灭六国后，韩姓子孙散居各地，其中一支流落在江淮一带。按当地人的口音，“韩”字被读成“何”音，后来误写成“何”，沿袭下来便成了何氏。此外，汉代何苗，本姓朱，冒姓何，子孙沿袭形成何氏的另一支。何姓始祖何太郎生于唐昭宗景福元年（892年），后南下福建宁化做官。三世何十郎任江西赣州节推。到明代还有从广东迁入赣南的。

马

马姓源出于赵姓。相传战国时赵国有个官员叫赵奢，有一次，秦国派兵攻打韩国，赵奢指挥军队救援。为了奖励他的功劳，赵王封他为马服君。而赵奢的子孙则以封地“马服”的第一字“马”为姓，称马氏。

罗

相传古代有一个部族首领受封罗国，国人以国为姓，称罗氏。后另有唐代西突厥可汗和清代爱新觉罗氏的后代改姓罗。可见，罗氏是一个汉族与少数民族共用的“大家庭”姓。

朱

朱姓本姓邾，后来演变成朱还有一段历史。相传周武王封曹挟于邾国，建都于邾。他的遗族以国为姓，称邾氏。战国时，楚国灭了邾国，邾国的贵族四处逃散，但他们念念不忘自己的祖国，因而去掉耳旁，改姓朱。这便是朱姓的由来。朱氏中原先祖南迁，移居吉安，再移居赣南。而朱姓也成为唐至五代南迁石城的15个开基大姓之一。朱姓由于朱元璋领导起义军推翻元朝、建立明朝而成为明朝的国姓。

李

我国人口统计资料表明，李姓为当今中国第一大姓，也是客家第一大姓。相传李姓的始祖为皋陶，他在尧手下做官，主管司法，官名为“大理”。他的子孙世袭大理职务，历经虞、夏、商三代，以官职为姓，被人称为“理氏”。商朝末年，皋陶的子孙理征因刚正不阿、执法如山得罪了暴君商纣王，被处死。理征的妻儿和儿子开始逃亡。因为沿途的李子树上挂满了又大又红的李子，母子俩摘取李子充饥才得以活命。为了纪念这段蒙难的经历，感谢李子的活命之恩，母子俩改姓“理”为“李”，这就是李姓的由来。很长一段时期，李姓还是个小姓。但到了唐代，一部分其他姓氏的臣民因助李渊建国有功而被李氏皇族赐姓李。这样，李氏宗族便庞大起来，一跃成为中国的大姓。古代李姓中最早建立起名望的家族多住在陇西（今甘肃兰州、巩昌、秦川一带），因此陇西便成为李姓家族的郡望源地。

董

相传帝舜收到诸侯进贡的几条龙，便任命董父去饲养。在董父的精心驯养下，这几条龙学会了表演各种舞蹈。帝舜非常高兴，就封董父为侯。董父就成为董氏之祖（另一说法是春秋时，“董”是管理的意思）。他们的子孙也是以董为姓。

张

为何将张姓称为“军武之姓”？一是因为据统计，张姓的历代名人中有近三分之一是军事名人；二是因为我们接下来要介绍的张姓由来的故事，也与军事和战争有关。相传，古时有个叫挥的人，从小就爱挥刀舞枪，既勇猛，又聪明过人，是弓的发明者。弓箭在古代是战争中最重要的武器。挥因此而被封官，负责监造弓箭，官名为“弓正”，并被赐姓“张”。在古文中，“张”字就像一个人持弓欲射。

王

王姓是一个大家族，在这一家族中出现了许多文学名人、艺术名人和科技名人。翻开历史一看，谁都知道王姓历来就是中国赫赫有名的姓氏之一。特别是东晋南北朝时期，王姓以高高在上的一流士族自居。许多其他姓氏将与王氏通婚视为一件很荣耀的事情。但在现代社会，王姓也只是百家姓中的普通一姓，正如唐朝大诗人刘禹锡感慨的那样：“旧时王谢堂前燕，飞入寻常百姓家。”

刘

刘姓的由来，还有一个有趣的故事。相传晋襄公死后，其儿子夷皋还小，大臣们都主张立晋襄公的弟弟公子雍为晋君。于是执政大臣赵盾派人去秦国接公子雍回国即位。晋襄公的夫人穆嬴知道此事后，天天抱着太子夷皋去宗庙里哭闹。赵盾等人被她闹

得没办法，只好立夷皋为晋君。这时公子雍已经由秦军护送来到边境，赵盾就亲率晋军去阻挡。秦人见赵盾出尔反尔，非常恼火，双方在令狐一带交战起来。秦军准备不足，打了败仗。而由赵盾派去接公子雍的士会也只好留在秦国。其后裔也就成为刘氏——“留”成刘姓。

陈

陈姓按人口统计是中国的第五大姓，陈姓的由来有一段故事。相传舜当天子之前，帝尧把两个女儿嫁给他，让他们在妫旻河边居住，他们的子孙在妫旻一带，就是妫姓。后周武王找到舜帝的后裔妫满，并把大女儿元姬嫁给他，封他为陈侯。妫满死后，谥号陈胡公，陈氏就是他的后代。这就是陈姓的由来。

孙

孙姓的发源大致有三支，一支出于姬姓，另一支出于芈姓，还有一支出于田氏。古时常把孙姓称为兵家大族。春秋战国时有著名的兵法家孙武、军事家孙膑，三国时孙坚、孙策、孙权父子三人领兵用兵，在江东建立吴国。唐末时期，河南籍大将孙猚追剿叛军南进，有功被封东平侯，后定居赣南虔化（今宁都），其后裔分居宁都、兴国、赣县和浙江、湖南等地。1986年11月，江西省政府曾拨款将孙猚墓修建在宁都县梅江镇南郊马家坑。

胡

胡姓发源有两支，一支是周武王封帝舜的后裔为陈侯，谥号陈胡公。他的后代子孙有些以其名字中的“胡”为姓，称胡氏。另一支是周时有两个胡国，两个国君的子孙都是以国为姓，亦称胡氏。胡姓是多出文化名人的世家大族。根据《辞海》等大辞书的统计，胡姓在古代所出的22位名人中，文化名人多达12位。据记载，胡姓是唐朝至五代定居石城的。

林

相传比干是纣王的叔父，他见纣王行事无道，不听臣谏，就叹道：“主过不谏非忠也，畏死不言非勇也，过则谏，不用则死，忠之至也。”于是进宫进谏。可纣王不但不听，还杀了他。当时比干的正妃陈氏已有身孕，听到消息后，她立即与婢女逃到牧野（今河南新乡境内）避难。在树林石室产下了一个男孩，名坚，字长思。直到周武王伐纣后，陈夫人才把坚送回国，周武王认为坚是在长林中所生的，所以赐他以林姓。这便是林姓的由来。林坚便是林姓的始祖。据考证，林姓有声望的世家大族居住在南安郡（今甘肃陇西县）。

傅

傅姓的起源有两种说法：一种是黄帝裔孙大由封于傅邑，后代子孙便以傅为姓，称为傅氏。另一种说法是传说商高宗武丁四处寻找梦中神人所指点的良臣，结果在一个傅岩的地方找到傅说。在傅说在帮助下，天下得以大治。傅说的后代以傅为姓。

邓

邓姓来源有三个传说：第一个是夏朝时帝仲康的子孙封在邓国（今河南邓州），其后世子孙以国名为姓，称邓氏；第二个是商代高宗封其叔父于邓国，其后代以邓为姓，称邓氏；第三个是五代时南唐后主李煜第八子被封为邓王，其后世子孙也称为邓氏。邓氏望族居住在南阳郡（今河南南阳市）。

许

许姓是以国命名的姓氏。周武王封伯夷的后人文叔于许国（今河南许昌市东），称许文叔。战国初期，许国被楚国灭掉，许君的后代称为许氏。另外，传说帝尧时许由的后代也称许氏。许氏望族居住在高阳郡（今河北高阳县）。

## 气象民谚

民谚是中国人民在生产劳动中不断总结归纳出来的智慧结晶。通过这些民谚，能让人们更好地了解天气的变化，从而更好地从事农业生产活动。这些看似简单的道理，却是在长期的观察和思考中产生的。民谚得以传承千年经久不衰，也是因为这些只言片语，浓缩着历代人无穷的智慧。

人民通过劳动习作，总结出了天气阴晴冷暖与万物的细微关联，并依照这些关联，有效地指导日常生活。

“春天猴儿面，阴晴随时变”。意指春天的天气变化无常，或风和日丽，春光明媚，或阴雨连绵，冷风阵阵。

“日出热辣辣，中午雨淋头。”（广西白州）意指早上太阳过热，中午就会有雨下来了。

“雷公先唱歌，有雨也不多。”下雨的地方打雷，传到无雨的地方，人们虽然先听到雷声，但多半是无雨或少雨天气。

“打早打辣雾，尽管洗衫裤”。（广西白州）秋冬季节有晨雾，则该日天晴。

“三日风，三日霜，三日日头公。”（福建厦门）这句话反映了厦门冬季天气特点。三天刮风，三天降温，再三天就出太阳（太阳在厦门话中叫“日头”）。这则民谚说明天气变化的周期有规律可循。

“冬至无雨一冬晴。”（广东汕头）

意指冬至这一天的天气与整个隆冬天气及农事活动有着极其密切的关系。如果冬至这一天无雨，则整个隆冬多为晴天。

“吃过端午肉，坝上紧紧筑。”（浙江杭州）意指过了端午以后，降雨天气将会增多，要提前做好预防洪涝的准备工作。

“乌鸦沙沙叫，阴雨就会到。”乌鸦对天气变化很敏感，一般在大雨来临前一两天就会一反常态，不时发出高亢的鸣啼。一旦叫声沙哑，便是大雨即将来临的信号。

“雀噪天晴，洗澡有雨。”麻雀堪称“晴雨鸟”。若在连日阴雨的早晨，群雀叫声清脆，则预示天气很快转晴。夏秋季节，天气闷热，空气潮湿，麻雀便飞到浅水处洗澡散热，这预示未来一两天内有雨。

“久晴大雾雨，久雨大雾晴。”这是因为天气久晴，空气中所含水分较少，尽管夜间降温，一般仍不会产生大雾。如果突然出现了大雾，很可能是因为暖湿空气侵入，形成了平流雾，预示天气将转阴雨。相反，雨后空气中水分很充沛，但由于云层覆盖地热不易散发，晚上地面降温不显著，也不易形成雾。

“大雁南飞寒流急。”大雁是预报寒潮的专家，当北方有冷空气南下时，大雁往往结队南飞，以躲过寒潮带来的风雨低温天气。

“一日南风三日暴。”（江苏南京）意思是说，冬天刮南风气温回暖后，很快就会有冷空气南下影响。

“布谷催春种。”意指布谷鸟叫以后一般不会有强冷空气影响了，农家可以播种了。

“夏有奇热，冬有奇寒。”夏秋时，当太平洋台风来袭之前多酷热，令田间鱼儿被晒死，民间视为当年气温变幅增大，冬天有严寒之兆。

“奇热必有奇寒。”指入冬以后如果持续温暖，则一旦冷空气袭来，降温可能剧烈、持久。放眼于更长的时间范畴，如果连续数年暖冬，就得留心会来一个寒冬。

“冷得早，回暖早。”如果最冷时段明显提前，则同一冬季中往往不容易再次出现同样量级的严寒，也表明季节会相应提前，春天可能早来。

“早穿皮袄午穿纱，抱着火炉吃西瓜。”（宁夏）形容宁夏秋季昼夜温差大的气候特征。

“冬寒冷皮，春寒冻骨。”（福建厦门）说的是冬天气温虽低，但是寒而不冻；春天气温回升，但是春寒料峭，如果再遇“倒春寒”，更是寒风凛冽彻骨。

“今朝日头乌云托，明朝晒坏乌

龟壳。”“东闪西闪（闪电），晒煞泥鳅黄鳝。”（上海崇明）意指炎热的天气连乌龟的背壳都能晒裂，水中的黄鳝泥鳅也会晒死。

“二八月乱穿衣。”意指冬末春初的这一季，正是气温变化幅度大、冷暖交替多的时期。

民谚大多与当地的气候环境和动植物有关，不具备普遍性，不过，当地的人们却在流传的民谚中受益匪浅。

风

风是自然界中最常见的一种形态，由于各方面的地理属性不一致，所以风有它独特的多样性。有冷风，也有热风；有干风，也有湿风。沙漠吹来的风，挟带着沙尘；海面来的风，含有更多的水汽。因此，我们在不同的风里面，有不同的感觉，可以看到不同的天空景象。更进一步地，如果两种不同的风碰头，就极易发生冲突，这时就可以看到天气突变的现象。风是最容易觉察的现象，所以关于风的谚语很多。

“四季东风是雨娘。”（湖南）

“东风是个精，不下也要阴。”（湖北枣阳）

温带区域和它的北面，就是约在北纬30° 的地方的雨水，主要是由于气旋带来的。气旋的行动，总是自西向东的，在它的前部，盛行着东北风、东风或东南风，故气旋将到的时候，风向必定偏东，所以东风可以看作气旋将来的预兆。因为气旋是一种风暴，是温带区域下雨的主要因子，所以我们看到吹东风时，便知是雨天的先兆。

“东风四季晴，只怕东风起响声。”（江苏南京）

“偏东风吹得紧要落雨。”（上海）

“东风急，备斗笠。”（湖北）

“风急云起，愈急必雨。”（《田家五行·论风》）

这几句话的意思是说：东风是不一定下雨的，东风大了，倒是可怕的。东风既然很小，那么这股气流必定是从很近的地方来的，也许就是本地的气流。它的一切性质，必定和本地环境是一致的，所以天气是难得变坏的。但是，如果东风很有力度，这表示气旋前部的东风是远方来的气流，将有气流不连续地来本地活动，所以天气要变了。

“东南风，燥松松。”（江苏江阴）

“五月南风遭大水，六月南风海也枯。”（浙江、广东）

“五月南风赶水龙，六月南风星夜干。”（广东）

“春南风，雨咚咚；夏南风，一场空。”（江苏无锡、湖北钟祥）

“六月西南天皓洁。”（江苏无锡）

“六月起南风，十冲千九冲。”

（湖北）

“天皓洁”指天气晴好；“冲”指山间洼地，“十冲干九冲”意思是十个山冲就干掉九个，旱情十分严重。

这是流行在东南沿海各省的夏季天气谚语。东南风是从海洋来的，为什么又会干燥起来呢？我们知道，雨水的下降，一方面固然要有凝雨的水蒸气，同时，还要有使这些水蒸气变成云雨的条件。这个条件，在东南平原地区的夏季，就要靠热力的对流作用或两支不同方向来的气流之间的锋面活动。

热力对流的发生是由于地面特别热，地面层空气因热胀冷缩而向上升腾，这样把地面的水汽带到高空变冷而行云致雨的。但是如果风力太大，地面空气流动得太快，就不可能集中在地面受到强热的作用，也就不可能使地面水蒸气上升。还有在单纯的东南风中，由于它发源地的高空下沉作用，往往有高空反比低空暖的现象，这样，地面的空气就难于上升了。所以东南风里虽然有很多水蒸气，但还是不可能行云致雨的。夏天没有云雨，自然天气很热了。

其次，讲到锋面活动，锋面是指两支不同气流的冲突地带。一支气流比较冷重，另一支气流比较轻暖，这两支气流相遇，轻暖的便会上升。于是，就把地面水蒸气带到高空去而行云致雨了。现在地面只有一支东南风，表明并无其他偏北气流来与它发生冲突而形成锋面，所以水汽便不能上升而发生云雨了。

“东北风，雨太公。”（《田家五行·论风》）

东北风发源于北方洋面，或发源于北方洋面而掠过长程洋面而来的气流，所含水蒸气自然没有东南风多。但是，因为它是冷气流，下面接触了南方的、比较热的洋面或陆面，使它发生上冷下暖的现象，造成对流作用，于是，地面的水蒸气，就被它带到高空而发生云雨了。再加上气旋前方必然是东北风活动的场所，因此，又出现了锋面降水。据统计的结果来看，在单纯的东北风里，降雨机会，冬天最多也不过26%，夏天只有11%，也就是说冬天和夏天不下雨的机会分别有74%和89%。如果在气旋前部的东北风里，也就是有锋面活动着的东北风地带，下雨的机会就超过晴天。所以“东北风，雨太公”这个谚语，不一定完全可靠。

“春东风，雨祖宗。”（江苏常州）

“春东风，雨潺潺。”（广东）

这两句谚语的意思是：春天吹东

风，是坏天气的前兆。这是因为，一方面春天地面强有力地增暖；另一方面暖空气逐渐活跃，大陆上气压逐渐降低，反气旋东移入海，在反气旋的尾部就会出现东风，这些东风流到比较暖的陆地上，就造成了下暖上冷的现象。这时空气层是不稳定的，易发生上升对流运动，所以极有可能产生降水。

“一日东风三日雨，三日东风一场空。”（广西贵县）

“一日东风三日雨，三日东风九日晴。”（湖北武昌）

“一日东风三日雨，三日东风无米煮。”（广西）

“无米煮”是因天旱无雨的结果。气旋是自西向东移动的，它的前部是东风，但吹了不久，因为气旋前进的关系，就转成别的风向了。所以东风只吹一日，或者不到一日，就转了风向，表示气旋要逼近的现象，可能下三天雨。如果东风连吹三日而不歇，表示西方没有气旋逼近，所以本地方没有雨。

“夜晚东风掀，明日好晴天。”（河北沧县）

“晚间起东风，明朝太阳红彤彤。”（江苏无锡）

反气旋中心在本地以北而向东移动的时候，本地区就吹东风。一般反气旋里天气是晴明的，所以，这种东风又是晴天之兆。这两句话在内陆的冬季是比较有效的。如果在夏天吹东风，表示是在东南季风的前锋，那么下雨的机会就多了。但是东风掀了，是否好晴天，不一定以夜晚为条件。

“五月东风暴雨繁，大水浸菜园。”（广东）

沿海地区夏季吹南风是正常的天气，如果夏季吹起东风来，就说明南海里有热带低气压或者台风。这时，由于沿海地区距离低气压和台风较近，受它们边缘的影响，将要下雨。

“夏至东南风，必定收洼坑。”（安徽）

“夏至东南第一风，不种潮田命里穷。”（上海）

“夏至风刮佛爷面，有粮不贱。”（湖北武昌）

“收洼坑”，就是洼地丰收之意。“潮田”就是低洼的田。佛爷是面南而坐的，因此“风刮佛爷面”指的是南风。

长江下游，夏至正是梅雨季节，这时的天气，要风向变化多端，才是多雨的锋面天气。反之，如果东南风稳定地吹着，就会干燥。这样，只有低田才能丰收，高田恐怕有旱灾之虞。

“夏至东风摇，麦子坐水牢。”（山东烟台）

在黄河流域，夏至东南风盛行，天气就会变得干燥。但是，如果在华北的夏至时节，有东南风吹到，表示东南海洋来的季风已到了华北。同时，在初夏时期，北方来的冷空气，到达这个纬度上的机会还是不少的，所以极易发展成不连续的锋面而下雨，以致麦子就要坐在“水牢”里了。

“雨后生东风，未来雨更凶。”（湖北武昌）

“雨后东南风，三天不落空。”（湖北阳新）

气旋前部是东风活动的场所，雨后再刮东风表示有第二、第三个气旋到来，所以还要继续下雨。

“发东风，淹水起；发西风，淹水止。”（广西贵县）

“东风下雨，西风晴。”（广西郁林）

“不刮东风天不下，不刮西风天不晴。”（湖北）

“西风吹得稳，天气晴得准。”（湖北黄梅）

东风来自海洋，或为气旋前部之风，故多雨。西风来自内陆，或为气旋后部之风，故雨止。西风是晴天的先兆，西方国家也有这样的说法：“风从西方来，大家都快活。”

“旱刮东风不雨，涝刮西风不晴。”（山西临汾、江苏江阴、河南篙县）

“旱了东风不下雨，涝了西风刮不晴。”（江苏无锡）

久晴成旱表明气层极其稳定而干燥，在东风初到之时，尚不可能打破这种稳定局面而有降雨。相反，久雨成涝表明气层极其不稳定而潮湿，西风初到之时，还不可能使大气层稳定使降水终止。

“东括西扯，有雨不过夜。”（广西郁林）

“东拉西扯，下雨要半月。”（湖北武昌）

“东括西扯”“东拉西扯”，都是风向变化不定的一种现象，风力非常微弱，这是高气压中心的天气。在高气压区域，尤其在高气压的中心，风一般是下沉的。下沉风是比较干热的风，所以天气晴好，即使因其他局地原因而下雨，也下不多。

“早西晚东风，晒煞老长工。”（浙江萧山）

“早西晚东风，晒死老虾公。”（浙江义乌、江苏常熟、上海）

"朝西晓东风，土干田难种。"（江苏无锡）

"早西南，夜东南，好天。"（上海）

这几句谚语流行于东南沿海，是海陆风相互交替的现象。早晨，陆上温度低于海洋，陆上气压高于海洋，使陆上空气流向海洋，呈现西风。但是，白天因为太阳照射得厉害，陆上气温升高很快，特别是到了午后、傍晚，气温比海上高，海洋上的气压也高于大陆，使空气从海洋吹向大陆，呈现东风。"早西"指早晨从陆上吹来的陆风（西风）；"晚东"指傍晚从海上吹来的海风（东风）。这种现象完全是沿海地区每天正常的风向变化，它在晴朗天气明显出现。

"西风夜静。"（江苏南京、山东临淄、河北）

"恶风尽日没。"（《田家五行·论风》）

"强风怕日落。"（江苏无锡）

除赤道以外，高空基本上都是西风。而且越是晴天，高空西风越盛行。在高气压之下，地面很热，白昼对流盛行，地面气流上升，同时高空气流下沉。由于高空气流是自西向东流动的，它下到地面，由于惯性作用，仍旧维持它原来的西风方向，这样在地面上白昼就盛行着西风。可是到了夜间，因为天空无云，地面冷却的缘故，地面气层凝着不动，所以风力极小，成了白昼西风夜间静的现象。

恶风指大风，后两句话的意思是大风在落日时就静止。这种风的来历，和"西风夜静"相同。

"昼息不如夜静。"（江苏苏州）

在晴好天气下，白天阳光强烈，对流盛行，风力经常很大；到了夜间，因为天空无云，地面冷却很快，地面空气变冷，凝着少动，使风力很小。所以白天风大，未必是天气变化之兆，只要夜间无风，天气就不会起变化。就怕白天没有风而夜间风大，那就表示有外来的风暴来临，天气要起变化了。

"夏至西南，十八天水来冲。"（安徽怀远）

"夏至打西南，高山变龙潭。"（湖北黄岩）

"夏至西南没小桥。"（江苏苏州）

"梅里西南，时里潭潭。"（《农政全书》）

"夏至起西南，时里雨潭潭。"（江苏无锡、湖北黄石）

夏至在阳历六月二十一日前后，长江流域正是梅雨季节。梅雨是怎样形成的呢？据研究的结果：因为春末夏初，北冰洋解冻，寒流挟冰南下，

于是日本海和它北面的鄂霍次克海特别寒冷，鄂霍次克海上的冷空气就堆积成一个高气压，我国东部位于高气压的西南，因此盛行东北风。它到达时，如果有热带洋面来的西南风吹到，那就极易在长江流域形成锋面，发展出气旋而致下雨。加上西太平洋副热带高压非常稳定，所以这个锋面上的气旋源源不断产生，产生绵绵不断的降水。按此，夏至时期的西南风，是组成梅雨锋上气旋的一个条件。但是要注意，仅有西南风而没有东北风，就没有锋面出现，所以未必会下大雨。

“六月西，水凄凄。”（山东栖霞）

阳历七月吹西风，表示东南季风的势力不能独霸长江。西风或西北风或西南风，和东南风或东北风之间的锋面处在华东地区，故华东地区多雨。

“七月西风祸。”（广东）

“七月西风吹过午，大水浸灶肚。”（广东）

“七月西风入夜雨，八月西风不过三。”（广东）

农历七八月即盛夏季节，西太平洋副热带高压的位置已经移到北纬30° 以北，南海经常有赤道辐合带活动，这时广东一般吹东南风，如果吹西风或西南风，就很可能是台风槽的影响，将会带来一场较大的台风雨。

“六月里北风当时雨。”（山东）

“六月北风当时雨，好似亲娘见闺女。”（江苏常熟）

阳历七月的时候，华东地区吹有北风，表示锋面可能在这里，所以下雨。即使没有锋面，北来的冷风和七月的热地面接触，气层极不稳定，极易发生对流作用，也会有对流性阵雨。

“紧南不过三。”（广西贵县）

“南风不过三，过三必连阴。”（江苏太仓）

“南风若过三，不是下雨就朗天。”（河北威县）

南风持久是天气变化的前兆，如果南风连吹三日而仍强盛，气压必定降低很快，于是南北间气压就有很大差异，好像江河的水位，上下流水压差大了，北方气流自然要奔腾南下，遂使天气发生重大变化。

“南风不受北风欺。”（河北沧县）

“南风一冲北风一送。”（湖北阳新）

“南风吹到底，北风来还礼。”（湖北）

“南风吹吹，北风追追。”（湖北）

“南风尾，北风头。”（《田家五

行·论风》）

意思是说，吹了南风，又来北风，天气必定发生突变。这是典型的冷锋现象。

“南风不过午，过午连夜吼。”（内蒙古呼和浩特）

“南风不过晌，过晌听风响。”（河北井隆）

这两句谚语的流行地区的纬度已在北纬38° 以上，南风出现的频率比较小，所以很难连续吹半天的南风。但如果有气旋到来，受其中心的吸引，在它的南半部，南风很可能持久，连吹半天或者一两天都有可能。所以说“南风不过午，过午连夜吼。”

“十二月南风，现报。”（福建福清、平潭《农家渔户丛谚》）

“冬南风迎（雨），北风送。”（广东）

“腊月南风半夜雪。”（广东）

“冬天南风三日雪。”（江苏无锡、常熟）

“一日南风，三日关门（冬天）。”（福建福清、平潭《农家渔户丛谚》）

这几句谚语流行在我国南方，冬天此地盛行北风，有时北风相对减弱，南风向北伸张，于是，在大陆上出现锋面活动，因此产生阴雨天气。

“西风不过酉，过酉连夜吼。”（江苏常州）

酉时就是下午5时至7时，在晴明天气，西风到夜就静止。假使日间的西风到夜还不停息，足见这不是晴天因空气对流而产生的高空下沉的西风，而是西方高压中心来的西北风。这是由于平面上气压有高低不同而起的风，所以不可能马上静止下来。

“恶风必有恶雨。”（江苏常熟）

“风是雨头。”（江苏无锡）

所谓“恶风”“恶雨”就是大风、大雨的意思。风大，表示空气有移动，空气有快速的移动，天气就易发生变化而下雨。为什么空气移动就下雨呢？这是因为空气移动了，生成锋面和气旋的概率就多的缘故。另外，在春夏季节，大风很可能是气旋、锋面及台风过境的前兆，因而有“恶风必有恶雨”及“风是雨头”的说法。

“秋雨连绵西北风。”（安徽）

这话的意思是，秋季吹西北风，就连天下雨。秋季，暑气刚过，华东、华南的地面还很热，西北风吹来，因为受地面的加热，极易发生对流，从而造成阵雨。

“拍北风，下午日。”（广西贵县）

“拍北风”指来势猛烈的北风，因为它来势急促，当地原有的不同性质的气团被它一扫而空，只剩下干燥的北方气团，由于气团很干燥，少有云层出现，即使有云，也是分散的小块的云，所以半天后，太阳光是很好的。

“立夏斩风头。”（河北威县）

到了夏天，风力就没有春天那样大。这是就一般情况而言的。因为夏天南北之间气压差特别小，所以风力也小。但是在特殊情况下，像雷雨天气、台风天气的风力也会非常大，不过这种大风一下子就过去了。

“关门风，开门住；开门不住，过晌午。”

在正常的天气情况下，夜间不常有大风。如果有大风，必定是由于风暴的到来。风吹到何时为止，要看风暴的强弱而定，所以在使用这句谚语时要具体问题具体分析。

“开门风，闭门雨。”（山东临淄）

早上刚开门，就有大风吹来，表示天气不正常，很可能是有风暴来了，所以大约到闭门时就下雨。

“清明刮了坟头土，哩哩啦啦四十五。”（河北威县）

清明在阳历四月五日前后，这个时节，北方还冷，南方已热，南北温差大，气压梯度也大，所以风经常是很大的。南北气流经常发生冲突，因此气旋频繁，雨天较多。

“春风踏脚报。”（《田家五行·论风》）

“踏脚报”就是多变的意思。春季是一年之内气旋最多的时节，故风来雨就下。

“风急雨落，人急客作。”（《田家五行·论风》）

风大，表示气流的移动急促。吹到本地的空气可能是自很远的地方而来的，它的性质，如温度湿度等，必定和本地原来的空气不同，所以极易发生锋面和气旋。即使不发生，因为气流的性质和本地的空气不和谐，加之风速很大，所以很容易发生对流或涡动而把水蒸气带上去，凝成云雨。

“春南夏北，有风必雨。”（《田家五行·论风》）

“春东（南）夏西（北），骑马送蓑衣。”（江苏无锡）

“春南夏北，等不到天黑。”（湖北）

北方的春季，冷气团还没退完，

如果南风吹来，南风湿重温高，重量比冷气团轻，所以爬上冷气团，把它丰富的水蒸气带上去，行云致雨。

北方夏天的地面也是很热的，这时如果有北面的冷空气团到来，就发生上冷下热不稳定的情况，下面湿热空气上升而凝成云雨。这样造成的雨是一阵一阵的，或许还有雷电交加的现象。这种北来的风，如果和本地原有的热湿空气造成了锋面，雨就更大更久了。

“上风皇，下风隘；无蓑衣，莫外出。”(《田家五行·论风》)

风来的方向，天空晴朗；但是风去的方向，浓云密蔽，这是天要下雨的情况。在低气压里，风从四周向低压中心汇合，空气上升，把水蒸气带了上去，故有浓云密雨要到。

“西南转西北，搓绳来绊屋。”(《田家五行·论风》)

“南风吹得大，转了北风就要下。”（湖北）

“西南转西北，风暴等不得。”（湖北）

“南转北，落得哭。”（浙江义乌）

“南洋转北洋，大雨淹屋梁。”（湖北孝感）

所谓“南洋转北洋”就是指南风转为北风。

这是气旋里冷锋上的现象。冷锋前面盛行温高湿重的热带气团，自西南方向吹来。锋前的气压梯度小，风力和缓。冷锋后面来的是干冷的极地气团，自西北方向吹来。气压梯度大，风力非常强。同时大雨如注，雷电交加。

“春南过三，转北即暴。”（浙江义乌）

春季，由于大陆受太阳照射，增暖很快。此时，若是南风已经刮了三日，南方的气压降低很多，因此使南北间气压梯度增大，北方的冷空气自然要南下。当冷空气经过南方温暖陆面或洋面时，空气层就出现上冷下暖的不稳定层结，易发生上升运动，将下层的水汽带入高空凝结致雨，有时可达暴雨的强度。

以下是冷锋过境时所表现的天气现象。

“半夜五更西，明天拔树枝。”(《田家五行·论风》)

“大风见星光，来朝风更狂。”（湖北黄冈）

“晚间起风，天有变。”（广东）

“晚间风大，白天风小，天将雨。”（广东）

如果天气晴朗，半夜不应该有风。现在半夜起风，表示将有很强的天气

系统到来，例如，寒潮南下、有气旋或台风过境。

“飘风不终朝。”（老子《道德经》）

“飘风”是小风的意思，这种风力的气压梯度极小，类似于高气压中心的情况。气压梯度既然不大，风也吹不久。

“无事七八九，莫向江中走。”（福建福清、平潭《农家渔户丛谚》）

因为阴历七八九月，正是台风盛行之期，江里风浪很大，所以没有要事，不要去江中。

“风台毛东南，仍旧作未晴；风台毛西北，作了毛得落。”（福建福清、平潭《农家渔户丛谚》）

“风台”就指台风，“毛”是“不”的意思。台风尾部的风是东南风，如果台风已到，还没吹东南风，表示尾部未到，雨天不止。“毛得落”是“不得落雨”的意思。台风前哨的风从西北来，如果西北风还没吹到，表示台风的本部未到，不会下大雨。

“春东夏西秋北雨。”（湖北武昌、孝感）

这句话的意思是，春天刮东风，夏天刮西（南）风，秋天刮西北风，就要下雨。

“有日无光南风起，三日南风必有雨。”（湖北孝感）

“有日无光南风起”是气旋中暖区里层云密蔽时天空所出现的现象。南风吹久了，甚至长达三日，使本地气压下降了很多，就促使了北方冷空气南下，出现冷锋降水。

“晴干无大风，雨落无小风。”（江苏无锡）

晴干一般是出现在反气旋内的天气现象。在反气旋内部盛行下沉干热风，天气晴好，风力较小，尤其在反气旋中心部位，风力微弱，甚至无风，只有在外围才有显著的风。所以说“晴干无大风”。另一方面，雨天主要出现在气旋区域。在气旋内部，盛行上升气流，四周空气向中心辐合，常常风雨连天。气旋本身也是一种“风暴”。所以，“雨落无小风”。

“夜里起风夜里住，五更起风刮倒树。”（江苏无锡）

“更里起风更里住，更里不住刮倒树。”（江苏无锡）

在正常的天气条件下，夜里是不会刮大风的，即使有风也是局部的，很快就会停止。若是夜里起风且不见停止，尤其在空气最为稳定的清晨（五更）起风的话，说明有气旋或台风等低气压系统过境，因此会发生狂风暴雨。

# 第三章　传统礼俗

## 结婚礼俗

中国传统婚礼习俗源于中国几千年的文化积累。中国人喜爱红色，认为红色是吉祥的象征，所以，传统婚礼习俗总以大红色烘托着喜庆、热烈的气氛。吉祥、祝福、孝敬成为婚礼上的主旨，几乎婚礼中的每一项礼仪都渗透着中国人的哲学思想。

中国传统婚礼习俗

1. 三书：按照中国传统的礼法，指的是聘礼过程中来往的文书，分别是“聘书”——定亲之书，在订婚时交换；“礼书”——礼物清单，当中详列礼物种类及数量，过大礼时交换；“迎书”——迎娶新娘之书，结婚当日接新娘过门时用。

2. 六礼：是指由求亲、说媒到迎娶、完婚的手续。分别为“纳采”——俗称说媒，即男方家请媒人去女方家提亲，女方家答应议婚后，男方家备礼前去求婚；“问名”——俗称合八字，托媒人请问女方出生年月日和姓名，准备合婚的仪式；“纳吉”——即男方家卜得吉兆后，备礼通知女方家，婚事初步议定；“纳征”——又称过大礼，男方选定吉日到女方家举行订婚大礼；“请期”——择吉日完婚，旧时选择吉日一般多为双月双日，不喜选三、六、十一月，三有“散”音，不选六是因为不想新人只有半世姻缘，十一月则隐含不尽之意；“亲迎”——婚礼当天，男方带迎书亲自到女方家迎娶新娘。

3. 安床：在婚礼前数天，选一良辰吉日，在新床上将被褥、床单铺好，再铺上龙凤被，被上撒各式喜果，如花生、红枣、桂圆、莲子等，意寓新人早生贵子。抬床的人、铺床的人以及撒喜果的人都是精挑细选出来的“好命人”——父母健在、兄弟姐妹齐全、婚姻和睦、儿女成双，自然是希望这样的人能给新人带来好运。

4. 闹洞房：旧时规定，新郎的同辈兄弟可以闹新房，老人们认为“新人不闹不发，越闹越发”，并能为新人驱邪避凶，婚后如意吉祥。

5. 嫁妆：女方家里的陪送，是女方家庭地位和财富的象征。嫁妆最迟在婚礼前一天送至夫家。嫁妆除了衣服饰品之外，主要是一些象征好兆头的东西，如：剪刀，寓意蝴蝶双飞；痰盂，又称子孙桶；花瓶，寓意花开富贵；鞋，寓意白头偕老；尺，寓意良田万顷等。当然各地的风俗和讲究都不一样。

6. 上头：男女双方都要进行的婚前仪式。也是择定良辰吉日，男女在各自的家中由梳头婆梳头，一边梳，一边要大声说：一梳梳到尾，二梳梳到白发齐眉，三梳梳到儿孙满地，四梳梳到四条银笋尽标齐。

7. 撑红伞：迎亲的当天，由新娘的姊妹或伴娘搀扶出娘家门，站在露天的地方，姊妹或伴娘在新娘头顶撑开一把红伞，意为“开枝散叶”，并向天空及伞顶撒米。

在中国流传了几千年的婚嫁习俗，如今有些已被人淡忘或忽略；不过，现在无论举办何种形式的婚礼，主题依然没变——幸福美满的吉祥祝福。

### 在结婚礼俗中常见的具体事项与寓意

食汤圆：新娘在结婚出发前，要与父母兄弟及闺中女友一起吃汤圆，表示离别，母亲喂女儿汤圆，新娘哭。

讨喜：新郎与女方家人见面后，应持捧花给房中待嫁的新娘，此时，新娘之女友要故意拦住新郎，提出条件要新郎答应，通常都以红包礼成交。

拜别：新娘应叩别父母，而新郎仅鞠躬行礼即可。

出门：新娘应由一位福分高的女性长辈持竹匾或黑伞护其走至礼车，一方面是因为新娘头顶不能见阳光；另一方面是希望新娘像这位女性长辈一样，过着幸福美满的生活。

礼车：竹匾可置于礼车后盖。

敬扇：新娘上礼车前，由一名吉祥之小男孩持扇给新娘（置于茶盘上），新娘则回赠红包答谢。

不说再见：当所有人离开女方家门时，绝不可向女方家人说再见。

掷扇：礼车启动后，新娘应将扇子掷到车外，意谓不将坏性子带到婆家，小男孩将扇子捡起后交给女方家人，女方家人回赠红包答谢。

燃炮：礼车离开女方家燃放鞭炮。

摸橘子：礼车至男方家，由一位拿着两个橘子的小孩来迎接新人，新娘要轻摸一下橘子，然后赠红包答谢。

牵新娘：新娘下车时，应由男方一位有福气之长辈持竹匾顶在新娘头上，并扶持新娘进入大厅。

忌踩门槛：要跨过门槛。

过火盆，踩瓦片：新娘进入大厅后，要跨过火盆，并踩碎瓦片。

进洞房：新人一起坐在预先垫有新郎长裤的长椅上，谓两人从此一心并求日后生男。不准有任何男人进入洞房（进洞房要选定时辰）。

忌坐新床：婚礼当天，任何人皆不可坐新床，新娘更不能躺下以免一年到头病倒在床上。另外，安床后到新婚前夜，要找个未成年的男童，和新郎一起睡在床上。

## 祭祀礼俗

中国的祭祀文化古已有之。重丧，所以尽哀；重祭，所以致敬。从商周开始，已成系统。《礼记》《周礼》等详细描述了当时的祭祀礼仪。祭祀活动，儒家归之为人伦正礼，教治化民。各种祭祀，在不同程度有其原始形态，且根深蒂固成为传统。

祭祀是人们对祖先、神明等崇拜对象所行的礼仪。这种礼仪千百年来在民间相沿成俗，谓之祭祀习俗。民间普遍祭祀的对象有：本族本家的祖先、天地父母、佛祖（玄天上帝）、三山国王（揭西的明山、独山、中山山神的总称）、伯爷公（福德老爷、地主老爷）、顺民公（灶君）、招财爷（财神爷）等。

民间旧俗分散群祭的对象，一般是设于户外庙宇中的神明，如三山国王、木坑圣王、福德老爷、孤圣老爷、天后圣母、珍珠娘娘、玄天上帝等。

祭祀时间多在岁时节日。民间平日里不定时奉拜的，多是许愿的、还愿的、有求的等。尤以平时祭拜福德老爷及地方人民自树的神明的位数、人数为甚。

民间旧俗乡祭，一般指乡里合境集中举行的祭祀礼俗，主要有一年一度的游神和赛会。

游神

俗称营老爷（多为地头老爷），多在春季正、二月举行（也有在秋季举行的）。游神纯属民间的自发行为，由乡里老大和理事会操办主持。各地游神的时间不一，方式不一。

比较简单常见的是以高脚灯笼、路引牌、马头锣、执事队伍、香炉架等为前导，中间扛老爷轿子，最后是穿古色长衫的老大队伍。大型的还有大锣鼓、标旗队、笛套音乐等。所过之处，张灯结彩，鞭炮齐鸣，乡里空巷。最后供于在宽敞地方事先搭好的神厂供乡人祭祀，神厂对面有搭棚演戏（潮剧）或演皮猴戏、木偶戏的，甚是热闹。

赛会

俗称谢众神、拜众神，旧俗多在每年冬季“冬节”前后举行，谓之年尾谢神（也有在秋季举行的）。其间，老人们把乡里庙宇诸神的香炉集中到一宽敞地方棚内（俗称神厂）供乡人祭祀，供奉以糯米粉精工制作的飞禽走兽、奇花异卉、各色水果等，并配以民间剪纸。

这些手工制作的供品小巧玲珑，惟妙惟肖，俗称“碟仔料”，人们多欲欣赏。各家各户则备办“五牲”“发”等祭品，到神厂祭拜众神答谢神恩，并再祈福。神厂对面一般还搭戏棚演戏或演皮猴戏、木偶戏。它与年头游神（营老爷）同为旧时农村最为热闹的民俗活动。

## 贺寿礼俗

贺寿礼俗是人生礼仪中的重要组成部分。据《尚书》记载："五福，一曰寿，二曰福，三曰康宁，四曰修好德，五曰考终命。"寿居五福之首，可见古人对寿是非常重视的。祈福求祥，盼望寿运长久，祖祖辈辈已约定俗成，由此也形成隆重的祝寿风尚。

祝寿作为中华民族的一种优良传统，受历朝历代的推崇。上至帝王将相、下至平民百姓，爱戴（孝敬）老人，追求长寿之事不乏其例。早在春秋战国时期，我国上层统治集团已经出现了原始形态的祝寿活动。《诗经》中所用"万寿无疆""南山之寿"这样的颂句，在今天的祝寿活动中仍十分常见。应该说，春秋战国以后的献酒上寿活动虽然并不一定与特定的生日联系在一起，但由于活动本身具有"为人上寿"的特点，因此仍然可以说是今日祝寿礼仪的雏形。秦王嬴政为求长寿不老，曾派方士徐福率童男童女各3000人，东渡入海寻求仙药。汉高祖刘邦捧酒为寿，唐宋以来，皇帝寿诞日为自己制定了专门的节日进行祝贺。从古至今，这种习俗一直源远流长，相沿不断。

民间自古就有尊老敬老的美德，给老人祝寿是其主要的表现形式。年高龄长者为寿，庄子说："人，上寿百岁，中寿八十，下寿六十。"古人有"六十为寿，七十为叟，八十为耄，九十为耋，百岁为星"之称。祝寿多从六十岁开始，习惯以虚岁计算，且老人的父母均已过世。开始做寿后，不能间断，以示长寿；祝寿重视整数，如六十、七十、八十等，逢十则要大庆。尤为重视八十大寿，隆重庆祝老人高龄；祝寿有"庆九不庆十"之说。如老人过六十岁寿辰，并不是整六十岁才做寿，而是五十九岁，"九"取长久之意，认为九是最尊，最大的数字，希望老人从做寿开始越活越长久；祝寿时，一般定于生日之日，要设寿堂，向被庆贺的长辈老人送"寿礼"，还要举行一定的拜寿仪式，参加寿宴，等等。由于家庭经济状况存在差异，祝寿的规模也不尽相同。但不论繁简厚薄，皆表达了儿女的一片孝心和祝福老人健康长寿的美好愿望。

寿堂，设在家庭的正厅，是行拜寿礼的地方。堂上挂横联，主题为寿星的姓名和寿龄，中间高悬一个斗大"寿"字或"一笔寿"图，左右两边及下方为一百个形体各异的福字，表

示百福奉寿，福寿双全，希望老人“寿比南山高、福如东海大”。两旁供福、禄、寿三星，有的奉南极仙翁、麻姑、王母、八仙等神仙寿星画像。有的还挂“千寿图”“百寿图”“祝寿图”等寿画，寿画中多以梅、桃、菊、松、柏、竹、鹤、锦鸡、绶带鸟为内容，以柏谐百，以竹谐祝，以鹤谐贺，象征长寿。

堂下铺红地毯，两旁设寿屏、寿联，四周设锦帐或寿彩作衬托。寿屏上面叙述寿星的生平、功德，显示老人德高望重，地位显贵。寿联题词内容多为四言吉语。

堂屋正中摆设有长条几、八仙桌、太师椅，两旁排列大座椅，披红色椅披，置红色椅垫，桌上摆放银器、瓷器，上面供奉寿酒、寿鱼、寿面、寿糕、寿果、寿桃等。“酒”与“久”谐音，寓意长久；“鱼”象征富裕，年年有余；“面”寓意长，所以吃寿面有延年益寿之意；“果”表示功德圆满、硕果累累；“糕”为“高”的谐音，有高山之意，希望老人高福高寿，延年益寿，糕要尽量叠高，正好应了那句寿比南山高的祝词；说到寿桃，在神话传说中，当年西王母祝寿时，曾经在瑶池设蟠桃会招待群仙，因而后世民间祝寿要用寿桃，均为讨个吉利、吉祥。供照明的有寿烛、寿灯（长寿灯）等。祝寿的文章称寿序、寿文、寿诗等，都是一些赞颂溢美之词。

寿礼，祝寿礼品多由家里子女后辈准备，外甥、女婿要送厚礼，也有亲戚、朋友、邻里馈赠。寿礼品种丰富多样，因人而异。既有寿金，也有食品、衣物，食品要以老人平时喜欢吃的为主，但不能缺少寿桃、寿糕和面条。寿桃一般用面自己蒸制，也有用鲜桃的。寿糕指寿礼糕点，多以面粉、糖及食用色素混合蒸制，饰以各种图案。现在贺寿，有的改送生日蛋糕，亲戚邻里大多上寿礼。

叩拜仪式，为老人祝寿注重隆重、喜庆、团圆，所以仪式不能少。常言道：“家有一老，实为一宝。”寿庆当日，鸡鸣即起，家中举行拜寿仪式，亲朋好友携礼前来祝贺。被祝寿的老人为“寿星”，胸前戴红花，肩上披“花红”，也就是红色缎被面，仪式中总管、司仪、礼宾披红戴彩，寿星老人身穿新衣，朝南坐于寿堂之上，接受亲友、晚辈的祝贺和叩拜，六亲长辈分尊卑男左女右坐旁席。仪式全程由司仪主持，一切就位后，寿星命令“穿堂”，儿孙们按照顺序依次走过寿堂，司仪逐一报咏。拜寿开始，鸣炮奏乐，长子点寿灯，寿灯用红色蜡烛，按寿龄满十上一株。接着邀请长辈即寿星的姑舅或叔父讲一点概括性的贺寿话语，长子致祝寿辞，千恩万谢老人养育之恩，深情赞颂老人一生的功德，寿辞恳切，饱含热情。叩拜分团拜、家庭拜和夫妻两口拜等形式，不出“五服”的须磕头，其余行礼。

叩拜时，先由长子长媳端酒上寿，寿星执酒离座，到堂前向外敬天，向内敬地，然后回座。两口拜也叫对对拜，顺序是儿子与儿媳上前先叩拜，再由女儿与女婿叩拜，接着侄儿、侄女、孙子、孙女、外孙子、外孙女等携各自的伴侣依次拜寿，没有结婚的孙子、孙女以及重孙们举行集体团拜。拜寿中，寿星给每位参拜者发一个小礼品，这叫回礼，礼品有银戒指等，孙子辈的发小红包。

叩拜结束时，事先指定一孙男或孙女向寿星唱祝寿歌，寿星和颜悦色补赠礼品。叩拜仪式后，寿星以及姑亲还要讲些答谢或感受的话语，接着寿星给子孙们分发蛋糕，拍照合影，直到长子熄灭寿灯时祝寿才宣告结束。众贺客来拜，寿星一般回避直接受拜。客到时，招待宾客向上堂空位拜揖，由子孙答拜。有的殷富人家祝寿时雇戏班演寿戏，戏班到家中庆贺，一般至深夜始散。

合龙口，合龙口与拜寿是相辅相成的一项活动，一些祝寿人家将老人的寿材（即棺材）早早做好，待祝寿这天抬出，寿材上铺“花红”，放红线，线的一头栓银元或现金，寿星坐于棺材前，八仙桌上摆放水果，儿孙对面跪拜。三叩首后，木匠开始说喜或称道喜，“柏木长在深山崖，凿子把它砍下来，木匠将它做成材”“制成香木房，阴司做厅堂”“谁用这副材，子孙后代出高才”等，木匠拿起事先做好的擀杖，边卷“花红”边念叨，待十卷结束后，抽出擀杖赠送给寿星的长女。这时，木匠握住笤帚，将棺材比作“龙体”，先扫龙头，再扫龙腰，后扫龙梢，口中念“扫龙头，做王侯；扫龙腰，穿蟒袍；扫龙梢，财神到”等许多吉祥如意的话语。然后，木匠把由核桃、花生、红枣、水果糖组成的“寿花”，分别向东西南北方向抛撒，寓意金银满堂、糜谷满仓、儿孙健康、牛羊肥壮。一切程序结束后，“龙口”（棺材口）马上盖好，往后不得随意搬开，如果棺材盖打开了，老人寿终正寝的时间也就到了。

寿宴，拜寿礼毕，寿星要先吃寿面（也有寿面放到宴席后的），寿星全家人都要吃一点，称为“暖寿”。寿面讲究又细又长，表示寿禄长久，盼望老人“富贵不回头”。然后举行寿宴，寿星老人坐上席，与亲友后辈共饮寿酒。开头三碗上菜，都是长子跪下举过头送上餐桌，以示对客人的谢意。三碗后客人高呼换人，才由帮

忙人上菜。宴席中，众儿孙举杯祝寿，寿星笑容满面，端杯示意。宴席桌上，美酒佳肴，觥筹交错，整个宴席场面，儿孙满堂，亲朋云集，其乐融融。

古人云：“六十花甲子，七十古来稀。”按中国古代的生活条件和医疗条件而言，老人能活到这么大的年龄，已属不易，子女们庆幸自己的双亲长寿，必然要有一番很热闹的祝贺活动，盼望生命之树常青，寿禄之神常临，老人健康长寿，颐养天年。然而，“花开花落终有时”。正是由于生命的循环，才开启了绵延不息、生机盎然的人类社会和自然家园。

## 丧葬礼俗

死亡对于人们来说是没有办法避免的。茫茫宇宙，大千世界，人们在这里诞生、成长，直到最后的死亡。几千年来人们形成的丧葬礼仪，是既要让死去的人满意，也要让活着的人安宁。在整个丧葬过程中，是生者与死者的对话，两者之间存在着一个坚韧的结——念祖怀亲。这个结，表现在生者和死者之间的实体联系中，也表现在两者之间的精神联系中。而这就揭示了中国人生死观的深层内涵。

中国的传统丧葬文化是非常讲究寿终正寝的。在病人生命垂危时，亲属要给他沐浴更衣，守护他度过生命的最后时刻，这叫作“挺丧”。

按照旧时的规矩，在沐浴更衣的仪式结束之后，还要举行饭含仪式。饭含是指在死者的口中放入米贝、玉贝和米饭之类的东西。

停柩一段时间之后，诸事准备就绪，就要选日子报丧。在汉族的观念里，报丧不仅是一种形式上的礼仪，更是一种亲朋好友和死者亲属一起分担悲痛的做法。

近代以后，灵柩一般都在“终七”以后入葬。人们认为，人死后七天才知道自己已经死了，所以要举行“做七”，每逢七天一祭，“七七”四十九天才结束。这主要是受佛教和道教的影响。

“做七”期间的具体礼仪繁多，各地有各地的做法。在“做七”的同时要进行吊唁仪式。唁是指亲友接到讣告后来吊丧，并慰问死者家属，死者家属要哭尸于室，对前来吊唁的人跪拜答谢并迎送如礼。一般吊唁者都携带赠送死者的衣被，并在上面用别针挂上用毛笔书写的“某某致”字样的纸条。

吊唁举行完毕之后，就要对死者进行入殓仪式。在所有的这些丧葬习俗中，丧家必须穿戴丧服。

在丧礼中，晚辈给长辈穿孝主要

是为了表示孝意和哀悼。这本来是出自《周礼》，是儒家的礼制，后来，又被人们引申为为亡人“免罪”。每个家族成员根据自己与死者的血缘关系，和当时社会所公认的形式来穿孝、戴孝，称为“遵礼成服”。

尸体收敛之后就要把灵柩送到埋葬的地方下葬，叫作“出丧”，又叫“出殡”，俗称为“送葬”。停尸祭祀活动后就可以出丧安葬。在许多民族中，对出丧日期的选择都很慎重。

择日仪式之后便要哭丧。哭丧是中国丧葬礼俗的一大特色。哭丧仪式贯穿在丧仪的始终，大的场面多达数次。而出殡时的哭丧仪式是最受重视的。

经过了初丧、哭丧、做七、送葬等仪式之后，最后的环节就是下葬了。这是死者停留在世间的最后时刻了，一般都非常郑重。由于各个民族所处的生存环境不同，也就形成了很多不同的下葬风俗。这种下葬的仪式反映了人们对灵魂的崇拜。

民间的习俗认为，人死后的灵魂随时可能从坟墓里跑出来，跟着活人回家。所以送葬的人必须绕墓转三圈，在回家的路上也严禁回头探视。否则看见死者的灵魂在阴间的踪迹，对双方都是不利的。实际上这也是一种节哀的措施。不然的话，死者的亲人不停地回头观望，总舍不得离开，是很难劝说的。

这些民间传统的风俗习惯都反映了生者对于死者的寄意和对生命兴旺的美好愿望。

## 起名参考

### 起名忌“拗口”

好名字一般具有三个特征。名字代表好的含义；读上去朗朗上口、清脆好听；有一定的字形美，即名字写出来要好看。

所以说，起名看上去容易，实际上是有一定难度的。两三个字的简单组合，里面却包含了许许多多的技巧和方法。要做到名字顺口、简单、含义深刻、令人难忘，在起名时就要注意形、音、义三条原则。

（1）避免姓和名的声母和韵母相同。起名时最好不要全部选用n和l，z、c、s与zh、ch、sh这些发音部位相同的声母。如。“汪”（wang）是由“乌”（w）和昂（ang）拼写成的，起名时不宜为“汪文威”（wangwenwei），三个字的声母相同，读起来很不顺口。要想名字响亮动听，选字的韵母很关键。名字带有含鼻音的韵母读起来比较响亮，“昂”“良”“光”“鹏”“东”含后鼻音韵母的字尤其响亮；在非鼻

音韵母字中，主要元音开口度大的，如“达”“帅”“瑶”“宝”，响亮程度较高。

（2）避免姓名的字音与不雅之词谐音。有些人的名字，表面上看非常高雅，但由于读起来会与另外一些不雅的词句发音相同或相似，便很容易引起人们的嘲弄和调侃。例如，卢辉（炉灰）、何商（和尚）、陶华韵（桃花运）、汤虬（糖球）、包敏华（爆米花）等。李思、韩渊、史诗、杜子达等名，看字义都很文雅，但容易在口语里读成你死、喊冤、死尸、肚子大等。

上述谐音使姓名显得不够严肃，不够庄重，在大庭广众之下容易授人以笑柄。另外有一些名字易被人误解为贬义词，如，白研良（白眼狼）、胡礼经（狐狸精）、沈晶柄（神经病）等。

（3）避免姓名的平仄声相同。现代汉语不讲平仄，以四声论之。所谓四声是指平、上、去、入。例如，柳景选三个字全是上声，读起来很拗口，不如柳敬官好听。一般来说，名字的尾音最好是平声，因为上声字响亮程度相对差一些。

忌污秽粗俗字人名

姓名清新，有美好的含意，巧妙地与姓氏搭配更好。在中国人看来，起个含意深刻、讲究字义的好名字是起码的要求。

某些表示秽物和不洁的字一般不能用于人名号。某些人或某些地区有给孩子起“贱名”“丑名”“脏名”的习俗，为的是让孩子不为妖魔光顾，以消灾免祸、长命百岁。其实这是一种迷信。

某些表示疾病和不祥的字，一般不用于人名号。

人体的部位器官名称不宜为人名，但也有用“心”“眉”等为名的。

某些动物的名称不宜为人名，但有些动物却常常用作人名，如金豹、文虎、平鸽、小燕等。

化学元素名称不宜为人名，但又有五种常为人名，如金、银、铜、铁、锡，取名为金玉、铁生。

忌用生僻字、多音字、繁体字、古今字起名

姓名要易读易写，读起来铿锵顿挫，笔画不宜太多。不要起个连电脑都无法输入或只能在《康熙字典》中查到的名字。国家有关部门经过大量统计，确认并编制了一、二级汉字库，共有国家标准汉字 6763 个，固定并安装在电脑中供随时使用。超出此范围的字，则须用拼合或造字等方法来解决，显然很不方便。《现代汉语词典》在每个字下还收录词语，对于命名很有参考价值。此外不要自己造字去背离汉字的基本要求。

姓名中如果出现多音字，会给社交造成麻烦。如姓名中的“乐”“行”“茜”“蓓”等。对于多音字应尽量回避。如果要用，最好通过连缀成义的办法标示音读。例如，崔乐天、孟乐章。前者通过“天”说明“乐”当读（le）。后者通过“章”说明“乐”读（yue）。

忌姓名字体的单调重复

有些人起名，喜欢利用汉字的形体结构做文章，例如石磊、林森等。这种命名虽然审美效果颇佳，但能如此利用的字形却是微乎其微的，以致会出现大量重名的现象。有些人取名时喜欢将姓名用字的部首偏旁相同，并将此作为一种命名技巧来推广，如李季、张弛，这种技巧实际上不值得提倡。如果姓名三个字的部首偏旁完全相同，特别是在书法签名时，偏旁部首相同的名字，如江浪涛、何信仁等，不论如何安排布局，都有一种呆板单调之感，甚至会影响别人对签名的识别。

在运用字形命名时，过去有两种技巧，一是拆姓为名，另一是增姓为名。所谓的拆姓为名是指取名时截取姓氏的一部分作为名，或者把姓分割为两部分作为名。如商汤时的辅弼大臣伊尹，其中就是取姓的一部分尹而构成的，此外现代著名作家舒舍予（老舍）、张长弓、计午言、董千里、杨木易也都属此类。另外还有雷雨田、何人可等也是将姓拆为两部分作为名的。古代有些人将名分解为字，如南宋爱国诗人谢翱，字振皋羽，字即由名拆开而成。明代的章溢字三益、徐舫字方舟、宋玫字文玉，清代的尤侗字同人、林佶字吉人都属此类。还如清代的毛奇龄，字大可等。还有些人是将姓名剖分为号，如清代的胡珏号古月老人，徐渭号水田月。增姓为名，是指在姓的基础上再增添一些笔画或部首构成一个新字成为名，如林森、于吁、金鑫、李季等。

避免重名、俗名或洋名

单名容易重名，用双名较好。

姓名要不落俗套。男孩不要只围绕英雄豪杰、雄才伟略、大富大贵起名，诸如刚、伟、强、武等；也不要斯坦、路易、保罗、迈克、约翰、亚当之类的洋名。女孩也不要总围绕和美丽、漂亮、温柔等有关的如芳、花、丽、娜等使用率过频的词汇为名；也最好不用安娜、路丝等洋名，还是按自己的民族习俗起名字较好。民间认为，选用近于洋化的名字，在日后的社会变迁和人我交往中，可能会给对方心理上造成一种轻视和不快的印象。

忌祖先和先贤的名字

汉族起名，一般避祖先的名号。汉族传统极讲辈分，以祖先名字为名，不但打乱了辈分的排序，而且会被视为对祖先的不敬。

由于汉族取名的特殊性，汉姓首先是承继父姓，然后起一个本人的名字，而某些少数民族或外国人，有本名、父名或本名加母姓、父姓。如果汉姓名在承继了父姓以后，再加上祖先的名字，两者就没有丝毫区别了。

表示辈分的称谓字一般不为人名，但“子”为人名的为数也不少。

文艺作品典型人物的名字也不宜为名。如贾宝玉、林黛玉、武松、宋江等。

现代人一般不以伟人、名人的名字为名，但有人因崇敬某一伟人或名人，特意取其名为名。如李大林、张大钊，便是取斯大林、李大钊之名为名。当然姓赵、姓关的人，也不应以“子龙”和“云长”为名了，否则便会今古不分。

巧让名字诗意化

传统的取名方式已经不能完全满足现代人的需要。今天，人们的生活方式和社会地位发生了变化，名字的功能也随之发生巨大的改变，因此，在起名方式上，既要继承传统，又要敢于突破，达到新颖别致的效果。

一个充满诗意的名字会有一种“净化”作用，使人感到身心愉悦。这种起名的艺术要加以充分运用。名字的音乐美主要分两类，一是形式上的音乐美，即语音朗朗上口，读起来抑扬顿挫，轻松舒畅，如弹琴鼓瑟，令人赏心悦目。如石宝源，二三二，中、低、中；刘志丹，二四一，中、低、高；陈树湘，二四一，中、低、高。

二是语义上的音乐美，即词语描绘具有音乐性。如刘水生、罗振玉、罗馨玉、林风琴、丁声树、管松涛等。

这些姓名的声调就像乐谱的音符一样不断地回环变化，“起名似文喜不平”，避免了平铺直叙，使姓名富有跳跃性、充满动感；相邻的两个汉字间音高的档次大都不同，从而造成了声音的轻重变化，抑扬顿挫；大多数姓名的中间字取弱势音，最后一个汉字取较响亮的语音，这样不仅音节美，而且所使用的汉字，从语音到语义都具有强烈的音乐感。

以下推荐一些清新脱俗又富有诗意的名字，以供参考：

男孩可取名字，如炎彬、宾鸿、博瀚、安怡、靖琪、君昊、黎昕、远航、嘉懿、智宸、君浩、鸿煊、熠彤、兴尧、烨磊、希文、烨伟、浩宇等。

女孩可取名字，如静娴、岚靠、梦菡、诗涵、梦露、碧玉、文茵、琳玲、晗碉、怀玉、静慧、慧月、惠茜、晶湟、静涵、以彤、彦歆等。

巧用儿化音取名

在单字后面加上一个“儿”，一般是做乳名的，现在也常有人用来做名字，特点是给人娇柔妩媚之感，使人产生怜爱之情。如容祖儿、上官婉儿、雪儿、灵儿等。

巧用中性字取女孩名

文学史上颇有些名气的“张家四姐妹”的父亲张武龄是一位儒商，家中四个才貌双全的女儿在当时成为很多文人心仪的对象。大女儿张元和嫁给了昆曲名家顾传蚡，二女儿张允和嫁给了颇有建树的语言学家周有光，三女儿张兆和嫁给了赫赫有名的大作家沈从文，老四张充和嫁给了德裔美籍汉学家傅汉思。有趣的是，张老先给女儿起的名字里都有“两条腿”，意思是注定要跟人家走，巧妙幽默，完全没有一丝闺阁脂粉气。张老先生不俗的取名方式，至今仍为人们所津津乐道。

同样，“宋氏三姐妹”宋霭龄、宋庆龄和宋美龄，三姐妹的名字中都选取了“龄”字，没有丝毫的脂粉气，给人一种高贵典雅之感，令人赞叹其姓名之艺术。

借用现代汉语的修辞手法起名

起名字实际上也是一种文学创作。如果一个人的文学修养深，他起的名字一定会比别人的更有内涵，不落俗套，出其不意。所以人们可以在起名字时运用一些文学写作技巧，如徐鹏飞、金圣叹、叶剑英、成龙、杨万里、康有为，都是不错的名字。

按照出生季节或月份起名

在给孩子起名时，不如利用出生的季节起名，这是记住生日的一个好办法。按季节起名也是民间常用的，别有一番味道，富有诗意。比如陈白露、立春、朱明、青冬、元序等。

中国对每个月份都有自己不同的称呼，并且同一月份的称呼也不尽相同。农历的第一个月称为正月，又称为建寅、孟春、太簇、陬月、寅月、春王、嘉月、首阳、新正、复正、岁首、发岁、就岁、肇岁、芳岁、华岁、早春、孟阳、冠月、元月、孟陬、征阳、初月、三微月、开发、首春、泰月等。

精练成语起名

成语寓意深刻，语言精练，如果用一个广为人知的成语给孩子起名，会显得高雅含蓄。

成语一般为四字格，不能直接以成语起名，而要灵活变化。如叶知秋，取自“一叶知秋”；吉天相，取自“吉人天相”；马行空，取自“天马行空”；周而复，取自“周而复始”；等等。

巧用典故起名

我国一直有“男《楚辞》，女《诗经》；文《论语》，武《周易》”这样的说法，所以起名不妨借鉴一下文学典故，从中寻找灵感和智慧。典故是指那些典籍中出现过的有故事、有出处的词语。利用典故命名，区区两三字，可起数百字的效果，有“四两拨千斤”的功效。父母在给孩子起名时应充分考虑到这种可能性。

如著名相声表演艺术家马三立的名字，出自《左传·襄公二十四年》：“大上有立德，其次有立功，其次有立言，虽久不废，此之谓不朽。”

将《诗经》中的某些词句用来给女孩做名字，在今日看来仍不失清新，用得好可使人平添一股独特的书卷气。如一代才女林徽因，原名叫林徽音，这个名字是她做过清朝翰林的祖父林孝恂为她取的。出自《诗经·大雅·思齐》的“思齐大任，文王之母。思媚周姜，京室之妇。大姒嗣徽音，则百斯男”。“徽音”是美誉的意思。

中国台湾女作家琼瑶原名陈喆，琼瑶是她的笔名。“琼瑶”是美玉的意思，出自《诗经·国风·木瓜》中的“投我以木桃，报之以琼瑶”，是一首描写男女赠答的情诗。

以俗为雅，凸显个性

随着时代的发展，人们越来越倾向追求独特的个性，一个个性十足的名字也的确会给人留下深刻的印象。很多著名作家被世人牢记住的都是他们独具特色的笔名，真名则往往被忽略，比如非常著名的中国台湾女作家三毛，其魅力不仅仅来自文字和经历，还跟她个性十足的笔名是分不开的，而她的真名陈平就如名字本身一样平淡无奇。还有，中央电视台著名女主持人王小丫、春妮，著名演员闫妮，虽然名字中都带有“妮”“丫”，却令人倍感新鲜、亲切。

让名字“很有内涵”

好名字不但要听起来很艺术，其中的寓意也要有内涵。从寓意上看，中国人起名有以下几种方式：

以德为名。中国人注重品德，所谓德才兼备，德在才先。因此，以德起名也是一种传统。比如，古有张翼德、刘玄德、曹孟德等，今有朱德、彭德怀、张学良、李德生、王海容、田成仁、麦贤德等。

以名言志。以志向为名，体现了中国人注重家教、望子成龙的传统。而且这一名字可潜移默化地起到督促孩子努力向上的作用，让孩子从小有一种责任和理想，并时刻牢记自己的使命。古往今来，以志向立名是永恒的主题，也是给孩子起名的首选。志向所包含的内容很多，比如职业方面的有聂耳（聶耳，四个耳朵，音乐家）、朱践耳（音乐家）；特长方面的如程思远、刘文学、李有才；功业方面的如雷振邦；学业方面的如钱学森。

以貌为名。爱美之心，人皆有之，以相貌命名也是一种方法，特别是女性使用较多，如梅艳芳、新凤霞、张瑞芳等；其中男性也有，如刘英俊、任帅等。

以平安为名。中国人向来有追求平安、顺利、祥和的传统，姓名中也可见一斑。古人有董平、徐宁、张顺、燕顺、乐和等，今人有宋平、谢静宜、李宁、李国安、于纯顺等。

以长寿为名。古有霍去病、王昌龄、辛弃疾、蒲松龄等，今有张万年、李月久、牛百岁等。

以名表达仰慕之情。用偶像来寄托心志，也是一个起名的方法。

# 第四章　家居装修

## 确定自己喜欢的家装风格

第一步：由风格决定房屋主色调

每个人的生活习惯以及审美观各不相同，装修也会跟随业主的偏好而有所差异。不过，总体来说，家装的主要风格可分为四种类型。

（1）自然风格，也就是乡村风格。这种风格的住宅色彩，多采用木色以及绿色为主色调，配以体现自然色的淡蓝色。

（2）简约风格，也就是现代、北欧风格。此种风格的房屋色彩方面多使用银灰、白色为主色调，配以较鲜艳的配饰进行搭配。简约风格能使空间扩大，所以特别适合小户型房屋。

（3）复古风格，也就是古典风格。喜欢这种风格的人不一定是中老年朋友，越来越多的年轻人也偏向于古典风格。这种风格的颜色搭配多选用华丽的金色以及可从大理石上看到的云斑色等。

（4）混搭风格，现在较流行现代风格与古典风格的结合。这种风格有既扩大空间，又增添古典风韵的效果。

第二步：学会色彩搭配

（1）对比风格，采用强烈的对比色，冷暖对比色、不同肌理之间的大胆使用是家装的一种主流。

（2）协调色调，想要营造温馨浪漫情调的朋友，大多选择此法则。柔和的色调，为生活带来宁静的感觉，易于把握和运用，富于变化且让人感觉和谐愉快。

（3）混合色调，这里不仅指粉红色，还大胆地运用粉紫、薄荷绿、粉橙等明丽色。这些色彩会是家居中的重要角色。这些混合色彩，低调坦诚、轻描淡写、安宁静谧。

第三步：家装材料选择

确定风格和色调之后，就将进入家装的重点：家装材料的选择。对应家装风格，装修材料的款式也应该对号入座。比如，自然风格当然对应天然材料；木质材料或木色金属材质都是不错的选择。再如，简约风格起源于现代派的极简主义，多采用带有金属材质的木制品，加以玻璃或镜面装饰效果更好。所谓简约而不简单，在选材上更要求精工细作。又如，复古风格的材料选择多用实木材质，文化石也是不错的选择。古典主义的设计，内部装饰丰富多彩，精致与粗犷并重，浪漫与高雅融合，尽显贵族气息。

## 装修不能碰的“禁区”

承重墙。装修中不能拆改承重墙，一般在“砖混”结构的建筑物中，凡是预制板墙一律不能拆除或开门开

窗；厚度超过24厘米以上的砖墙也属于承重墙，也是不能拆改的。而敲击起来有“空声儿”的墙壁，大多属于非承重墙，可以拆改。另外，有人在承重墙上开门开窗，这样也会破坏墙体的承重，这也是不允许的。

墙体中的钢筋。如果在埋设管线时将钢筋破坏，就会影响到墙体和楼板的承受力。如果遇到地震，这样的墙体和楼板就很容易坍塌或断裂。

房间中的梁柱。这些梁柱是用来支撑上层楼板的，拆掉后上层楼板就会掉下来，所以也不能动。

阳台边的矮墙。一般房间与阳台之间的墙上，都有一门一窗，这些门窗都可以拆改，但窗以下的墙不能动。这段墙叫“配重墙”，它像秤砣一样起着挑起阳台的作用。拆改这堵墙，会使阳台的承重力下降，导致阳台下坠。

“三防”或“五防”的户门。这些户门的门框是嵌在混凝土中的，如果拆改会破坏建筑结构，降低安全系数。而且破坏了门口的建筑结构，安装新门就更加困难了。

## 家装电路改造的注意事项

电气线路的改动，不注意的话，除了可能留下火灾隐患外，还可能引起诸如电视信号微弱、电话受到干扰等问题，这往往会对业主的生活带来长期不良影响。为避免出现电气线路改动引起的隐患，一般来讲，要注意以下问题：

（1）选择铜芯电线。一般来讲，选择电线时要用铜芯，忌用铝芯。由于铝的导电性差，通电过程中电线容易发热甚至引发火灾。

配线时，一定要考虑不同规格的电线有不同的额定电流，要注意它的额定电流，避免“小马拉大车”，造成线路长期超负荷工作引发的隐患。

（2）布线要用穿线管。在施工中不能直接在墙壁上挖槽埋电线，应采用正规厂家生产的穿线管套装。穿线管是为保护隐藏的线路不被破坏而设的，如果在该套穿线管时不配套或使用不适当的穿线管，施工当中或今后使用时不能较好地避免线路可能受到的损伤，都可能因此留下隐患。

地面走线要考虑到今后会长期处于受压状态，施工当中会受影响，所以最好使用镀锌铁管，而且要固定好，不要让它串位。

（3）接头处理要谨慎。线路一般要注意尽量减少接头。如果必须接线，配电线路要打好接头，做好绝缘及防潮，有条件的话还可以“涮锡”或使用接线端子。另外，电视天线的同轴电缆接线最好使用分置器或接线盒，电话线与电视线路做法差不多。

（4）避免后续施工的破坏。做好的线路受到后续施工的破坏，也会引发电路隐患。常见的情况主要有墙壁线路被电锤打断等。现在通常的做法是，在隐蔽好线路时做上标记以示提醒，避免被下道工序的施工人员无意中破坏。

（5）封闭总开关。有的业主在装修时，嫌总开关位置明显，影响美观，所以就通过一些设计把总开关隐藏，留下难以察觉的火灾隐患。

（6）电线隐蔽工程要验收签字。一般来讲，电线隐蔽工程要坚持验收签字，确保不要在该工序里留下安全隐患。检查这些隐蔽的电路工程要注意使用的电线的材料和品牌，同时还要注意接头的处理方式和穿线管的质量等问题。如果业主自己不精通电路方面的知识，最好聘请个专业的监理人员或电气专家作验收，千万不要不懂装懂。

（7）电路图关系到电路的安全问题。要及时向装饰公司索取电路工程竣工图，这样有助于在一定限度内预防电路系统的隐患发生。如果有了这份电路图，以后要想对线路进行更新或者升级，都有了一定的改造基础。很多精明的业主，在开工之初，就要看是否有详细的电路设计图，并对有关数据进行核对。

（8）电线材料要选用正规厂家的产品。电线工程线路，虽然在提高家居美观方面没有大的作用，但为了居住的安全，还是要购买那些正规厂家的产品。不同的厂家生产的产品质量一般都有较大的差别，在选择穿线管、电线、接线盒等材料时，最好到那些正规超市购买。

## 家居瓷砖的挑选指南

人们目前普遍使用的瓷砖，初看上去可能都光彩照人，但其内在质量却千差万别，有时候只凭观感很容易看走眼。挑选瓷砖时，应注意以下几点：

（1）看外观。好的瓷砖要边直面平，这样的产品变形小，施工方便。铺贴后平整美观。

（2）看表面。看是否有斑点、裂纹、砖碰、波纹、剥皮，是否缺釉等；侧面与背面是否有妨碍黏结的明显附着釉及其他影响使用的缺点；产品背面是否有清晰的商标图案等。

（3）看花色图案。好的产品花色图案细腻、逼真，没有明显的缺色、断线、错位等。

（4）看背面颜色。全瓷砖的背面

应呈现乳白色，釉面砖的背面应是红色的。

（5）听音色。一手提着砖的边，一手敲击砖，声音清脆响亮的为合格品，低沉、闷浊的为不合格产品。

（6）看硬度。坯体坚硬、密度越大的产品质量越好，有颗粒状的不好。

（7）看吸水率。可将一滴墨水滴在产品背面，看墨水是否自动散开。一般来讲，墨水散开速度越慢，吸水率就越小，内在品质越优，产品越经久耐用。

## 如何选购优质木门

简单地从材质划分，木门可分为实木门、实木复合门和模压门：

（1）实木门。是选用不同优质材种的天然原木或实木集成材，经干燥加工、铣形，采用孔梢或铆榫连接成型的。

（2）实木复合门。是以松木、桐木等集成材为蕊材及框架，外压复合板材，表面以稀有木种天然微薄木皮压合而成的。

（3）模压门。是以木龙骨为框架，用专用填充物填充，表面压制模压门板而成的。

选购要点

首先，木门在出厂前基本都经过油漆工艺处理，从表面很难看出内在结构的质量。消费者应尽量选购有知名度和服务好的大厂家。

其次，细看表面工艺。要看漆膜是否饱满，颜色是否均匀。质量好的木门，从表面工艺上也可以看出整体质量。再看门板的平整度是否良好。线条与板面的凹角处有无漏漆或流坠。还可细看各小部位的断面做工是否精细。

最后就是价格，室内门的生产机械化和手工制作的成本是不一样的，内部结构是否真材实料，从价格上可窥一斑。所以价格比市场基本价格低得多的就不要考虑了。

送货安装

一般情况下，选购木门后，厂家都会负责送货安装。木门验收时，一定要仔细检查，因为从未安装过的木门的组件背面及断面能看清材料的“真实面目”，要看是否与合同所签的材质相同。安装好的木门关闭后，握住锁柄稍用力推拉，以无缝隙、不晃动为好，看门与框缝隙是否均匀一致，与地面缝隙以两毫米左右为适。

## 厨房装修选材要注意的事项

生活中洗菜、做饭都需要用到水，厨房成了一个容易潮湿的地方；厨房在炒菜时还会出现高温和油烟，厨房不仅需要防潮、防火，还要防油烟。因此，装修厨房时不仅要注意留好通风口，还要选购合适的建材产品。

（1）地板不宜用天然石材。有些家庭为了达到室内地板的统一，在厨房也用如花岗岩、大理石等天然石材。虽然这些石材坚固耐用、华丽美观，但是天然石材不防水，水点溅落在地上天长日久会加深石材的颜色，变成花脸。如果大面积湿了，会比较滑，所以潮湿的厨房地面不合适用天然石材。实木地板、强化地板虽然工艺一直在改进，但最致命的弱点还是怕水和遇潮变形。目前在厨房里用得比较多的材料还是防滑瓷砖或通体砖，既经济又实用。提醒业主在装修厨房选购材料时要充分考虑防潮功能。

（2）墙面宜用耐擦洗瓷砖。厨房的墙壁应选购方便清洁、不易沾油污的墙材，还要耐火、抗热变形等。目前，可供选择的有防火塑胶壁纸、经过处理的防火板等，但最受欢迎的仍是花色繁多、能活跃厨房视觉的瓷砖。瓷砖独特的物理稳定性，耐高温、易擦洗等特点都是它长期占据厨房墙面主材的原因。

（3）顶材扣板防变形。无论天花板选择哪种材质，一定要防火和不变形。目前市场上比较多的厨房用天花板是塑料扣板和铝扣板。塑料扣板相对价格便宜，可供选择的花色少。铝扣板非常美观，喷涂的颜色丰富，选择余地大，但价格较贵。如果采用吸顶灯，在把灯镶嵌在天花板里时要做出隔层，以防灯产生的热量把天花板烤变形。

## 选橱柜要四看

橱柜在家庭装修中是一个重要的部分，作为外行，有四个选择要点十分重要：

（1）看五金件。橱柜五金件的质量关系到橱柜的使用寿命和价格。

（2）看材质。材料是影响橱柜质量的主要因素，不同材料最终造成的质量结果也不同，价格也不一样。亮光金属烤漆门板，有多种颜色供客户挑选。

（3）看做工。不但要查看台面板、柜门、柜体和密封条等是否经机器模压处理——这样的产品长期使用不会开胶、起泡及变形；密封条封闭不严可造成油烟、灰尘、昆虫进入——同时也要问清楚橱柜生产是人工还是流水线。一般来讲，手工制作或半机械化制作的产品质量不稳定，容易出现一些质量问题。最好选择由德国专业化流水线生产，全自动大型封边设备、

精密设备生产的连接件。

（4）看服务。对任何一件产品来讲，特别是大商家的产品，售后服务很重要。消费者在订购橱柜时一定要问清楚产品保修等问题。

## 选择油漆的实用三招

油漆是家装中重要的一环，低档劣质的油漆光泽不均，易发黄变脆、龟裂剥落，不但浪费优质板材，而且破坏整体装修效果。高质量的油漆不但可以弥补前期装修的缺陷，而且可以提高整个装修的品位和档次，为家居赋予更丰富的内涵。但油漆外观并无明显差异，在没有专业设备的情况下不好选择，下面介绍几种简易的选择方法。

（1）买包装最重的。将油漆桶提起来，晃一晃，如果有稀里哗啦的声音，说明包装严重不足，缺斤少两，黏度过低。正规大厂的油漆真材实料，晃一晃几乎听不到声音。

（2）买耗用量最少的。向商家咨询油漆的涂刷遍数和涂刷面积，计算用量和每平方米材料成本，不被每组（桶）单价所欺骗。油漆由固体份（成膜物）和挥发物组成，固体份含量高的达到70%—80%，低的不到10%—20%，单价低廉的往往耗量特别大，细算下来更贵、更浪费，而且质量效果差。

（3）买专业性、配套性强的。质量好的产品往往专业性更强，根据板材的纹理、色泽、结构或使用对象有不同的设计和严格的工艺要求，并提供技术指导和售后服务，正规厂家都提供色彩丰富的样板色卡。

## 四招帮你辨别石材真伪

在众多材料中，石材的运用是较为普遍的，但是，目前市场上石材产品的质量却良莠不齐。对于加工好的成品饰面石材，其质量好坏可以从以下四个方面来鉴别：

（1）观，即肉眼观察石材的表面结构。一般来说，均匀的细料结构的石材具有细腻的质感，为石材之佳品，粗粒及不等粒结构的石材其外观效果较差。另外，石材由于地质作用的影响常在其中产生一些细微裂缝，石材最易沿这些裂缝发生破裂，应注意剔除。至于缺棱角更是影响美观，选择时尤应注意。

（2）量，即量石材的尺寸规格，以免影响拼接，或造成拼接后的图案、花纹、线条变形，影响装饰效果。

（3）听，即听石材的敲击声音。一般而言，质量好的石材其敲击声清脆悦耳；相反，若石材内部存在轻微裂隙或因风化导致颗粒间接触变松，则敲击声粗哑。

（4）试，即用简单的试验方法来检验石材的质量好坏。通常在石材的背面滴上一小滴墨水，如墨水很快四处分散浸出，即表明石材内部颗粒松动或存在缝隙，石材质量不好；反之，若墨水滴在原地不动，则说明石材质地好。

## 如何挑选好的陶瓷洁具

市面上的陶瓷洁具品种款式多，价格差距也很大。如果不了解一些陶瓷洁具的常识，那么选购起来就很困难，挑选陶瓷类洁具时主要注意以下几点：

一看。光洁度高的产品，颜色纯正，不易挂脏积垢，易清洁，自洁性好。判定时可选择在较强光线下，从侧面仔细观察产品表面的反光，以表面没有细小砂眼和麻点，或砂眼和麻点很少的为好。亮度指标高的产品采用了高质量的釉面材料和非常好的施釉工艺，对光的反射性好、均匀，从而使视觉效果好，显得产品档次高。

二摸。选择时可用手在表面轻轻抚摸。感觉非常平整细腻的为好。还可以摸到背面，感觉有“砂砂”的细微摩擦感为好。

三听。还可以用手敲击陶瓷表面，一般好的陶瓷材质敲击发出的声音是比较清脆的。

四比较。选择时还可将不同品牌的产品放在一起从以上几个方面进行对比观察，也使你很容易判断出高质量的产品。

另外，吸水率指标是指陶瓷产品对水有一定的吸附渗透能力，吸水率越低的产品越好。水如果被吸进陶瓷，陶瓷会产生一定的膨胀，容易使陶瓷表面的釉面因膨胀而龟裂。尤其对于坐厕等吸水率高的产品，容易将水中的脏物和异味吸入陶瓷，使用久了，就会产生无法去除的异味。

## 怎样选配壁纸

首先，选择壁纸要考虑居室的面积、空间尺度、房间的朝向等方面的问题。从原则上讲，壁纸适用于任何房间的张贴，从客厅到卧室到厨房，你都可以找到适合的一款或几款壁纸。另外，壁纸的优点是具有不同的功能性，用不同的壁纸装饰房间，你会很容易地分辨出哪间是卧室，哪间是儿童房。普通家庭的居住面积并不宽敞，所以根据人们希望环境宽舒一些的心理，选择的墙纸纹理、图案不

要过于醒目，图案的尺度也应适当，花样图形不宜过大，否则会在视觉上造成“近逼”感。

其次，从色彩上说，朝北背阳的房间不宜用偏蓝、紫等冷色，而应用偏黄、红或棕色的暖色壁纸，以免冬季色彩感觉偏冷。而朝阳的房间，可选用偏冷的灰色调的壁纸，但不宜用天蓝、湖蓝这类冬天看着不舒服的颜色。另外，起居室、会客室宜选用清新淡雅的壁纸，让你的客人倍感爽心悦目，宾至如归。就餐环境应采用橙黄色的壁纸，能增进食欲。卧室则可以依据你个人的喜好，随意发挥，红色调壁纸可以为你创造兴奋的气氛，而蓝、青等冷色调壁纸则能帮助你放松精神，黄色调壁纸是营造温馨浪漫的最佳选择。

最后，在壁纸粘贴完后，白天应打开门窗通风，使胶水尽早干燥。高发泡壁纸比较容易积灰，你可以每隔两个月用吸尘器清洁一次。被烟或香熏黄的地方，只用水就可以抹掉，可以用冷水、清水，千万不能用热水或侵蚀性液体抹。新型壁纸虽耐磨，但也要尽量少用椅背与之摩擦。

## 室内装饰中镜子的三种搭配方法

在家庭装饰中，镜子具有实用性和装饰性双重效果，因此，运用镜子是室内装饰的常用手法之一。以下是利用镜子进行室内装修的三种方式：

（1）活跃气氛法。在床头墙上或其他地方悬挂一面较大的镜子，用以再现室内和折射室外局部景物，可活跃室内气氛。其艺术效果不亚于精美的装饰壁挂。

（2）景观延伸法。用平板玻璃制成落地门窗能将外面的景色迎入室内，把室内的景观延伸，内外连成一体，形成宽敞流动的空间效果。若与明亮的大理石地面、不锈钢现代家具配合，则可创造超凡脱俗的空灵意境。

（3）创造温馨法。磨砂玻璃只有透光性而不能透视，它可使室内光线柔和而不刺眼，尤适合于卧室，可创造出宁静、温馨的气氛。

## 玄关的设计方法

现代家居中，玄关是开门第一道风景，室内的一切精彩被掩藏在玄关之后，在走出玄关之前，所有短暂的想象都可能成为现实。在室内和室外的交界处，玄关是一块缓冲之地，是具体而微的一个缩影，是乐曲的前奏、散文的序言，也是风、阳光和温情的通道。平时，玄关也是接收邮件，简单会客的场所。

玄关的设计应依据户型和家居风格等而定。可以做成圆弧形、长条形，也可以是直角形，材质款式方面有木制、玻璃、不锈钢、石材等。一般来说，用不锈钢和玻璃材质做出的玄关比较贴近简约的现代风格家居，石材、板材类则更适合呼应田园风格家居。

玄关的变化离不开展示性、实用性、引导过渡性三大特点，归纳起来主要有以下几种常规设计方法：

（1）低柜隔断式是以低形矮台来限定空间，既可储放物品杂件，又起到划分空间的功能。

（2）玻璃通透式是以大屏玻璃做装饰遮隔，既分隔大空间又保持大空间的完整性。

（3）格栅围屏式主要是以带有不同花格图案的透空木格栅屏做隔断，能产生通透与隐隔的互补作用。

（4）半敞半隐式是以隔断下部为完全遮蔽式设计。

（5）顶地灯呼应中规中矩，这种方法大多用于玄关比较方正的区域。

（6）实用为先装饰点缀，整个玄关设计以实用为主。

（7）随形就势引导过渡，玄关设计往往需要因地制宜随形就势。

（8）巧用屏风分隔区域，玄关设计有时也需借助屏风以划分区域。

（9）内外玄关华丽大方，对于空间较大的居室玄关大可处理得豪华、大方。

（10）通透玄关扩展空间，空间不大的屋子，玄关往往采用通透设计，以减少空间的压抑感。

## 厨房装修的五大注意事项

厨房与餐厅在家中占有显赫的位置，虽然只是做饭和吃饭的地方，但在装修时要十分注意。

（1）餐厅和厨房的位置最好设于邻近处，避免距离过远，耗费过多的置餐时间；餐厅不宜设在厨房之中，因厨房中的油烟及热气较潮湿，人坐在其中无法愉快用餐；厨房地面要平坦，且忌比宅内各房间高。

（2）餐厅方位。餐厅自身方向最好设在南方；若餐厅内设置冰箱，则方位以北为最佳，不宜向南。

（3）餐桌不可正对大门，若真的无法避免，可利用屏风挡住，以免视觉过于通透；餐厅天花板不宜有梁柱，若建筑物的结构无法变动，则可在梁柱下悬葫芦等饰物，避免它直接压到餐桌。

（4）厨房是家中用水最多之处，也是烧饭的场所，不宜向南方。在现实生活中，向南方夏季时食物易腐化，而且南风吹起时更会令烹饪的烟气弥漫到整个房间，所以最好不要设在面南的方向。

（5）餐桌椅不可有直角，以免伤人。餐桌椅的高度要适中，过高或过矮都会影响用餐时的情绪。

## 防火、防锈涂料一个也不能少

防火。给木龙骨刷防火涂料能起到阻燃以及发生火灾能起到延缓火势的作用，因此，千万不能省略这道工序。吊顶如果用木条就必须刷防火涂料，铝扣板吊顶没有此工序。

防腐。门套背板应涂防腐涂料（特别是厨卫），厨卫吊顶用木料必须刷防火防腐涂料。

防锈。家里的木工用到钉子的地方，在钉眼上都应该刷防锈涂料，以保证质量。

一个两居室的房子，整体的防火涂料、防腐涂料、防锈涂料的成本加起来不会很高，但施工队往往为了省事忽略这三个步骤。但是水火无情，不能省的地方一定要按照安全原则来施工。

## 五金件的安装应注意三大问题

（1）五金件的安装时间需要考虑好与油漆工施工衔接的问题。五金件的安装时间不能安排过早，否则，油漆工人在进行施工时需要过多地考虑对五金件的保护问题。

（2）安装五金件时，还要注意不能破坏油漆工人已经完成的施工。因此，正常的施工往往是这样安排的：对于需要钻孔的五金件，基本上是在油漆工施工之前，或主要工序进行之前完成（像门锁安装前的开锁孔基本上都是在这个阶段进行的，拉手的钻孔最好也安排在这个阶段）。油漆工完成施工后，木工再进行安装工作。

（3）应该在墙面刷涂料或贴墙纸的工作完成后，再进行灯具的安装及开关插座面板的安装工作。

## 铺瓷砖的六种方法

使用瓷砖黏着剂铺装。也叫干贴法。它一改砂浆水泥的湿做法，瓷砖不需预先浸水，基面不需打湿，只要铺装的基础条件较好就可以，使作业状况得到极大改善。其黏着效果也超过了传统的砂浆水泥，特别适用作业面小、工作环境不理想的中小工程和家庭装修。

使用多彩填缝剂铺装。多彩填缝剂不是普通的彩色水泥，一般用于留缝铺装的地面或墙面。其特点是颜色的固着力强、耐压耐磨、不碱化、不收缩、不粉化，它不但改变了瓷砖缝隙水脱落黏着不牢的毛病，而且使缝隙的颜色和瓷砖相配显得统一协调，相得益彰。

封边条十字定位架法。使用这种方法不再需要瓷砖 45° 切边，大大节约了工时和破损。

多种规格的组合。它的特点是选择几何尺寸大小不同的多款地瓷砖，按照一定的组合方式成组地铺装，这样使地面的几何线条立刻发生变化，在秩序中体现着变化和生动。地砖由多种颜色组合。西班牙瓷砖的最新铺装潮流，由釉面颜色不同的地砖随机组合铺装，其视觉效果千差万别，令人遐想。这是对我们传统的“对称统一”审美观的挑战。它适合较大厅堂采用。

留缝铺装。现在市场流行仿古地砖，它主要强调历史的回归。釉面处理得凹凸不平，直边也做成腐蚀状，对于铺装时留出必要的缝隙将它加之彩色水泥填充，使整体效果统一，强调了历史的凝重感。

墙面铺装。采用 45° 斜铺与垂直铺装结合。这使墙面由原来较为单调的几何线条变得丰富和有变化，增强了空间的立体感进而活跃气氛。

## 居室装饰十忌

一忌吊顶过重、过厚、过紧，色彩太深、太过花哨。

二忌地板乱用立体几何图案以及色彩深浅不一的材料。

三忌地板色泽与家具色泽不协调。

四忌浪费空间，不重实用。装饰要充分利用空间，把空间分割得疏密有致，富有韵律。

五忌陈设色彩凌乱，配搭不当，“万紫千红”。

六忌大家具放在小房内，一是破坏了房屋的整体造型完整；二是使房屋比例失衡；三是有碍视觉上的清爽感。

七忌不能“割爱”。整体不般配。

八忌风格不统一。千万不要盲目进行装修，而不考虑整体效果。

九忌过分追求高档、盲目攀比、不讲效果。其实效果并不是与耗资成正比的。

十忌缺乏个性、不求品位。居室装修要根据主人的修养、审美观等来确定风格，这样才与主人本身吻合。

## 装修的九点注意事项

居室装修安全往往被人们所忽视，其实由错误的装修方式所引发的事故不在少数。一般说来，在装修工程中应该注意以下几点：

（1）楼房地面不要全铺大理石。大理石比地板砖和木地板的重量要高出几十倍，如果地面全部铺装大理石就有可能使楼板不堪重负。特别是二层以上，因为未经房屋安全鉴定站鉴定的房屋装饰，其地面装饰材料的重量不得超过 40 千克 / 平方米。

（2）不得随意在承重墙上穿洞。进行居室装修，不得随意在承重墙上穿洞、拆除连接阳台和门窗的墙体以及扩大原有门窗尺寸或者另建门窗，这种做法会造成楼房局部裂缝，严重影响抗震能力，从而缩短楼房使用寿命。

（3）阳台、卫浴要选用荷载小的材料。这是因为阳台过度超载会发生倾覆。

（4）避免在混凝土圆孔板上凿洞。在施工中要注意避免在混凝土圆孔板上凿洞、打眼、吊挂顶棚以及安装艺术照明灯具。

（5）厕浴间防水也是装修中的一个关键环节。一般的做法是，在装修厕浴间前，先堵住地漏，放 5 厘米以上的水，进行淋水试验。如果漏水，必须重做防水；不漏的话，也要在施工中小心铺设地面，不要破坏防水层和擅自改动上下水及暖气系统。

（6）板材上镶吊顶不可取。在居室装修中为了追求豪华，在四壁上贴满板材，吊顶镶上两三层立体吊顶，这种装修做法不可取。因为四壁贴满板材，占据空间较大，会缩小整个空间的面积，费用较高，同时不利于防火。此外，吊顶过低会使整个房间产生压抑感。

（7）选择电线忌用铝芯。选择电线时要用铜芯，忌用铝芯。由于铝芯的导电性能差，使用中电线容易发热、接头松动甚至引发火灾。另外在施工中还应注意不能直接在墙壁上挖槽埋电线，应采用正规的套管安装，以避免漏电和引发火灾。

（8）不要擅自拆改管线。室内装饰要保证煤气管道和设备的安全要求，不要擅自拆改管线，以免影响系统的正常运行。另外要注意电力管线及设备与煤气管线水平净距不得小于 10 厘米，电线与煤气管交叉净距不少于 3 厘米。

（9）别将煤气阀门包入木制地柜。厨房装修中不要把煤气灶放置在木制地柜上，更不能将煤气总阀门包在木制地柜中。一旦地柜着火，煤气总阀在火中就难以关闭，其后果将不堪设想。

## 布置新居须规避三误区

吊柜、衣架爬满墙。许多人喜欢在门厅、门背后或洗手间安装衣钩、衣架，在角角落落安上吊柜，认为将杂物挂起来、吊起来就不占空间了。其实，这样做反而是对视觉空间的极大侵占与破坏。更重要的是，吊起来的柜子会让取物过程变得不方便，时间长了，这样的柜子就变成了藏污纳垢的死角。建议在不影响视觉空间的前提下，在屋内拐角辟一处专门做衣帽间、贮藏室或贮藏柜。

窗帘过于厚重。很多人将窗帘设计得过于厚重、豪华、复杂，不但增加了成本，而且是对视觉空间的一种侵占。从健康的角度来看，厚重的窗帘清洗起来不方便，容易成为家中的“污染源”。建议使用百叶窗，它体积小，又容易清理，而且没有窗帘盒、窗帘架的压抑感。

家具占满整个家。有些人喜欢在家中每个角落都摆放家具，如此一来，本来面积不算小的家，却给人压抑和局促的感觉。另外，很多人会在卧室安装面积硕大、高至天花板的大衣柜，这样不仅使视觉空间的美感大打折扣，而且容易给人的心理造成压迫感。建议每个房间至少要空出一个角来，让墙壁好好地透气露脸。所有立柜均不应到顶，至少留出 10—20 厘米，尤其卧室的家具要尽量低矮。

## 如何治理装修污染

装修污染，指装饰材料、家具等含有的对人体有害的物质，释放到家居、办公环境中造成的污染。国家 2020 年颁布实施的《民用建筑工程室内环境污染控制标准》列出七种主要污染物：甲醛、苯、氨、总挥发性有机化合物、氡、甲苯和二甲苯。装修污染并不是一时能够解决的问题，因此，治理装修污染可以从以下几个方面入手：

（1）物理治理。使用活性炭、硅胶和分子筛等材料对污染气体进行吸附，特别是使用活性炭产品进行过滤吸附，即物理吸附。或采用负离子净化装置，负离子附着在污染气体分子上多成大离子而沉降下来。此外，使用各种电动的空气净化器也能起到化学治理与物理治理的效果。

（2）化学治理。使用化学药品与有害气体发生化学变化，如光触媒、甲醛去除剂、克苯灵、除味剂等。此外，使用各种电动的空气净化器也能

起到化学治理与物理治理的效果。

（3）生物治理。采用植物来吸收空气中的有害气体，或用微生物、酶进行生物氧化、分解。

一叶兰、龟背竹可以清除空气中的有害物质，虎皮兰和吊兰可以吸收室内80%以上的甲醛等有害气体。

芦荟是吸收甲醛的好手，一盆芦荟可以吸收一立方米空气中所含的90%的甲醛。米兰、蜡梅等能有效地清除空气中的二氧化硫、一氧化碳等有害物。另外兰花、桂花、蜡梅等植物的纤毛能截留并吸滞空气中的飘浮微粒及烟尘。

另外，常青藤、铁树能有效地吸收室内的苯，一盆吊兰能“吞食”一立方米空气中96%的一氧化碳、86%的甲醛和过氧化氮，天南星也能吸收苯和三氯乙烯。

玫瑰、桂花、紫罗兰、茉莉、石竹等花卉不但会给居室内带来芳香。使人放松，精神愉快，它们气味中的挥发性油类物质还具有显著的杀菌作用。另外，各式各样的仙人掌类植物，可以吸收居室中的二氧化碳，制造氧气，同时使室内空气中的负离子浓度增加。

## 春季装修出现开裂，不宜马上修补

春、夏季装修完毕的居室在秋季可能会因为气候改变而出现问题，比如木地板收缩导致板缝加大或者不同材质的接口处出现开缝等。一般说来，这些情况都属正常，完全可以修补，但专家认为，并不应该在出现问题时马上修补。由于季节变更，墙体内或其他部分的水分正在逐渐挥发，导致这些部位的开裂，此时虽然修补好了，但水分会继续挥发，仍可能导致墙体再一次开裂。因此，应该等到墙面水分适宜于外界气候时，再请装修公司对问题进行修补，这样能达到更好的效果。

## 夏季装修四项注意

（1）注意材料的堆放与保管。千万不要犯急于求成的错误，把刚油漆好的家具或半成品木材及木地板在阳光中曝晒，因为这样做会容易使材料变形、开裂，从而使施工质量受到影响。要将其放到通风干燥处，使之自然风干。

（2）注意处理好饰面基层。特别是处理墙面、粘贴地砖或瓷砖之前，饰面底层不能过于干燥。施工之前，一般应先泼上水使之充分吸收约半小时，然后采用水泥砂浆或石膏粉打底，这样才能粘贴牢固。

（3）注意善后的保养。水泥地或107胶地，或者是水泥屋面，在施工完毕后，应在3—5天内每天泼水保养，防止开裂。

（4）注意化工制品的正确使用。施工之前，必须详细了解胶水、油漆、粘贴剂等化工制品的相关说明，并依据说明书规定的温度、环境施工，从而使化工制品的质量稳定性得到保证。

## 雨季木质材料装修中的注意事项

（1）地面工程：以9厘米板打底，注意应以板条形式，而不能够整块铺贴，其间距最好是木板长度的倍数，间隙约10厘米。木地板和四周的墙面之间必须留有约1厘米的伸缩缝。施工完毕后，切勿忘记拔出四周那些用于定位的所有木销。铺贴地板前，应该在地板背面横切两道槽，深度约为3毫米。在与木龙骨固定时，气钉及胶水应该适当少使用一些。

（2）墙面及天花板工程：隔墙及天花板若用木夹板制作，其板面须刷一层清油，确保木板不会受潮、泛黄。贴墙纸时，必须在墙纸表面涂一层防潮光油，这一工序必不可少。

## 秋季装修要有效保湿

秋季干燥的气候，使得涂料易干，木质板材不容易返潮。不过正因如此，保湿应是秋季装修的重要注意事项。

（1）秋季过干的气候很可能导致木材表面干裂并出现裂纹。因此，木材买回后应该尽快做好表面的封油处理，从而避免风干。特别是实木板材和高档饰面板更应多加小心，因为风干、开裂会使装饰效果受到影响。

（2）壁纸用于贴墙前，一般应该先在水中浸透，再刷胶贴纸。秋季气候干燥，使壁纸迅速风干，容易导致收缩变形。所以壁纸贴好后宜自然阴干，要避免“穿堂风”的反作用。

## 冬季装修要有效防毒

冬天寒冷的气候，使得工人们在施工时往往紧闭门窗，殊不知此举虽保暖，却极易出现中毒现象。现在装修虽然都提倡使用绿色环保材料，但是，在装修时特别是用胶类产品铺地板、贴瓷砖、涂刷防水层、给壁柜刷漆时，仍然会挥发出大量甲醛、苯类危害人体健康的物质。因此，在装修

时切记开窗、开门，让这些有毒气体散发出去。

## 旧房装修要有效防水

装修旧房时，其防水工程的施工应遵照以下程序：

（1）拆除居室踢脚线以后，无论防水层是否遭到破坏，一律返刷防水涂料，要求沿墙上 10 厘米，下接地面 10—15 厘米。

（2）厨房、卫生间的全部上、下水管均应做到以顺坡水泥护根，返刷防水涂料，要求从地面起沿墙上 10—20 厘米。再重做地面防水，这样与防水层共同形成复合性防水层，使防水性能得到巩固和增强。

（3）用户在洗浴时，水可能会溅到卫生间四周的墙壁上，所以防水涂料应从地面起向上返刷约 18 厘米，从而有效防止洗浴时的溅水湿墙问题，以免卫生间对顶角及隔壁墙因潮湿发生霉变。

（4）在墙体内铺设管道时，必须合理布局。不要横向走管，纵向走管的凹槽必须大于管径，槽内要抹灰使之圆滑，然后刷一层防水涂料，防水涂料要返出凹槽外，要求两边各刷 5—10 厘米。铺设管道时，地面与凹槽的连接处必须留下导流孔，这样墙体内所埋管道漏水时，就不会顺墙流下。

## 家居装修要有效保温

冷空气一般由居室的门窗边缘进入，因此门窗若不必开启，其边缘的缝隙最好是用纸或布密封。热损耗最大的是门窗玻璃，因此，门窗若长期不能受到阳光直射，应用布帘遮住玻璃。日光的直接照射能提高房间内的温度，因此，应力求阳光可以畅通无阻进入室内。有条件的话，尽量选用双层门窗，其较强的御寒能力能使室内减少约 50% 的热损失率，并能减少约 25% 的冷空气侵入量。

## 家居装修中的有效防噪

隔音降噪处理在室内装修中是必不可少的。以下是几种预防室内噪声的有效方法：

（1）玻璃窗选用双层隔声型。

（2）选用钢门。因为镀锌钢门的中间层为空气，能够有效隔声，使得室内外的声音很难透过门传送。另外，钢门四周贴有胶边，这样钢门与门身相碰撞时就不会产生噪声。

（3）多用布艺等软性装饰。因为布艺这类产品吸收噪声的效果不错。

（4）居室内各个房间具有不同的

功能，装修时要注意相互之间的封闭，并且墙壁不应该太光滑。

（5）多选用木制家具。由于木质纤维的多孔性，能起到良好的吸音作用。

## 粉刷墙面的六大关键

（1）新刷的纸筋灰墙的外层石灰必须完全干燥，然后才能进行粉刷，不然会导致墙面出现花斑，从而影响美化效果。

（2）粉刷墙面时，必须对石灰浆、液不断搅拌，否则石灰浆容易沉淀，墙面在粉刷后会出现或深或浅的条纹。

（3）粉刷原则为：竖刷、由上而下、一笔套一笔。当然，也可以横刷、由左至右，但是都要切记不能漏笔。

（4）若墙面为深色的旧石灰墙（不包括胶白墙面），或者斑点较多，在刷新色之前，要先用白灰水刷一次，干燥之后才能套刷新色。

（5）若墙面为石灰墙面且粉刷还没有超过半年，加刷酸性的彩色干墙粉，比如绿色、天蓝色等，容易导致中和以及泛色的现象，必须多加注意。

（6）自己动手一定要注意安全。

## 保护高层楼板的安全

铺设高层楼的地面时，一定要注意保护好楼板。

（1）有些用户在装修时，为了使瓷砖在楼面粘贴牢固，使用水泥砂浆过多，反而加重了楼面承重负担。

（2）有些用户没有按照规定的操作程序铺设木地板，为在地面上固定木龙骨，随便射钉、打孔等，对楼面造成破坏。

（3）有的用户为了加设天花板、吊装风扇或灯饰，在楼板或现浇板上随意凿钻甚至将楼板里的受力钢筋切断，破坏楼板原有的结构性能。若楼上住户在装修地面时已经破坏了楼板，那么该楼板的危险性就可想而知了。

（4）有的住户为分隔房间，在原有楼板的基础上直接加设墙体，或者不仅用较重的石材铺设地板，还以砂浆水泥层层叠加，这就使楼板的承重大大增加，时间一长，楼板就容易开裂，甚至折断。

## 保护阳台地板的安全

目前，阳台的结构分为三种，即凹进式、转角式、挑出式。特别是挑出式阳台，它完全依靠挑出于墙体的

悬臂梁承受自身重量及承载，因此不能经受太沉的重量，也不能猛烈撞击。所以，在装修阳台地面以及布置阳台时，以下几种都是不安全的做法：

有些家庭在装修时，为了扩大使用空间，打通了阳台与房间，然后用水泥砂浆抬高阳台地面，使之与房间地面相平。此举表面上有利美观，实则使阳台的承重大大增加，有可能导致阳台倾斜，从而降低了阳台的安全性。

阳台的地面装修不宜选用花岗岩、大理石等沉重石材。

不要把过于笨重的物品堆放到阳台上，不宜在阳台进行震动较大的活动。

## 强化木地板铺装

（1）家里的强化木地板板面有时会出现起拱现象，导致这一现象的原因可能是在铺装地板时，地板条与四边墙壁的伸缩缝留得不够，或者是门边与暖气片下面的伸缩缝留得不够。因此，地板起拱后，适当地将伸缩缝扩大不失为一种行之有效的解决措施。

（2）某些强化木地板在使用时接缝上翘，除了地板本身存在的质量问题，铺装时施胶太多也有可能是原因之一。此时就应该适当将伸缩缝扩大，或者在中间隔断处做过桥，并且加强空气的流通。

（3）常见问题还包括地板缝隙过大。地板的缝隙应小于 0.2 毫米，若缝隙过大，应该更换为优质胶剂。同时，安装时宜尽量将缝隙榄紧。施工完毕后，要用拉力带拉紧超过 2 小时。最后，养护时间应超过 12 小时，其间不准在室内走动。

## 墙砖与地砖不能混用

有人喜欢在卫生间的地面上铺设五颜六色的花墙面砖碎片，也有人把颜色素雅的地砖当作墙砖。实际上，这种做法既不安全，又不科学。

从严格意义上来说，墙砖和地砖通常分别属于陶制品和瓷制品。二者不仅物理特性各不相同，而且所选的黏土、配料，甚至是烧制工艺的整个过程，区别都很大。就吸水率而言，墙砖约为 10%，而地砖只有 1%。

厨房和卫生间经常要用大量的清水清洗地面，因此宜铺设吸水率低的地面砖，以免瓷砖受过多水汽影响而藏污纳垢。墙面砖一般具有比较粗糙的背面，有利于黏合剂与墙面牢牢相贴。相较之下，地砖就很难在墙上粘贴牢固。而墙砖铺于地面时，会因为吸水率太高而吸收过多水汽，不易清洁。因此，墙砖与地砖是不能混用的。

## 居室配色七要点

居室配色一般有两种方法：一种是统一调和法。即大量使用色彩、明度相似的姐妹色或类似色配合。这种方法效果稳定，使用简便，但是比较单调。另一种方法是对比调和法。即使用色彩、明度差别较大的颜色相配合。这种风格比较活泼，能够充分体现居住者的个性，但是难度比较高。在现代家庭中，一般采用的是一种称之为“大面积统一、小面积对比”的方法，由此打造的色彩环境统一又富有变化。

配色的要点是：

（1）家具、地板与墙壁：以家具色彩决定地板和墙壁色彩，或者选用姐妹色，或者选用对比色。家具一般都是中性明度的棕褐色或者木本色，称为“百搭”色，能够搭配任何色彩。若家具色彩具有倾向性，则不宜草率，最好请专业艺术设计人士绘出主房间的色彩图来看配色效果。另外，需要居室配色对比较强的人，最好能够先给出色样。

（2）地板、墙壁与天花板：地板和墙壁可以是同一色系，也可以是对比色彩。不过，天花板如果不是白色，就必须和墙壁是同一色系，即姐妹色。

（3）地板与窗帘、沙发、床罩：窗帘应和地板是同一色系。如果不能，则至少要和沙发或床罩成同一色系，以达到平衡。但是，当地板是灰色时，窗帘颜色不限。

（4）室内其他织物小摆设：室内织物同样是居室配色的主角，床罩、窗帘、台布、沙发巾等大块织物之间要注意颜色的统一，如果选用姐妹色，会营造出雍容淡雅的气氛。而灯罩、靠垫、茶垫等小块织物则可以运用鲜明的对比，这能够使色彩活跃起来，其作用可谓举足轻重。放在居室门口用于擦鞋的踏脚垫，一般都是黑色或棕色橡胶的，这不利于人们进门时对于色彩的感觉。如果换成明绿色或者明橙色，就会起到不同凡响的效果。

（5）居室色彩与装潢材料：材料质地的不同影响居室色彩的对比效果。镀铬家具容易给人以凉甚至是冷的感觉；红色瓷砖在感觉上比蓝色毛毯更冷。在粗糙表面使用同一种颜色，由于材料本身的阴影面积较大，看上去会更暗，所以对于粗糙材料可选用鲜嫩一些的颜色。另外，居室以暖色调为主的话，其家具不宜为镀铬和金属材料。

（6）居室的色彩与光线：居室色

彩效果的设计要考虑到日常生活中主要使用时间的光线照明问题。以中、暖色调为主的居室，不宜采用日光灯作为主照明。主要用于夜间工作或采光不良的居室应该少采用红色调，这是因为光波最长的就是红色，它在低照度的情况下容易呈现出黑色，而紫色系即使在低照度的情况下依然能分辨出颜色。

（7）门、窗框与墙壁：门、窗框可以依照墙色，但明度应该稍高。一间居室一般最多使用两大色系，如果使用补色对比，不能使用色环图中的那种“正宗”补色，比如蓝色和橙色，补色对比显得过于强烈。常用的是黄色和蓝色。红色和绿色的对比也太强，不过可以稍加变通，用于局部的效果还不错。若用中性色和其他色加以对比，效果很好。但必须注意比例，主色调应该占总面积的 2/3 以上。

## 客厅灯具的选择

客厅的灯具应选用吸顶灯或吊灯，显得庄重而明亮。

至于灯具的造型，不仅要求美观、大方，而且其风格应与居室整体的摆设和色调达到和谐统一。

灯光的色调宜柔、宜“热”，为房间营造出温暖、柔和的室内气氛。

光线强度应该强弱适中。客厅面积如果较大，可以在墙壁上装一对高度约为 1.8 米的壁灯。沙发中间若有茶几，可以在其后方摆放一盏高度约为 1.6 米的落地灯。不宜在沙发对面安装灯具，以免直射人的眼睛。

## 室内灯光布局四要点

在对室内灯光进行布置时，以下四个方面是必须注意的问题：

（1）根据不同的用途，注意冷暖色的协调。

（2）避免炫光，因为炫光容易导致眼睛疲劳，从而不利于保护视力和身体健康，也影响学习和工作效率。

（3）合理分布照明光源，顶棚的光照应该明亮些，这样能给人以空间增大而且开朗明快的感觉。反之，顶棚光线若较暗淡，则使空间显得狭小且压抑。

（4）合理布置光线的强弱程度和照射方向，不能直射人眼。

## 打造居室开阔空间的方法

选用组合家具。和其他类型的家具相比，组合家具在储放大量实物的同时还能节省空间。家具的颜色若与墙壁表面的色彩一致，能增加居室空间的开阔感。家具选用折叠式、多功能式，或者低矮的，或将房间家具的整体比例适当缩小，在视觉上都有扩大空间之功效。

利用配色。装饰色以白色为主，天花板、墙壁、家具甚至窗帘等都可选用白色，白色窗帘上可稍加一些淡色花纹点缀，因为浅色调能产生良好的宽阔感。其他生活用品也宜选用浅色调，这样能最大限度地发挥出浅色调所具有的特点。在此主色调基础上，选用适量的鲜绿色、鲜黄色，能使这种宽阔感效果更理想。

利用镜子。房间内的间隔可选用镜屏风，这样屏风的两面都能反射光线，可增强宽阔感。将一面大小合适的镜子安挂在室内面向窗户的那面墙上，不仅能增强室内明亮感，而且显出两扇窗，使宽阔感大增。

利用照明。虽然间接照明不够明亮，但也可以增强宽阔感。阴暗部分甚至给人另有空间的想象。

室内的统一可产生宽阔感。用橱柜将杂乱的物件收藏起来，装饰色彩有主有次，统一感明显，看起来房间就要宽阔得多。

## 利用好小屋角空间

居室面积不够大时，应该充分利用室内那些靠窗的屋角。

（1）茶几。以稍大并且呈方形的茶几为最佳。茶几摆放于屋角后，将两张沙发成直角摆放。一是充分利用了空间，二是增进人们坐在沙发上聊天时的亲切感。

（2）电视机。满足电视机背光、防晒的两大要求，同时腾出更多空间用于观看电视节目。

（3）音箱。一个大音箱，或者左右两个立体声音箱均可。立体声音箱分别摆放在两个屋角时，相对而言间距更远，从而使声场分布更均匀。音箱上面可以放吊兰等花卉，不仅节约空间，还能增添幽雅的气氛。不过浇水时要注意须特别小心。

（4）写字台。应放在窗户右侧的屋角，因为光线最好来自左前方。写字台上方的墙面，可以用挂画、年历及其他饰品点缀，再以台灯和小摆设相配，使屋角变得温馨、舒适。写字台旁可摆放一个书架，会更加方便。

（5）落地灯。由于落地灯有尺寸很大的灯罩，为了不会显得过于突出，最好放在屋角。至于落地灯周围的安排，则以躺椅或沙发为最佳。

（6）圆弧架。条件允许的话，可以做一个圆弧形架子摆放在屋角，日用品、装饰品都能摆放在架子上，方便人们的日常生活。

（7）搁板。屋角上部也可以做几块搁板，高度以人手够得着为准。搁板上下的间距可以任意等分或不等分，书籍、花卉、其他物品都能摆放在搁板上。搁板下地面可以直接放一盆大型花卉，如米兰、龟背草等，充分利用空间的同时更添雅致风情。

## 六招打造舒适房间

要布置出舒适满意的房间，应该考虑以下六方面：

（1）布置前做好计划。确定房间的长宽高，结合自己的要求，制订出合理实际的方案。

（2）仔细选购自己满意的家具。如果家具是现有的，要进行合理安排，一一就位。

（3）居室空间要充分利用。家具可以适当选用活动的或多功能的。特别要注意的是，要为孩子留下足够的活动空间。

（4）色彩搭配要和谐。选择一种色调作为整个房间的色彩基调，若同时运用其他色调，要注意相互统一、协调，尤其是色彩面积较大时，力求与其他家具的色彩一致。色彩素雅，是房间安宁舒适的必要条件。

（5）照明设施要合理、美观。最好根据需要，设置多种不同功能的照明灯具，如整体照明、局部照明、特别照明等，这样既能使日常生活更加便利，又能烘托出良好的室内气氛。

（6）陈设的格调要高雅。挂在墙壁上的装饰品要与整个墙面的风格一致。在房间里留下富余的空间，可考虑在某些合适的位置作重点装饰，力求窗帘与其他织物在色泽和面料等方面的统一和谐。陈设品宜精选，不宜到处罗列。

## 家具布置的法则

大小相衬，高低相接。家具按区摆放，房间就能得到合理利用，并给人以舒适清爽感。高大家具与低矮家具还应互相搭配布置，高度一致的组合柜严谨有余而变化不足，家具的起伏过大，又易造成凌乱的感觉，所以，不要把床、沙发等低矮家具紧挨大衣橱，以免产生大起大落的不平衡感。最好把五斗柜、食品柜、床边柜等家具作为高大家具和低矮家具的过渡家具，给人由低向高逐步伸展的感觉，以获取生动而有韵律的视觉效果。总之，家具的布置应该大小相衬，高低相接，错落有致。若一侧家具既少又小，可以借助盆景、小摆设和墙面装饰来达到平衡效果。

工艺相宜。在造型上，要求每件

家具的主要特征和工艺处理一致。在漆色上，一般常用的有褐色、荸荠色和木本色等，一套家具的漆色必须一致，油漆面要求色泽丰润，清新悦目，无发泡、无皱等现象。

在用料做工上，更强调其合理性、一致性。要从柜架、面板、侧板等各个部位检查，根据其受力的情况综合使用胶合板、纤维板，表面纹理一致，胶合板不脱胶，不散胶，拼缝处严密，没有高低不平的现象，卯榫密实，不晃动不变形，柜门开启自如，抽屉推拉灵活，到位正常。在功能上，因每套家具的件数不等，其功能便有多少之分，但每套家具均需具有睡、摆、写、贮等基本功能，若功能不全就会降低家具的实用性。至于挑选什么功能的家具，应根据居室面积及室内门窗的位置统筹规划，在尺寸比例上，要看上去舒服顺眼，使人不致产生不协调的感觉。

## 选购家具的方法

（1）家居市场的选择：选择消费者比较满意或者售后服务好的家居市场。了解主办单位和厂家的地址、名称、电话、联系人，以便发生质量问题时能及时联系和解决。对同一品牌、同一款式的商品，要货比三家，从价格、质量、服务等方面综合考虑。合同、发票上必须注明家具的规格、材质、价格、数量、金额。向主办单位或商家索要产品保修卡，且要向商家索要产品环保材料的检测报告。

（2）色彩的选择：购买家具的时候要考虑家具的色彩是否跟居室的背景相协调，可以将室内的背景颜色跟灯光的光线作为主要搭配方向。若居室背景的色调较为浓重，那么，一般来说不宜选择色调比较深沉的家具，若家具的色彩过于强烈，容易使视觉产生疲劳效果。

（3）材质的选择：若面板是用薄木或者其他材料所覆面时，要求平整、严密、不允许有脱胶、透胶。要跟地板相协调，若居室是木地板，则较容易选配家具；若是水磨石、瓷砖或大理石地面，可选用木质家具，不宜选择钢木家具，并在室内局部加铺地毯，以缓和冷硬的感觉。

（4）漆膜的选择：家具表面的漆膜要平整而光亮，成套产品的色泽要相似，不允许产品表面漆膜有发黄、皱皮和漏漆，应保持产品内部及其他不涂饰部位的清洁。

（5）气味的区别：购买家具的时候要注意，不要购买刺激气味强烈的家具。买的时候可打开柜门、拉开抽屉，若刺激得让人流泪，则表明甲醛

的含量严重超标。

（6）质量的检查：检查板材表面有无虫蛀，拉手、柜门等是否牢固，抽屉的滑轨是否合格。

## 买家具前应掌握的家具数据

在选购家具前，首先必须掌握几项数据，如：床头柜顶面应比床屉板（不包括席梦思床垫）水平面高出200—220毫米；挂衣柜进深不要小于500毫米；柜子里挂长衣的空间，其高度不要低于1350毫米；挂短衣服的空间，其高度不要低于850毫米；椅子座面与桌子台面之间垂直距离应在280—320毫米。由于上下身比例与人体身高多有差异，在选购时，应以用餐或者坐在椅子上面伏案书写是否放松舒适为原则，最好在这个数据范围内做最佳选择。

## 如何判断家具质量

质量是选购家具的首要条件。在家具的用材和内在质量上，首先要看它的木材用料是否有疤节、糟朽或被虫蚀的地方，在部件的连接部位，要注意看是否有由于加工的粗糙而造成的细微裂纹或崩碴儿；看它内部的用料是不是加工得光滑而无毛刺，榫接处或联结件衔接处是否牢固而无松动；包镶板件表面是否平整而无明显翘曲；在选用人造板材的时候，不能有甲醛刺鼻的气味，而且必须做封边处理。贴薄木或者其他装饰材料的时候，要坚实平滑，不可有鼓泡、开胶、凹痕等缺陷；有抽屉的最好有塑料或金属滑道，没有滑道的，可把抽屉拉出2/3来，其下垂度应在20毫米之内，摆动度应在15毫米之内；不得以刨花板条或中密度板条做边立柱、框、撑子等承重部件。

在判断家具外观的质量时，要从整体上来看，看它的对称部件（尤其是卧室框的门）或者其他的贴覆材料，其纹理的走向是不是相近或一致；表面的漆膜是不是均匀、坚硬饱满、平滑光润、色泽一致、无磕碰划痕，手感是否细腻滑畅。

## 如何选择家具颜色

在家具的选购上要考虑房间的颜色，浅色的房间适合搭配样式新颖、色调较浅的家具，这样的搭配可给人一种清爽、明快的感觉，是青年人的首选。老年人喜欢安静、修身养性，所以选择家具的颜色一般较深。浅色的家具适合于小的房间，因为在搭配上可给人形成视觉错觉，感觉空间变大；深色的家具比较适合于较大的房间，并且搭配浅色的墙壁，这样可以突出家具，减少房间的空旷感。

## 如何选购安全家具

由于贴皮家具的组成成分包括化学胶、纤维板、塑料皮面等，组合的家具虽式样各异，漂亮美观，可是都免不了有害的化学成分，严重危害身体健康。因此家具宜选木质好的实木家具，最好不用贴皮家具。尤其是老年人的房间，家具应以皮质、藤质、木质为先，不适合用玻璃、钢质等硬性家具。应当选取绿色、天然材质家具，其无毒无害，起环保作用。

## 如何选购另类家具

玻璃家具。这种玻璃家具所用的玻璃是一种清晰度高的新型钢化玻璃，像水晶般透明、清澈，很迷人。

以往常用钢管焊接家具支架，而现在用的是既不要焊接又不要螺丝钉固定的一种挤压成型的新的金属材料，其使用的是强度高的结剂，外观秀丽，造型流畅。

纸椅子、纸桌、纸床、纸书橱、纸衣柜等。这些家具的特点就是能防霉、防水、防虫蛀。另外承受强度大，如纸椅最大负荷达到600千克，还有的纸家具也能负荷90千克重物、经过撞击10万多次而不会变形。其还具有纺织物、纸及木材的质感，感觉惬意、舒适。与木家具比，它重量轻，硬度低，更安全。

还有以聚碳酸酯为材料的家具，它是用激光切割的。以亚麻丝板为材料的家具，是用粉碎了的亚麻丝杆制成的。塑料充气家具，色彩齐全。抗菌实木家具，它具有抑制大肠杆菌的作用。

## 如何选购组合家具

看。将整套家具放在同一个平面上，以整体光洁明亮、无明显色差、漆色均匀一致为佳。

摸。将双手平摊开，细细地摸一遍家具的表面，没有隆起和凹痕的油漆杂质、积垢为好。

测。用直尺测量柜体对角线，如果每一件家具的对角线都相等，则说明家具四个角都是直角。把这样的家具放在一起，才不会出现缝隙。

## 如何选择环保家具

木家具和板式家具是目前市场上存在的两种形式，一般用中密度纤维

板饰面（用刨切单板、装饰纸、防火板等贴面所形成的家具材料）、刨花板制成厨房家具和板式家具。板式家具的稳定性好、便于安装，且造型也好。但它的缺点是：原材料的材质不好，会污染室内空气。而木家具以实木制成或以实木为主要原料，人造板为辅助原料。其优点是：有实木天然的感觉，缺点是：若木材干燥，它就容易裂纹和变形。若消费者担心产品甲醛超标，可以把装修的材料锯成小块，放入塑料袋内封闭一天，如果发现质量有问题，可就近投诉。

## 如何选购同一房间的家具

在选购放在同一房间里的家具时，首先要注意风格、款式及造型的统一，色调也要跟整个房间相和谐。若只换个别的家具，也要尽可能选择跟室内原有的家具颜色相近的。对于那些采光条件较差的房间或小房间，最好选用浅颜色或者浅色基调的拼色家具，从而会给人一种视觉上较宽绰明亮的感觉。对于大房间或者光线比较亮的房间，最好选择颜色比较深的家具，这样，能凸显出古朴典雅的氛围。

## 如何选用成套家具

每套家具的件数不同，在功能上就有多少之分，但是每一套家具都需要有基本的功能如摆、睡、写、坐等。若功能不全，会降低家具的实用性。要挑选什么功能的家具，就要根据自己居室的面积和室内的门窗位置来统筹规划。因此，在选购成套家具的时候，要注意在整个房间里的尺寸比例上，看着舒服、顺眼，不要让人有不协调感。

## 红木家具的质量鉴别

真正的红木，本身就带有黄红色、紫红色、赤红色和深红色等多种自然红色，木纹质朴美观、雍容华贵。制作成家具后，虽然上了色，但木纹仍然清晰可辨；而仿制品油漆一般颜色厚实，常有白色泛出，无纹理可寻。真的红木家具坚固结实，质地紧密，比一般木料要重；相同造型和尺寸的假红木家具，在重量上是有明显差别的。

## 布艺家具的选购技巧

选购时应选择框架结构非常稳定，硬木不突起且干燥，但边缘有滚边以突出形状的家具。在主要的连接处有加固装置，通过螺丝或胶水与框架相连，不管是插接、用销子连接，还是用螺栓来连接，都要保证每一个连接处都非常牢固。

要用麻线将独立弹簧拴紧，其工艺的水平也应达到八级。在承重的弹簧处应有钢条加固的弹簧，固定弹簧上面的织物应不易腐蚀且无味，弹簧上面的覆盖织物也是一样。

在座位下应设防火聚酯纤维层，靠垫核心的聚亚氨酶其质量应是最高的，家具后背的弹簧也应该是用聚丙酶织物所覆盖的。在泡沫的周围也应该填满聚酯纤维或棉，以保证舒适度。

## 牛皮沙发的挑选

看。看外观，包覆的牛皮要丰满、平整，皮革没有刮痕和破损，纹理清晰、光洁细腻，属优质牛皮。牛肚皮不能用于做面料（皮的形态和牢固度不够）。也有些皮质沙发，选取猪皮、羊皮做面料。猪皮光泽度差，且皮质粗糙，而羊皮即使轻、薄、柔，也比不上牛皮有强度，且皮张面积小，在加工时常常要拼接。

摸。通过触摸，能够了解皮张的厚感是不是均匀且手感是不是柔软，牛皮工艺较好，经过硝制加工，熟皮有细腻、柔软的特点，生皮则板结生硬。在无检测工具的情形下，手感显得尤为重要。

坐。上等牛皮沙发，每一部分的设计都根据人体工程原理，人体的背、臀等部位都将获得很好的依托。结构非常轻巧，造型也很美观，且衬垫物也恰当。人坐在上面，身心放松，感觉舒适。另外，就算用手用力压座面，也听不到座面中弹簧的摩擦声；用腿用力压座面，且用两手摇晃沙发双肩，也听不到内部结构发出的声音。

## 如何使房间显得宽敞

在家具上动脑筋。选用组合家具既节省空间又可储放大量物品。家具的颜色可以用壁面的色彩，使房间空间有开拓感。选用具有多元用途的家具，或折叠式家具，或低矮的家具，或适当缩小整个房间家具的比例，都会产生空间扩大的感觉。

利用配色增加宽阔感。可以以白色为主要的装饰色，墙、天花板、家具都用白色，稍加淡色的花纹。生活用品也选用浅色，最大限度地发挥浅色产生宽阔感的效果。再适当采用些鲜明的绿色、黄色，可使宽阔感效果更好。

利用照明产生宽阔感。间接照明

虽不太亮，但可产生宽阔感，有些阴暗部分，可使人想到另有空间。

室内的统一可产生宽阔感。用橱子将杂乱的物件收藏起来，装饰色彩有主有次，统一感明显。看起来房间就要宽阔得多。

## 家用电器的摆放位置要合理

电视机与沙发面对面放置时，距离一般在两米左右，切忌距离太近。否则电视机在工作时释放出的X射线，对人体会有伤害。

电视机旁不宜摆放花卉盆景。一方面潮气对电视机有影响；另一方面电视机X射线的辐射，会破坏植物生长细胞的正常分裂，以致花木日渐枯萎死亡。

使用电褥子的时候，切忌将电子表或电子计算机放在枕头底下。电子表和电子计算机最怕高温，高温或日光直晒均会使液晶显示屏日益变黑，字迹不清，最后完全失效。

录音机、电唱机如果没有采取特殊减震措施，不要放在音箱上。因为震动会传导到唱头和磁头上，使放出的音质变差。

洗衣机切忌放在潮湿的厕所、厨房等处。长期在潮湿环境下放置，铁皮会锈蚀，同时内部电动机和电器控制部分也将因受到潮气侵袭而使功能出现障碍。

电烤箱、电饭煲等大功率电热炊具，不能安放得离电源插座太远。因为线长和经常移动会引起电线外皮老化脱落，容易造成触电事故或引起火灾。

## 如何布置客厅

家具造型、尺寸、颜色要和谐统一。客厅里的家具不外乎会客区的沙发、茶几和具有贮藏功能和展示作用的橱柜等，它们是客厅的一件或一组。如果把客厅看作一个整体，那么这些家具应该是这个整体中的一个构件或一部分构件。这并不是说要泯灭家具本身的个性，恰恰相反，把它们融于客厅这个大的整体环境中，其各个构件本身的独立光彩和烘衬作用才会显露出来。

客厅家具的搭配要统一，即服从一个艺术整体。质地、色彩应协调一致，对比不宜太强烈。家具的尺寸要与房间的尺寸相配合，从而更具完整感。应该说，某件家具是某客厅内专用的，达到这样的效果才是理想的。家具风格上的统一，是客厅环境统一的极为重要的因素，其中家具的颜色是展现客厅格调的强有力手段之一。

家具的质地及其颜色，与周围环境背景之间的关系，是客厅整体是否和谐的关键。

家具的摆放方式很重要。客厅一般都比较方正，利用率极高。为突出其融洽的气氛，在划分不同的功能区域时，最好利用家具来作为分割，如低柜、间厅柜、花架和活动屏风等，组成局部的半隔形式，从而形成一个既彼此分隔又相互陪衬的和谐整体格局。

客厅布置应以宽敞为原则，最主要的是体现舒畅和自在的感觉，因此客厅的家具一般不宜太多，根据其空间大小的需要，通常仅考虑摆放沙发、茶几、椅子及视听设备即可。

## 如何布置温馨的卧室

卧室是休息就寝的地方，属于私人的空间，布局应该以温馨、舒适、愉悦为主。因此，在灯光的布置上一定不能有压抑感。

卧室的功能有其多层性，如果空间不是很大的话，卧室会兼具工作室、书房的功能。所以卧室灯光的照明应该兼顾不同的功能需求来设计。

台灯是卧室照明必不可少的灯具之一，它最好放在床头伸手可及的地方，以便于主人在床上阅读；如果是双人床，宜在床的两侧各放上一盏台灯，可满足两人不同的要求，又不妨碍彼此的休息。

各种灯饰的开关要进行归集，装在进门就能触及的地方，以方便使用者在最短的时间里打开想要使用的灯。另外，在床的附近也应该布置一组开关，让喜欢在床上阅读、看电视的人在入睡前，不用再起来关灯。

梳妆台的灯光，最好使用自然光，晚上宜使用明亮的灯照，但不要把灯饰放在梳妆台的上方，否则在化妆时脸上会产生阴影，灯饰宜装在梳妆台的两端，光线要均匀。

也可以运用一些小技巧，把你的卧室布置得与众不同。如在屋顶装上长形的白炽灯，在灯的下方兜上一层白色轻质透明的幔布，使强烈的灯光变得柔和，使房间看起来充满情调；你也可以在床下装上一盏蓝色的灯，让进入房间的人只看得到灯光而看不到灯泡，使你的床看上去像漂浮在水上一样。这些设计会让每个进过你房间的人感到你的别具匠心。

## 卫生间布置细节多

卫生间有三种基本功能。一是厕所，二是盥洗，三是淋浴。对于卫生间的布置要注意以下细节：

（1）在门框下方，嵌上不锈钢片可防止腐烂。卫生间的门经常处在有水或潮湿的环境中，其门框下方不知不觉就会被腐烂，因此可考虑将下方损坏的部位取下，做一番妥善修理，然后在门框四周嵌上不锈钢片，则可减缓或防止门框腐烂。

（2）在柜橱门面上安装镜面。为了贮存一些卫生用品，卫生间常常设置柜橱，或者在墙面上做壁柜。如果在柜橱或凹槽的门面上安装上镜面，不仅使卫生间空间更宽敞、明亮，而且豪华美观，费用也不贵，更可以与梳妆台结合起来，作为梳妆台镜使用。

（3）在洗脸盆上装上莲蓬头。人们习惯于晚上洗头洗澡，睡一觉后常把头发弄得很乱，于是在早晨洗头的人尤其是女士渐渐多起来。因为每次洗头都要动用淋浴设备较麻烦，因此，在洗脸盆上装上莲蓬头，这个问题就解决了。

（4）洗脸盆的周围钉上10厘米的搁板，则使用较方便。在洗脸盆上放许多清洁卫生用品会显得杂乱无章，而且容易碰倒，不妨在洗脸盆周围钉上10厘米的搁板，只要放得下化妆瓶、刷子、洗漱杯等便可以了。搁板高度以不妨碍使用水龙头为宜，搁板材料可用木板、塑胶板等。

（5）在浴缸周围的墙上打一个凹洞来放置洗浴用品。在浴缸周围的墙壁上打一个七八厘米深的凹洞，再铺上与墙壁相同的瓷砖，此洞可用来放洗浴用品等东西。这样不仅扩大了使用空间，而且用起来也方便。整个卫生间看上去更加井然有序。

（6）为老人及病人安装扶手。对老人、病人或肢体残疾的人来说，弯腰、站立等动作是比较困难的，若有一些可以支撑的东西对他们将有莫大的帮助。在紧靠抽水马桶的墙壁上安装扶手，将有助于他们用厕。

（7）利用冲水槽上方的空间。抽水马桶的冲水槽上方是用厕时达不到的地方，我们可以利用此空间做一吊柜，深度约15厘米，才不致给人造成不便。柜内可放置卫生纸、手巾、洗洁剂、女性卫生用品等，也可在下部做成开放式，放些绿色植物装饰。

## 字画的摆放悬挂方法

用字画美化居室，可以陶冶情操、怡悦身心、丰富生活情趣，增加居室的艺术气氛，创造优美典雅的生活环境。那怎样挂字画呢？

（1）要选择适当的位置。字画要挂在引人注目的开阔处如迎门的主墙面、茶几、沙发、写字台以及床头上方的墙壁、床边等处。而房间的角落，衣柜边的阴影处就不宜挂字画。

（2）注意采光，特别是绘画。因为每幅画都有明暗之分，绘画的光源通常来自左上方。向阳的居室，字画应挂在室内与窗户成 90° 的右侧墙壁上。这样，窗外的自然光源与画面上的光源方向相互呼应，容易和谐统一。

（3）注意挂字画的高度。为便于欣赏，高度应以字画的中心在人直立平行线偏高的位置，一般距地面两米左右为宜，不要过高或过低，也不要高低参差交错。

（4）所挂字画的数量不宜多。居室字画数量太多，会使人眼花缭乱，一两幅精心挑选的作品，完全可以起到画龙点睛的作用。

（5）字画的色调要尽量与室内的陈设相一致。字画的内容应该精练简洁，具有现代装饰趣味，用色彩艳丽的油画、水粉画、水彩画较为合适。摆有老式家具的房间，所挂的字画应该具有地方风貌和民族特点，如采用浑厚古朴的国画、年画、诗画、泼墨草书来装饰，就会既有对比，又和谐统一。

## 绿植摆放增添居室舒适度

除了居室中寻常空间需要用绿植和花束来装点之外，还有一些非常规角落也需要用绿色来提升美感。以讲究的方式将可爱的植物放在房间各处，能立刻感到居住环境更加舒适，获得令人欣喜的效果。

（1）阳光房——混搭盆栽。阳光房的巨大玻璃可以将外面的春色借景过来，但略显单调，需要造型和色彩鲜明的绿色植物来提升房子内部的美感和舒适度。粉色、黄色的不同种花朵盆栽，摆在一起十分协调。叶片大小、层次不一的植株组合，演绎着提前到来的春色。变身美化主角可选择混搭盆栽。

（2）沙发后——放枝梅花或桃花。沙发倚窗摆放，具备充分的阳光背景，后背部分空置的话会非常浪费。枝条纤长的植物带有鲜明的符号感，将外形疏朗的艳色花束装在素净的玻璃高脚瓶中，有一种不露声色的宜人情调。变身美化主角可选长枝梅花或桃花。

（3）床头柜——适宜圆球状多色娇艳盆花。简洁的床头柜上，不妨摆放一些造型比较有特点的花盆，花盆本身便能烘托出理想的氛围。圆润的玻璃镶金托花盆醒目而独特，栽入水培型色彩明艳的花束，有种用心修饰的精致美感。变身美化主角可选择圆球状多色娇艳盆花。

（4）边桌旁——悬垂型大棵盆栽。在褐色古典壁纸的雅致背景下，深黑

的角几有着鲜明的质感，拼块镜和金属相框的组合让整个空间有着冰冷的现代感。造型复古的天使雕刻石材花盆，用与玻璃、金属不同的质感可以中和房间的冰冷感。垂蔓式兼向上发散的植物既淡雅又大气，茂盛的纯白花朵也充满了古典气质。

（5）浴室——落地式大型绿色植物。浴室面积大，拥有成套的洁具，但缺乏变化和生动感。配合浴缸的材质，选择一高一矮、粗细搭配的花盆，会让浴室中的凉爽意味更加透彻。植株的枝干高挑、枝叶葱茏，带有一些东南亚的热带色彩，与藤木质地的花盆搭配在一起，能营造出浑然天成的效果。可选择落地式大型绿植加层架盆花。

## 如何营造明亮书房

书房在设计时，要合理划分出书写、电脑操作、藏书及小憩区域，以保证书房的功能性，同时还要注意营造书香与艺术氛围。此外，还应保证书房良好的通风与采光。

（1）书桌不一定要紧靠窗户。在书房摆放书桌时，人们通常会使其紧靠窗户，认为这样可以采光充足。对此，一些设计师提出新的想法。他们认为，特别是朝南的房间，如果让书桌正对窗户，虽然能保证良好的采光，但正对太阳，难免光线太强，如果拉上窗帘，又会影响采光。所以不妨将书桌向后移，不必正对，可以侧放，与窗户保持一定距离，这样既能得到充裕的光线，又不会刺激眼睛，而且工作疲倦时还可以打开窗户呼吸新鲜空气，并在窗前活动一下身体。

（2）灯光尽量避免逆光投影。书房要求光线均匀、稳定，亮度适中，避免逆光的投影。夜间灯光的安置首先应从功能上考虑，最好能采用无影照明，在主要的工作区要有特别的照明安排，光线不应过亮或过暗。应考虑采用色度较接近早晨柔和的太阳光、不闪烁且光源稳定、能有效散热的灯具，以减轻视觉负担。建议消费者最好选择可调节角度、高度及亮度的工作灯。

（3）根据主人的职业布置书架。书架是书房的焦点，其布置主要根据主人的职业及喜好而定。比如在音乐家的书房中，音响设备及弹奏乐器应占据最佳位置，书架中唱片、磁带、乐谱的特点也不同于一般的书籍，应做特别设计；作家的藏书量大，书架往往会占据整面墙，显得庄重而气派；科技工作者有一些特别的设备，在布置书房时，首先要将制图桌、小型工具架、简易的实验设备等安置妥当。

如果常用的书刊数量不多，可购买一个方形带滚轮的多层活动小书架，根据需要在房间内自由移动，不常用的书就用箱子装起来，放在不显眼的地方。

## 如何布置厨房

根据厨房的功能，其布置应从三方面考虑：

（1）应有足够的操作空间。在厨房里，要有洗涤和配切食品的空间，要有搁置餐具、熟食的周转场所，要有存放烹饪器具和作料的地方，以保证基本的操作空间。现代厨具生产已走向组合化，应尽可能合理配备，以保证现代家庭厨房拥有齐全的功能。

（2）要有丰富的储存空间。一般家庭厨房都尽量采用组合式吊柜、吊架，合理利用一切可贮存物品的空间。组合柜橱常用下面部分贮存较重较大的瓶、罐、米、菜等物品，操作台前可延伸设置存放油、酱、糖等调味品及餐具的柜、架、煤气灶，水槽的下面都是可利用的存物场所。精心设计的现代组合厨具会使你存取更方便。

（3）要有充分的活动空间。据专家分析，厨房里的布局是顺着食品的贮存和准备，清洗和烹调这一操作过程安排的，应沿着三项主要设备即炉灶、冰箱和洗涤池组成一个三角形。在建筑设计的术语中，这叫作设计三角，因为这三个功能通常要互相配合，所以要安置在最合宜的距离以节省时间和人力。这三边之和以4.57~6.71米为宜，过长和过小都会影响操作。在操作时，洗涤槽和炉灶间的往复最频繁，专家建议应把这一距离调整到1.22~1.83米较为合理。水池的位置可能要由排水管道上水管装置等来决定。

为方便使用，有效利用空间，减少往复，建议把存放蔬菜的箱子、刀具、清洁剂等以洗涤池为中心存放，在炉灶旁两侧应留出足够的空间，以便于放置锅、铲、碟、盘、碗等器具。

# 第五章　美食厨艺

## 如何鉴别大米的质量

大米是我们生活中重要的食物，市场上大米的质量参差不齐，一不小心，你就会买到陈年旧米或者是质量无法保证的大米，在这里我们教你几招鉴别优质大米的窍门。

看。观察大米的色泽和外观，优质的大米颜色清白，有光泽，而且大小均匀。劣质的大米颜色暗淡，没有色泽。霉变的米粒表面会出现绿色、黄色等霉斑，而且一包大米中，米粒的大小不均匀。

闻。优质的大米具有一股清香味，没有其他的异味。若购买时发现大米含有如霉变的气味、腐败味等异味，那么这些大米的质量就存在问题。霉变的大米经过打磨可以去除表面的霉斑，但是不能消除它的异味，购买时，一定要仔细闻一闻大米的气味是否正常。

摸。新米、优质大米摸上去光滑、干燥。劣质大米手感比较涩，没有优质米的清爽感。严重变质的大米用力一捏就成粉状，非常易碎。

尝。在购买时，可以取少量的大米放入口中咀嚼。优质大米味佳，并带有一点甜味，无异味。没有味道，或是有异味、酸味等不良滋味的，均为劣质大米。

购买大米时应查看大米是否在保质期内。夏季一般大米的保质期为三个月，冬季为六个月。天气炎热，大米容易变质，应根据家中情况适量购买，防止大米变质。

## 如何鉴别面粉的质量

从含水量鉴定面粉质量

符合质量标准的面粉，其流散性好，不易变质。当用手抓面粉时，面粉会从手缝中流出，松手后不成团。若水分过大，面粉则易结块或变质。含水量正常的面粉，手捏有滑爽感，轻拍面粉即飞扬。受潮含水多的面粉，捏而有形，不易散，且内部有发热感，容易发霉结块。

观颜色鉴定面粉质量

符合质量标准的面粉，一般呈乳白色或微黄色。若面粉是雪白色或发青，则说明该产品含有化学成分或有添加剂；面粉颜色越浅，则表明加工精度越高，但其维生素含量也越低。若贮藏时间长了或受潮了，面粉颜色就会加深。

从新鲜度鉴定面粉质量

新鲜的面粉有正常的气味，其颜色较淡且清。如有腐败味、霉味、颜色发暗、发黑或结块的现象，则说明面粉储存时间过长或已经变质。

看精度鉴定面粉质量

符合质量标准的面粉，手感细而不腻，颗粒均匀，既不破坏小麦的内部组织结构又能保持其固有的营养成分。

闻气味鉴定面粉质量

面粉要保持其自然浓郁的麦香味，若面粉淡而无味或有化学药品的味道，则说明其中含有超标的添加剂或化学合成的添加剂。若面粉有异味，则可能变质了或掺杂了变质面粉。

## 如何挑选松花蛋

劣质松花蛋，不但营养成分已被破坏，而且品质极差，甚至于无法食用。那么，如何选购松花蛋呢？我们下面就教你几个鉴别松花蛋质量的妙招。

掂。是将松花蛋放在手掌中轻轻地掂一掂，品质好的松花蛋颤动大，无颤动的松花蛋品质较差。

摇。是用手取松花蛋，放在耳朵旁边摇动，品质好的松花蛋无响声，质量差的则有声音；而且声音越大质量越差，甚至是坏蛋或臭蛋。

看壳。即剥除松花蛋外附的泥料，看其外壳，以蛋壳完整，呈灰白色、无黑斑者为上品；如果是裂纹蛋，在加工过程中往往有可能渗入过多的碱，从而影响蛋白的风味，同时细菌也可能从裂缝处侵入，使松花蛋变质。

品尝。松花蛋若是腌制合格，则蛋清明显弹性较大，呈茶褐色并有松枝花纹，蛋黄外围呈黑绿色或蓝黑色，中心则呈橘红色，这样的松花蛋切开后，蛋的断面色泽多样化，具有色、香、味、形俱佳的特点。

## 如何识别掺假黑木耳

木耳是我们日常生活中经常食用的一种菜品，木耳以其优质的口感和丰富的营养受到人们的青睐，但在市场上要想买到货真价实的木耳却不是一件容易的事。当今的市场上充斥着一些不法之徒利用不法手段掺假的劣质木耳，其掺假的方法大都是将木耳加入硫酸镁、明矾等化学物质熬煮，以增加分量。硫酸镁是一种泻药，明矾有腐蚀作用，食用了经硫酸镁、明矾浸泡的木耳可能会引起腹泻、呕吐等症状。识别方法如下：

看。质量好的黑木耳朵面大，朵叶薄，朵面光滑油润，朵背面呈灰色；掺假黑木耳外形干瘪，表面有一层白霜样物质，朵片多粘在一起。

摸。质量好的黑木耳，摸上去比较干燥，分量极轻；掺假的黑木耳摸上去潮湿，手感发沉，相同的重量明显比质量好的少。

尝。好的木耳尝起来清香无怪味，掺假的有苦涩味，如有盐味则是曾用盐水浸泡，有甜味则是用糖水浸泡过的。此外，掺假黑木耳泡发时会沉到水底，发开后黏手。

## 如何鉴别猪肉的质量

猪肉是百姓餐桌上最常见的肉食，选择好的猪肉关乎百姓的健康。选择好的猪肉要讲究方法，一是用眼看，鲜猪肉脂肪洁白无黄点，肌肉呈均匀的红色，并有光泽，肉表面微干或微湿润。二是用手摸之不粘手，柔软有弹性，肌肉用手指压后立即恢复原状。三是闻之无味，更无氨味或尿臊味，具有鲜肉的正常气味。这里介绍几类常见的劣质猪肉的鉴别方法。

（1）不新鲜的猪肉。肉色稍暗，脂肪缺乏光泽，表面干燥或发黏，新切面湿润，弹性差，指压后凹陷不能完全恢复原状，且带有酸味或氨味。

（2）变质猪肉。无光泽，脂肪呈灰绿色，外表黏手，新切面发黏，指压后不能恢复原状，且有臭味。肉内细菌已繁殖，不能食用。

（3）母猪肉。除皮厚肉粗外，毛孔深而大，奶头粗且长，脂肪层较松，与脂肪结合不紧，肌肉纤维纹理粗糙，呈污红色，断面的骨呈污黄色，并有黄色的油样液体渗出。

（4）灌水猪肉。这种肉由于含有多余的水分，致使肌肉色泽变淡，或呈淡灰红色。有的肿胀，从切面上看湿漉漉的，销售注水肉的肉案子上是湿的，严重的有积水。用卫生纸或卷烟纸紧贴在瘦肉或肥肉上，用手平压，等纸张全部浸透后取下，用火点燃，如果那张纸燃尽，证明猪肉没有灌水；如果那张纸烧不尽，点燃时还会发出轻微的“啪啪”声，就证明猪肉是灌水的了，原因是猪肉内含有油脂，能够助燃，而水分过多则不能燃烧。

（5）死猪肉。死猪肉是指病猪肉或非正常宰杀的猪肉。这种猪肉一般不能食用，死猪肉皮肤一般都有出血点或充血痕，颜色发暗，脂肪呈黄色或红色，肌肉无光泽。血管中充满黑红色的凝固血液，切开后腿内部的大血管，可以挤出黑红色的血栓来。剥开板油，可见腹膜上有黑紫色的毛细血管网。切开肾包扒出肾脏，可以看到局部变绿，嗅嗅有腐烂气味，手指用力按压后，其凹部不能立即恢复。

（6）猪瘟病肉。病猪周身皮肤，包括头和四肢上都有大小不一的鲜红色出血点，肌肉和脂肪也有小点出血。全身淋巴结，俗称“肉枣”，都是紫色，这种肉对人体危害很大，不能食用。

识别方法：用刀子在肌肉上切，一般厚度1厘米，长度20厘米，每隔1厘米切一刀，切几刀后，在切面仔细看，如果发现肌肉上附有石榴子一般大小的水泡状，这样的猪肉不能食用。

## 如何挑选优质银耳

银耳，也叫白木耳，雪耳，有“菌中之冠”的美称。它既是名贵的营养滋补佳品，又是扶正强壮的补药，历代皇家贵族都将银耳看作是“延年益寿之品”“长生不老良药”。银耳性平无毒，既有补脾开胃的功效，又有益气清肠的作用，还可以滋阴润肺。另外，银耳能增强人体免疫力，以及增强肿瘤患者对放、化疗的耐受力，是家庭常备的滋补佳品。在挑选银耳时，我们重点要从以下几方面入手：

看颜色。经过硫黄熏制的银耳可去掉黄色，外观饱满充实，色泽特别洁白，因此颜色越白的银耳越不能买。质量好的银耳呈白色而微黄。

看形状。耳朵大而松散，耳肉厚，耳朵形完整，蒂头无杂质的质量好、肉薄。朵形不全，蒂又不干净的质量次。

摸干湿。质量好的银耳，摸起来干硬。

尝味道。质量好的银耳气味清香，差的有酸味、霉味。取少许银耳试尝，如舌头感到刺激或有辣味，则可能是用硫黄熏制的。

## 如何鉴别鱼是否新鲜

鱼类食品肉质细嫩，味道鲜美，营养丰富，容易消化，是人们喜爱的食物，尤其适宜老人、幼儿和病人食用。在买鱼时我们经常会为所买的鱼是否新鲜而担心，在这里我们告诉你注意以下几点，以保证你能够买到新鲜味美的鱼。

看，要看五个部位：

（1）看鱼鳃，鳃盖紧闭，鳃片鲜红带血，鳃丝清晰，无黏液者为鲜鱼。

（2）看鱼眼，眼珠饱满突出，黑白分明，角膜透明有光的是鲜鱼；眼球下塌或平坦，眼球浑浊，角膜不透明，甚至瞎眼，说明鱼不新鲜。

（3）看肛门，肛门发白、内缩的是新鲜的鱼；肛门发红、外突的不新鲜；如果发紫、外突，就是变质鱼。

（4）看鱼嘴，鱼嘴紧闭，口内清洁无污物，为鲜鱼；鱼嘴内黏糊，有黏液的不新鲜。

（5）看鱼体，新鲜鱼呈金黄色，有光泽，腹部膨胀，鱼鳞紧贴鱼体，鳞片完整而不易脱落；不新鲜的鱼呈淡黄色或白色，光泽较差，鳞片松动且不完整，易脱落。

嗅，鳃部细菌多，容易变质，是识别鱼新鲜与否的重要部位，如无异味或稍有腥味者为鲜鱼，有酸味或腥臭味者为不新鲜。

摸，肉质紧密，有弹性，按后不留指印，腹部紧实也不留指痕的为新鲜鱼；肉质松软，无弹性，按后留有指痕，严重的肉骨分离，腹部留有指痕或有破口的是不新鲜的鱼。

托，大鱼托住鱼体中部，小鱼托鱼头，凡鱼体能成水平或竖直挺立的是新鲜鱼；鱼体两端下垂，不能竖直的则不新鲜。

## 怎样鉴别带鱼质量优劣

带鱼是我国四大经济鱼类之一，以其生产方式不同，分为钩带、网带、毛刀三种。钩带是用钓钩捕捞的带鱼，体形完整，鱼体坚硬不弯，体大鲜肥，是带鱼中质量最好的；网带是用网具捞捕的带鱼，体形完整，个头大小不均；毛刀就是小带鱼，体形损伤严重，多破肚，刺多肉少。不论哪种带鱼，凡新鲜的洁白有亮点，呈银粉色薄膜。如果颜色发黄，有黏液，或肉色发红，属保管不当，是带鱼表面脂肪氧化的表现。带鱼含脂肪较高，保管不好容易氧化。变黄是带鱼变质的开始，不宜购买。

## 如何鉴别西瓜生熟

西瓜堪称瓜中之王，因在汉代时从西域引入，故称西瓜。西瓜为夏季主要水果，成熟果实除含有大量水分外，瓤肉含糖量一般为5%—12%，包括葡萄糖、果糖和蔗糖。西瓜味道甘甜多汁，清爽解渴，是盛夏的佳果，既能祛暑热烦渴，又有很好的利尿作用，因此有“天然的白虎汤”之称。西瓜除不含脂肪和胆固醇外，几乎含有人体所需的各种营养成分，是一种富有营养、纯净、安全的食品。由于西瓜可以食用的瓜瓤包在西瓜皮之中，所以如果我们不知道一些窍门，从外表上我们很难断定西瓜的生熟，稍有不慎就会买上未成熟的西瓜，在这里我们教大家几招挑选西瓜的诀窍。

目测法。果实成熟后，果皮坚硬光亮，花纹清晰、果实脐部和果蒂部向内收缩、凹陷，果实阴面自白转黄且粗糙，果柄上的绒毛大部分脱落，坐果节前后1—2个节卷须枯萎等，这些都可作为西瓜成熟的标志。

手摸或拍打法。成熟的西瓜手感光滑，而未成熟的西瓜，用手摸时有发涩感。另外，用手托瓜，敲打或指

弹瓜面时，若发出“砰、砰、砰”的低浊音多为熟瓜；相反，若发出“咚、咚、咚”的坚实音，则多属生瓜。

密度法。成熟西瓜与水的密度在常温下是不同的。水的密度是1，而一般成熟瓜的密度为0.9—0.95。将西瓜放入水中观察，若西瓜完全沉没，则表明是生瓜；浮出水面很多，说明瓜的密度小于0.9，西瓜过熟；若浮出水面不大，则表明是熟瓜。

## 如何挑选生姜

姜分为两类：嫩姜和老姜。嫩姜一般指新鲜带有嫩芽的姜，姜块柔嫩，水分多，纤维少，颜色偏白，表皮光滑，辛辣味淡薄。老姜外表呈土黄色，表皮比嫩姜粗糙，且有纹路，味道辛辣。挑姜时，需要注意三点：首先，别挑外表太过干净的，表面平整就可以了。其次用手捏，要买肉质坚挺、不酥软、姜芽鲜嫩的。最后，还可用鼻子闻下，若有淡淡的硫黄味，千万不要买。

嫩姜辣味小，口感脆嫩，一般可用来炒菜、腌制成糖姜等。比如生姜炒牛肉丝，牛肉鲜嫩爽滑，嫩姜淡淡的辛辣味也恰到好处。老姜味道辛辣，一般用作调味品，熬汤、炖肉时用老姜再合适不过。老姜药用价值高，如预防感冒，就一定要用老姜。

## 怎样鉴别蜂蜜的质量

蜂蜜是透明或半透明液体，在10℃以下时，逐渐变成半结晶体，色泽有白、黄、暗褐色等多种。鉴别蜂蜜质量可参照以下几点：

（1）同一种蜂蜜，颜色浅的比颜色深的好。

（2）蜂蜜极稀、容易流动、香气不浓，是掺水的蜂蜜，质量不好。

（3）蜂蜜中多白色小粒结晶体的，含葡萄糖多，是好蜜。

（4）好蜜应有韧性，不应太黏，可用小汤匙盛蜂蜜让它下滴，当蜜丝流断时，如果匙上蜜缩起很快，即表示韧性很强，证明是好蜜。

（5）将蜜与水按1∶5的比例混合，放置24小时后，无沉淀者为佳。如怀疑是假蜂蜜，可将一根烧红的铁丝插入，冒气者真，冒烟者为假。

## 如何鉴别化肥浸泡的豆芽

化肥主要指尿素、硫酸铵、硝酸铵、碳酸铵等，个别商贩为了催芽，缩短生长期，使豆芽粗壮，在生产中施放化肥。豆芽中的化肥大部分被豆芽吸收，这种豆芽不仅口感差，无脆嫩鲜美味道，还会对胃产生刺激。更重要的是，化肥都是含铵类化合物，在细菌的作用下，可以转变成亚硝胺，亚硝胺是一种强致癌物质，所以人吃了用化肥浸泡过的豆芽菜，必然会伤害身体。

鉴别化肥浸泡过的豆芽菜方法如下：

（1）看豆芽杆，自然培育的豆芽菜芽身挺直稍细，芽脚不软、脆嫩、色泽白；而用化肥浸泡过的豆芽菜，芽杆粗壮发水、色泽灰白。

（2）看豆芽根，自然培育的豆芽菜，根须发育良好，无烂根、烂尖现象，而用化肥浸泡过的豆芽菜，根短、少根或无根。

（3）看豆粒，自然培育的豆芽，豆粒正常，而用化肥浸泡过的豆芽，豆粒发蓝。

（4）看折断，豆芽杆的断面是否有水分冒出，无水分冒出的是自然培育的豆芽，有水分冒出的是用化肥浸泡过的豆芽。

## 如何鉴别激素催熟的水果

水果在自然成熟的过程中，本身就会释放出少量的乙烯来使果实成熟，但如果是用人工催熟的方法，所使用的乙烯必须是微量的，如果使用大量的乙烯把未熟的青果催熟，食用后不但对人体没有任何益处，反而会对人体产生有害影响。但是由于使用催熟剂的水果都可以提前上市卖个好价，所以导致目前市面上催熟的反季节水果增多，因此消费者要学会如何鉴别常见的催熟水果。

（1）草莓。首先要看草莓的外形、颜色。正常生长的草莓外观呈心形，如果草莓色鲜、个大，颗粒畸形，咬开后中间是空心的，这种草莓就很可能是“激素草莓”。其次，通过闻水果的气味来辨别。自然成熟的草莓，闻上去会有一种果香，但“激素草莓”却散发不出这种香味。再次，激素草莓有个明显特征就是较重。同一品种、大小相同的草莓，催熟的、注水的草莓同自然成熟的草莓相比要重。

（2）香蕉。自然熟的香蕉皮有明显的“梅花点”，催熟的一般没有“梅花点”。自然熟的香蕉熟得均匀，不光是表皮变黄，香蕉的芯是软的。催熟的香蕉芯是硬的，闻起来有化学药品的味道。

（3）西瓜。打过针的西瓜拍打时声音不脆亮，西瓜子小而白，甜味不均匀，靠近瓜蒂处甜度较浓，远离瓜蒂部位甜度降低。使用催熟剂、膨大剂的西瓜，皮上的条纹不均匀，有异味。而自然熟的西瓜子黑而饱满。

（4）橘子。自然成熟的橘子颜色呈金黄色并泛着红点，橘子蒂是青绿

色的。催熟的橘子是亮黄色的，颜色不太正，橘子蒂是干的。

（5）荔枝。酸液浸泡过的荔枝，手感潮热，甚至有烧手的感觉，不仅没有香味，闻起来还有点酸，其密度比自然熟的荔枝重一些。而自然成熟的荔枝闻起来有淡淡的香味。

（6）橙子。进口橙子表皮的皮孔比较多，摸起来较为粗糙。假冒的进口橙子表面的皮孔比较少，摸起来相对光滑些。对假冒的进口橙子用纸擦，纸的颜色会变红，因为在处理的过程中不良商贩加入了色素。

（7）梨。处理过的梨汁少，味淡，有时会伴有异味和腐臭味，易腐烂。

（8）葡萄。青葡萄浸泡“乙烯剂”变成的紫葡萄，颜色不均，含糖量少，汁少味淡。

## 如何贮存大白菜

大白菜是人们生活中不可缺少的一种重要蔬菜，味道鲜美可口，营养丰富，素有“菜中之王”的美称，为广大群众所喜爱。

一到冬天，许多家庭尤其是北方人便开始贮存大白菜。但是，大白菜很难贮存，弄不好就会腐烂或烧心儿。这里介绍几种贮存大白菜的方法。

（1）在选购冬贮白菜时，要选择抗病、耐寒、适于冬贮的晚熟品种。刚买回的菜，因水分较大，需晾晒3—5天，白菜外叶失去水分发蔫时，再撕去表皮黄叶，剩余的残叶可以自然风干，成为保有存白菜里面水分的一层“保护膜”。

（2）晾晒后，按照菜头向外、菜叶向里的方式堆码整齐。气温下降时用草席、麻袋等覆盖，以防白菜受冻。千万不要用纸张、塑料膜等物品单独包裹白菜，这样容易加速白菜的腐烂。

（3）码好的白菜，要勤翻勤倒，捡出腐烂的菜叶。气温较高时，翻倒得勤一些，气温下降后，可延长翻倒的间隔时间。

新鲜白菜中含有大量无毒的硝酸盐类，煮熟后如放置较久，在细菌的作用下，会使硝酸盐还原成毒性很强的亚硝酸盐，引起中毒。所以，隔夜的熟白菜，即使加热后也要少吃或不吃；另外是未腌透的白菜也会产生亚硝酸盐，千万不能吃。

## 芹菜如何保鲜

芹菜容易脱水变老。保存时要特别注意两点：一是要防止芹菜梗的纤维随着水分的流失变粗变老，二是要避免芹菜叶变黄发蔫。这里推荐一个方法，买回的芹菜一次吃不完，可以把它捆好，用保鲜袋或保鲜膜将茎叶包严，然后将芹菜根部朝下竖直放入清水盆中，水没过芹菜根部5厘米，可保持芹菜一周内不老不蔫。

还有一个方法，更适合忙碌的上班族。买回的芹菜先吃叶，然后把剩下的梗洗净切段，放入保鲜袋或保鲜盒，封好袋口或盒盖，放入冰箱冷藏室，随吃随取。

## 怎样贮存切开的冬瓜

整瓜切开以后，稍过一会儿，剖切面上便会出现密密麻麻的点状黏液，这时可取一张与剖切面差不多大小的干净白纸贴在上面，用手抹紧，能够保存四天左右不会变烂。用干净的无毒塑料薄膜贴上，存放时间会更长。此法同样适用于南瓜、倭瓜等。

## 怎样保鲜鲜鱼

将鲜鱼在80℃左右的热水中浸泡2秒钟，体表变白后立即放入冰箱，可保持数日不变坏。

如果是活鱼，可以往鱼的嘴里滴几滴白酒，再放入清水盆里，鱼能活一个星期左右。

在不水洗、不刮鳞的情况下，将鱼的内脏掏空，放在10%的食盐水中浸泡，可保存数日不变质。

取芥末适量涂于鱼体表面和内腔部位（已开膛），或均匀地撒在盛鱼的容器周围，然后将鱼和芥末置于封闭容器内，可保存三天不变质。

把鲜鱼清洗干净，切成适宜烹饪的形状后，装入具有透气性的塑料袋内。将整袋鱼放在热蒸气中杀菌消毒后，可保鲜2—3天。

将白酒滴入鲜鱼嘴中，放于阴凉通风处可防止腐败变质。在收拾好的鲜鱼身上切几条刀花，然后，将适量啤酒倒入鱼肉中和鱼体内腔，可在烹饪前保质保鲜。

## 土豆存放要慎用塑料袋

事实上，储存土豆的关键在于控制温度。土豆的适宜贮藏温度为3℃—5℃，相对湿度90%左右，此时块茎不易发芽或发芽很少，也不易皱缩。所以，应把土豆放在背阴的低温处，切忌放在塑料袋里保存，否则塑料袋会捂出热气，让土豆发芽。土豆发芽后，芽孔周围就会含有大量的有毒龙葵素，这是一种神经毒素，会抑制呼吸中枢。也有人喜欢给土豆包上保鲜膜放在冰箱里，这种方法虽然能防止土豆变坏，但过于浪费冰箱空间，而且买土豆的钱往往还抵不上所耗的

电费。

可以用透气的网袋把土豆归置在一起，放在家里背光的通风处，也可以在屋角放些沙，以保持温度和干燥。同时，土豆不可堆大堆，以便土豆呼吸，还要随时祛除病、烂的不良薯块。土豆不能与红薯存放在一起，否则容易长芽。在放土豆的袋子里，放上一个苹果，可以控制土豆出芽。

## 怎样保存鲜蛋

热水浸。将新鲜的蛋用开水浸泡半分钟，取出晾干，然后大头朝上竖着放在冰箱里，能保鲜较长时间。

谷物贮存。在盛蛋的容器中铺一层米谷或谷糠，摆一层蛋，一层隔一层依次摆好后，把容器移置通风凉爽处，隔十几天检查一次。同时也要注意将谷物进行晾晒。此法比较适合储藏大量鸡蛋。

石灰水保存。将 50 克生石灰加入 1000 克清水中，拌匀澄清，滤去残渣，把石灰水倒入盛蛋的容器中，以淹没蛋为宜，然后加盖防蒸发水分，能保存 3—4 个月。用 10% 的明矾水也可以。

薄膜保存。如果鸡蛋较多，可用 4% 的聚乙烯醇和 0.1% 的硼酸消毒剂，配制成涂抹液，用此液涂抹鸡蛋，可越夏不坏，还能防止干耗。

食用油保存。在鲜鸡蛋的表面均匀地涂上一层食用油或用保鲜膜包裹后放入冰箱，可防止蛋壳内的水分蒸发，阻止外部细菌侵入蛋内。

细盐保存。在存蛋容器里撒一层细盐，也可延长鸡蛋保鲜期限。

## 怎样在夏天保存豆腐

开水烫。将豆腐切成较小的块，浸入滚开的水中烫 2 分钟，然后沥去开水，马上倒入冷水中存放。这样可存放 2—3 天。

锅蒸。把豆腐用清水洗一下，放入笼屉内蒸几分钟，注意不要用大火，以免蒸成蜂窝状。

盐水泡。在开水中放一些食盐（500 克豆腐放入 50 克食盐），晾凉后再把用开水烫过或用锅蒸过的豆腐放入盐水中浸泡（以淹没豆腐为准），可存放 15 天。

冷水浸。将豆腐直接浸入清水中，每天换 1—2 次水，可存放 1—2 天。此外，可在豆腐旁放几根洗干净的大葱，能使苍蝇避而远之，以防苍蝇叮咬豆腐。

## 怎样存放牛奶

鲜牛奶应该尽快把它安置在阴凉的地方，最好是放在冰箱里。

牛奶放在冰箱里，瓶盖要盖好，以避免其他各种气味混入牛奶里面。

过冷对牛奶亦有不良影响，牛奶冷冻成冰则会损坏其品质。

不要让牛奶暴晒于阳光下，日光会破坏牛奶中的数种维生素，同时也会使其失去芳香。

牛奶一经倒进杯子、茶壶等容器中，应盖好盖子放回冰箱，如若没喝完，千万不可倒回原来的瓶子。

## 怎样防止豆子生虫

将豆类倒入网篮中，连篮一起放入沸水中，搅拌半分钟，使豆子表面的虫子和虫卵被杀死，然后倒入冷水中，稍浸后捞出，再将豆子放在阳光下暴晒，干透后装入罐中，并在表面放几瓣大蒜。经过这样处理的豆子，发芽能力和食用价值均不受影响，存放时间却大大延长。

## 茄子如何保鲜

茄子的表皮覆盖着一层蜡质，它不仅使茄子发出光泽，而且具有保护茄子的作用，一旦蜡质层被冲刷掉或受机械损害，茄子就容易受微生物侵害而腐烂变质。因此，要保存的茄子一般不能用水冲洗，而且要防雨淋、防磕碰、防受热，并存放在阴凉通风处。

## 韭菜如何保鲜

大白菜保鲜法：取两片大白菜叶，将未吃完的韭菜择好包裹严实，可使韭菜不干、不烂。另外，香菜、韭黄等也可用此种方法保鲜。

清水保鲜法：取陶瓷盆放入适量清水，将韭菜用草绳捆好，根部向下放入盆中。盆中的清水没过韭菜根部，这样也可保持韭菜两三天不变质。

塑料袋保鲜法：将择好的韭菜捆好，放在稍大一些的塑料袋内，袋口不要封得太牢，最好留一个缝隙，将整袋韭菜放在地上。

纸包冷藏法：用纸将未沾水的韭菜包起来，再装进塑料袋中，放在冰箱中冷藏，能保存一周左右。

## 西红柿如何保鲜

挑选果体完整、品质好、五六分熟的西红柿，将其放入塑料食品袋内，扎紧口，置于阴凉处，每天打开袋口

一次，通风换气5分钟左右。如塑料袋内附有水蒸气，应用干净的毛巾擦干，然后再扎紧口。袋中的西红柿会逐渐成熟，一般可维持一个月左右。

## 放生姜巧贮蜂蜜

选择纯净而不含杂质的蜂蜜，再将蜂蜜放入干净的玻璃瓶或陶瓷罐内（千万别用塑料罐久贮蜂蜜），然后，每500克蜂蜜内加一小片生姜，密封后放在阴凉处贮存，这样可使蜂蜜久放而不变质、不变味。

如果发现蜂蜜发黏发酵，就应把蜂蜜盛在玻璃容器内，放在锅中隔水加热到63℃—65℃，保温30分钟，以阻止发酵。

## 怎样保存小米

北方人很喜欢吃小米，因为小米营养成分多，因此人们都说“小米养人”。人们也知道新小米好吃，陈小米不好吃，这是因为小米不耐高温，具有吸湿脱糠的特性，如果把小米存放在温度较高或潮湿的地方，就会促进小米的陈化，一陈化就不好吃了，所以小米必须放在阴凉、通风的地方，不能晒。

## 储存香椿芽的小窍门

将刚采摘下来的新鲜香椿芽用保鲜膜封起来，然后放到冰箱冷冻室里冷冻起来（千万注意是冷冻室不是保鲜室），不必担心香椿芽会被冻坏，待准备吃时，提前将香椿芽由冷冻室中取出，放置于室温下解冻，过不了多久香椿芽又会像刚采摘下来时一样新鲜了。

## 如何保存一周用量的小葱

首先，将葱冲洗干净后，用刀切掉根须部分，择去蔫黄、不新鲜的部分，留下饱满鲜嫩的部分。

其次，再用水冲洗一遍，摊开，放置在通风处，沥干葱表面的水分——这一步很重要。

如果水分不沥干，装进保鲜盒后，在封闭的空间内，葱表面附着的水分不仅起不到保鲜的作用，反而会加速葱的腐烂。

完成上一步后，将葱分成葱白和葱绿两部分。

炖肉或者给肉类焯水的时候，可以用到葱白；葱绿部分则可以处理成葱花。

最后，装入保鲜盒内，盖上盖子，放入冰箱冷藏即可。这样存放，葱的状态可以保持一周基本不变样。

## 如何轻轻松松蒸米饭

煮饭巧加醋。煮饭时在锅里加入几滴醋，这样煮出来的米饭洁白味香，而且不容易发馊变质。

焖饭巧加油。煮饭时在锅里加入少许食用油，这样做出的米饭松散味香，开锅时米汤不会外流，也不会糊锅。

做饭巧加蛋壳粉。煮饭时米中掺入洗净的鸡蛋壳捣成的粉末，可以增加米饭中的钙质，缺钙的人可经常食用。

巧用茶水煮饭。将大米淘好洗净，倒进茶水里（5—8 克茶叶兑 1000 克水），按平常的方法焖好，这样做出的饭色香味俱全，而且助消化。

如果饭煮太多一时吃不完，这里顺便介绍一下炒米饭的做法。

将米饭放入一容器里，用稍大些的勺子将米饭捣松，然后将鸡蛋打散搅拌均匀倒在米饭上继续搅拌至米粒均匀地沾上鸡蛋液。

将炒锅刷洗干净，倒入适量食用油，油热后放入葱花炝锅，随后把已经搅拌好的鸡蛋米饭倒进锅中，反复翻炒。还可根据不同口味添加一些辅料，如胡萝卜粒、黄瓜丁和火腿肉等。当翻炒后的米饭成为黄灿灿的颜色时，即可出锅。

## 如何精确掌控油温

烹制菜肴时，油的温度过高、过低对炒出来的菜的香味有影响。特别是做油炸的菜肴，如油的温度过高，会使所炸的菜外焦里不熟；油的温度过低，所炸的菜不够酥脆。

一般炒菜，放油不要太多，只要看锅冒烟，即可将菜下锅翻炒。炸菜时，锅内油多，又不好用温度计去测量油的温度，只能通过感观来进行判断。

锅里的油加热后，把要炸的食物放入油中，待沉入锅底，再浮上油面时，这时的油温大约是 160℃。如果做拔丝菜，如拔丝山药、拔丝白薯、拔丝土豆，用这种温度的油炸比较合适。这时锅下的火应控制住，以能保持油温即可。

油加热以后，把食物放入油中，沉在油中间再浮上油面，这种油温度大约是 170℃。用这种温度炸香酥鸡、香酥鸭比较合适，炸出的鸡、鸭，外焦里嫩。炸时，锅下的火也要控制住。

如果把要炸的食物放入油中不沉，这种油的温度大约 190℃，比较适合炸各种含水分较少的菜肴，如干

炸带鱼、干炸黄鱼、干炸里脊等。

## 煲汤小窍门

汤变鲜。熬汤最好用冷水，如果一开始就往锅里倒热水，肉的表面突然受到高温，肉的外层蛋白质就会马上凝固，使得里层蛋白质不能充分地溶解到汤里。另外，熬汤不要过早放盐，盐会使肉里含的水分很快跑出来，也会加快蛋白质的凝固，影响汤的鲜味；酱油也不宜早加，葱、姜和酒等作料不要放得太多，否则会影响汤汁本身的鲜味。

汤变清。要想汤清、不浑浊，必须用微火烧，使汤只开锅、不滚腾。因为大滚大开，会使汤里的蛋白质分子凝结成许多白色颗粒，汤汁自然就浑浊不清了。

汤变浓。在没有鲜汤的情况下，要使汤汁变浓，一是在汤汁中勾上薄芡，使汤汁增加稠厚感；二是加油，令油与汤汁混合成乳浊液。方法是先将油烧热，冲下汤汁，盖严锅盖用旺火烧，不一会儿，汤就变浓了。

汤变淡。只要把面粉或大米缝在小布袋里，放进汤中一起煮，盐分就会被吸收进去，汤自然就变淡了；亦可放入一个洗净的生土豆，煮5分钟。

汤变爽。有些油脂过多的原料烧出的汤特别油腻，遇到这种情况，可将少量紫菜置于火上烤一下，然后撒入汤内。

汤变美。将50—100克稍肥一点的猪肉切成片或丁，再将铁锅烧热，把猪肉烧热后，立即把滚开的水倒入锅中，锅会发出炸响并翻起大水花，熬上一会儿，一锅乳白色的高汤，便出来了。然后根据自己的喜好加入菜和调料就可以了。

## 少油烹饪方法多

在烹调中首先就是注意用油量，应当减少或不用油炸、油煎食品，因为这些烹调方法用油太多。

每日应使用低于20克的烹调用油，而多用蒸、煮、炖、拌等少油制法。例如，清蒸鱼、煮牛肉、炖豆腐、凉拌芹菜等。过油的菜肴应将油滴干后才进一步加工。

如果菜肴中使用肉类较多，就可以配一些绿叶蔬菜，水煮或凉拌，既可以饱腹又能少吃脂肪。

做菜时要少放糖、盐，可以用葱、姜、蒜、味精、鸡精、料酒等来获得美味。

吃沙拉注意沙拉酱不要放入太多，有人喜欢吃火腿或鸡蛋沙拉，也会增加脂肪或蛋白质的摄入。

还有人喜欢吃烧烤食物或用微波炉烹调的食物，这时应将肉类表面的油脂控完后再吃。

## 炒菜怎样让蔬菜保持鲜绿

盖锅要适时，如果一开始把锅盖得严严的，就会褪色发黄，这是因为蔬菜的叶绿素中含有镁，这种物质在做菜时会被蔬菜的另一种物质——有机酸（内含氢离子）替代出来，生成一种黄绿色的物质。如果先炒或煮一下，让这种物质受热先发挥出来，再盖好锅盖，就不会使叶绿素受酸的作用而变黄了。

在烹调时稍加些小苏打或碱面，能使蔬菜的颜色更加鲜艳透明。

## 横牛顺鱼斜切猪

一般来说，肉的老嫩是根据它的纤维而定的，牛肉普遍较猪肉、鱼肉等肉质老和韧，每当它被烹熟时，尤其时间用的较短的时候（西餐的牛扒煎七八成熟，为最短，烙和卤为最长，都可在某程度避免牛肉韧的弊端），为了适口性，则应将牛肉的纤维尽可能切断。要让纤维尽可能地切断，就要按牛肉纹路横着切。

鱼肉是最嫩滑的一种，道理上横切、斜切、顺切影响不大，但最关键的是鱼肉中常有骨刺，这些骨刺常令人防不胜防，更甚的卡着喉咙实在不妙，为了避免这种情况，最好是顺着鱼纹切。

猪肉较之牛肉为嫩，较之鱼肉又为老，通常来说，它适口性较强，不论是煮得老还是煮得嫩。但是为了让猪肉的嫩、爽特色呈现出来，最好是按着纹路斜切，这样的肉片做出来就会嫩而爽，而且避免过于松散。

## 如何去除鱼腥味

不管是淡水鱼还是海鱼，总有一股令人不快的鱼腥味。如何才能在烹调时除去鱼腥味呢？现介绍以下方法：

（1）清除鱼腹内壁的黑膜。因为它的鱼腥味、土腥味都较重。

（2）撕去鱼脑表面的皮。在洗黄花鱼（包括黄鱼、草鱼等）时，把鱼脑表面的皮撕去。

（3）抽去白筋。靠近鲤鱼背部有两条腥味较大的白筋，在剖鱼时，切开尾部将白筋抽去，鲤鱼的腥味即可大大减轻。

（4）用啤酒浸泡。在清蒸腥味较大的鱼之前，可先用啤酒浸泡半小时。在做“面拖鱼”时，也可将鱼先在米

酒中浸泡片刻再拖粉。

（5）用盐或酱油暴腌。在烹调之前，先用盐或酱油暴腌，并用啤酒浸泡30分钟后再烹调。

（6）如果在剖鱼时不慎弄破了鱼胆，应在沾上胆汁的部位洒些白酒或撒些小苏打，再用清水洗净，即可除去鱼胆残留的苦味。

## 羊肉去膻妙计

萝卜去膻法。将白萝卜戳上几个洞，放入冷水中和羊肉同煮，滚开后将羊肉捞出，再单独烹调，即可去除膻味。

米醋去膻法。将羊肉切块放水中，加点米醋，待煮沸后捞出羊肉，再继续烹调，也可去除羊肉膻味。

绿豆去膻法。煮羊肉时，若放少许绿豆，亦可去除或减轻羊肉膻味。

咖喱去膻法。烧羊肉时，加适量咖喱粉，　般以1000克羊肉放半包咖喱粉为宜，煮熟后即为没有膻味的咖喱羊肉。

料酒去膻法。将生羊肉用冷水浸洗几遍后，切成片、丝或小块装盘，然后每500克羊肉用料酒50克、小苏打25克、食盐10克、白糖10克、味精5克、清水250克拌匀，待羊肉充分吸收调料后，再取蛋清3个、淀粉50克上浆备用。料酒和小苏打可充分去除羊肉中的膻味。

药料去膻法。烧煮羊肉时，用纱布包好碾碎的丁香、砂仁、紫苏等同煮，不但可以去膻，还可使羊肉具有独特的风味。

浸泡除膻法。将羊肉用冷水浸泡2—3天，每天换水两次，使羊肉肌浆蛋白中的氨类物质浸出，也可减少羊肉膻味。

橘皮去膻法。炖羊肉时，在锅里放几块干橘皮，煮沸一段时间后捞出弃之，再放几块干橘皮继续烹煮，也可去除羊肉膻味。

核桃去膻法。选上几个质量好的核桃，将其打破，放入锅中与羊肉同煮，也可去膻。

山楂去膻法。用山楂与羊肉同煮，去除羊肉膻味的效果甚佳。

## 消除鸡腥味的方法

洗鸡时必须把鸡屁股切掉，并将鸡身内外黏附的血块内脏挖干净。

不论是整只烹煮，还是剁块焖炒，都要先放在开水里烫透。因为鸡肉表皮受热后，毛孔张开，可以排出一些表皮脂肪油，达到去腥味的目的。

在炒、炸之前，最好用酱油、料酒腌一下。经过这样几个环节的处理，鸡肉成菜后就没有腥气了。

## 巧切皮蛋不粘刀

如果用刀切剥好的松花蛋，蛋黄就会粘在刀上，既不好擦，又影响蛋的完整、美观。怎样切才能不粘刀呢？在没有专用工具的情况下，可用普通的针线或细尼龙线在松花蛋上绕一圈，相向一拉，松花蛋就会被均匀地割开了，且蛋黄不粘。如没有现成的丝线，可将刀在热水中烫一下，然后再切，也能切得整齐、漂亮。

## 和饺子面的小窍门

饺子皮粘连的主要原因是面筋不够，或者是面筋还没有形成。因此，在和饺子面时，要注意三点：

（1）100克面粉里掺入6个鸡蛋清，使面里蛋白质增加，用这样的面做的饺子下锅后，蛋白质会很快凝固收缩，饺子起锅后收水快，不易粘连。

（2）和面要和得略硬一点，和好后应放在盆里盖严密封。醒10—15分钟，等面里的麦胶蛋白和麦谷蛋白吸水膨润，充分形成面筋后再开始包饺子。

（3）煮饺子时，一定要添足水，待水开后加入2%的食盐，等盐溶解后，再下饺子。因为盐中的钠离子、氯离子会使面筋的韧性、弹性、滑性增加，饺子不会粘皮、粘锅。

## 去除米饭煳焦味

在煮饭的时候，有时煮的时间太长或放的水少了，会把米饭煮煳，吃起来煳焦味很浓。去掉这种煳焦味的办法是用筷子把焦了的饭戳几个洞，然后在每一个洞内放进一段与饭差不多高的葱，再把盖子盖好，焖上3—5分钟再吃。或者将火关掉，在米饭上面放一块面包皮，盖上锅盖，5分钟后，面包皮即可把煳焦味吸收。

## 怎样煮面条不黏糊

煮面条时，待水开后先加少许盐（每500克水加盐15克），再下面条，即便煮的时间长些也不会黏糊。

煮挂面时不要用大火。因为挂面本身很干，如果用大火煮，水太热，面条表面易形成黏膜，煮成烂糊面。

煮挂面时不应当等水沸腾了再下挂面，而应在锅底有小气泡往上冒时下挂面，然后搅动几下，盖好盖，等锅内水开了再适量添些凉水，等水沸了即熟。

## 做菜时葱姜蒜椒别乱放

葱、姜、蒜、椒，人称“调味四君子”，但在烹调中如何投放才能更提味、更有效，却是一门学问。

（1）肉食重点多放椒。烧肉时宜多放花椒，牛肉、羊肉、狗肉更应多放。花椒有助暖作用，还能去毒。

（2）鱼类重点多放姜。鱼腥气大，性寒，食之不当会导致呕吐。生姜既可缓和鱼的寒性，又可解腥味。做时多放姜，亦可以帮助消化。

（3）贝类重点多放葱。大葱不仅能缓解贝类（如螺、蚌、蟹等）的寒性，还能抗过敏。不少人食用贝类后会产生过敏性咳嗽、腹痛等症，烹调时就应多放大葱，避免过敏反应。

（4）禽肉重点多放蒜。蒜能提味，烹调鸡、鸭、鹅肉时宜多放蒜，使肉更香更好吃，也不会因为消化不良而泻肚子。

## 炖各种肉类的快熟法则

下面介绍几种肉类的炖法，使你可以在短时间内吃到香喷喷的炖肉。

（1）炖牛肉。炖牛肉时可用干净的白布包一些茶叶同煮，这样牛肉易烂，而且有特殊的香味。

（2）炖猪肉。可以往锅中放一些山楂。

（3）炖羊肉。在水中放一些食碱。

（4）炖鸡肉。在宰鸡前给鸡灌一汤匙酱油或醋。

（5）炖鱼。在锅中放几颗红枣，即可除腥，又宜炖熟。

有些美味是不能求快的，慢火吃功夫，慢火吃美味。

## 炒虾仁如何不碎不糊

要使虾仁烹饪时不碎不糊，要把好“三道关”：

第一，剥出虾仁后，要立即用冷水洗去虾仁表层的黏污物及泥沙。

第二，用洁净的纱布将虾仁绞干取出，然后加一勺精盐拌匀，放上半小时，如有冰箱能放入冷藏室里，更好。

第三，在炒时，打入一至两只蛋清，把经绞干水迹的虾仁放在里面，搅拌透，都沾上蛋清液后再放进油锅翻炒，如此，每只虾仁外面都能裹上一层薄薄的蛋清膜，翻炒时自然不易碎了。

若能正确掌握好这三步，那么炒出来的虾仁，色白如玉且肉头坚韧、吃口鲜，也避免了碎、糊两大弊端，做到色、香、味、形俱佳。

## 炒菠菜去涩味的方法

菠菜营养丰富，但有涩味，如先在开水中烫一烫，捞起来再炒，既可去掉草酸，也可去掉涩味。吃菠菜时，不把草酸去掉，会使菠菜本身所含的钙质不为人体吸收。如和其他食物一起烧，也会使其他食物中的钙质沉淀。

## 千万不能边炒菜边放盐

烹制将毕时放盐。爆肉片、烹制回锅肉、炒白菜、炒蒜薹、炒芹菜时，在旺火、热锅油温高时将菜下锅，并以菜下锅就有“啪”的响声为好，全部煸炒透时适量放盐，炒出来的菜肴嫩而不老，养分损失较少。

烹调前先放盐的菜肴。蒸肉时，因物体厚大，且蒸的过程中不能再放调味品，故蒸前要将盐、调味品一次放足。

烧整条鱼、炸鱼块时，在烹制前先用适量的盐稍微腌渍再烹制，有助于咸味渗入肉体。

烹制鱼丸、肉丸等，先在肉茸中放入适量的盐和淀粉，搅拌均匀后再吃水，使能吃足水分，烹制出的鱼丸、肉丸，亦鲜亦嫩。

有些爆、炒、炸的菜肴，挂糊上浆之前先在原料中加盐拌匀上劲，可使糊浆与原料黏密，不致产生脱袍现象。

食前才放盐的菜。凉拌菜如凉拌莴苣、黄瓜，放盐过量，会使其汁液外溢，失去脆感，如在食前片刻放盐，略加腌制沥干水分，放入调味品，食之更脆爽可口。

在刚烹制时就放盐。做红烧肉、红烧鱼块时，肉经煸、鱼经煎后，即应放入盐及调味品，然后旺火烧开，小火煨炖。

烹烂后放盐的菜。肉汤、骨头汤、腿爪汤、鸡汤、鸭汤等荤汤在煮烂后放盐调味，可使肉中蛋白质、脂肪较充分地溶在汤中，使汤更鲜美。炖豆腐时也当煮后放盐，与荤汤同理。

## 老香菇变嫩法

存放过久或保存不当的香菇，质地会变老。用清水泡发香菇后，把菇足剪去，多清洗几次，直至去掉苦涩之味，然后把水挤干。用适量的食盐、淀粉和鸡蛋清搅拌后，在沸水中煮，再以清水冲凉，这样做出的香菇菜肴，味道与嫩香菇一样鲜美。

## 烧茄子怎样才不变黑

用以下方法可防止烧茄子变黑：

（1）削去茄皮，减少变色的条件。

（2）茄子在下锅时再切，或切后浸泡在冷水里。

（3）锅和铲必须刷洗干净。

（4）烧好的茄子用非金属容器盛装。

## 氽丸子如何才不散

用新鲜肉做馅，肉的肥瘦比例为三七开，瘦肉多些，并要剁得细一点。

每250克肉馅放入1个鸡蛋，加入葱末、姜末、味精、食盐和化开的淀粉，把100毫升水分三次倒入，同时，用筷子朝一个方向搅动，使之混为一体。

不要开锅后再下丸子，当水温在30℃—40℃时，即可用小勺把肉馅一下一下舀放到锅里，舀一次将勺子蘸一次凉水。

## 调料蔬菜的香气妙用

可食用的调料蔬菜中都含有挥发性的油。姜的气味来源于姜烯、姜醇等。大蒜鳞茎，即蒜头，其中的蒜氨酸没有什么挥发性，所以无气味，也无臭味。只是当捣碎时，在蒜酶作用下蒜氨酸才会分解，成为有气味的蒜辣素。通常喜食者认为香，而厌食者则认为臭。葱及洋葱的气味来源于环蒜氨酸，其具有强烈的催泪功能。小茴香含挥发性油，烹调时会发出袭人之香气。具有浓烈刺鼻气味的芥末则来源于芥子甙。不同气味对人体感官作用的部位也不尽相同，要根据“葱辣眼，蒜辣心，芥末单辣鼻梁筋”等不同调料香气之特点，让其发挥最大功效。

## 大葱的用法

大葱是做熟食时的主要作料，它有去腥除腻的功能，一般有以下三种用法：

（1）炝锅。多是在炒荤菜时用。炒肉时可加适量的葱花或葱丝；做炖、红烧肉菜或鱼、鸭、海味时加进葱段。大葱和羊肉混炒可去腥味，使羊肉的味道更鲜美。

（2）拌馅。做饺子，氽丸子、馄饨时，可在馅中加入葱花。

（3）调味。吃烤鸭时，在荷叶饼内抹些甜面酱，再放入鸭片内，卷上葱段，特别爽口好吃；做酸辣汤或是热清汤时，在最后撒上葱花和香油，滋味更佳；在煎鸡蛋时，若配上葱花，可去掉鸡蛋腥味，食之香咸可口。

## 生姜的用法

荤素菜一般都离不开生姜，它本身有辛辣与芳香的味道，若溶解在菜肴之中，则菜的味道将更鲜美，所以它有“植物味精”之美称。其用法有四种：

（1）混煮。炖鱼、肉、鸡、鸭时放入姜片或是拍碎的姜块，肉味醇香。

（2）兑汁。做味道甜酸的菜时，可将姜切为粒状或是剁成末，再与醋、糖兑汁烹调或进行凉拌。若拌凉菜、糖醋腌鱼等用姜汁配用，可产生较特殊的酸甜味。

（3）蘸食。用酱油、小磨香油、姜末、醋搅拌成汁蘸吃。在吃清蒸螃蟹时加蘸姜汁，另有风味。

（4）浸渍返鲜。冷冻后的肉类和家禽，在加热前用姜汁先浸渍一下，就能起到返鲜作用，即可尝到原来的新鲜滋味。

## 大蒜的用法

大蒜作为配料，可起到杀菌和调味的作用。有五种用法：

（1）去腥提鲜。在炒肉、烧海参、炖鱼时，放入蒜片或是拍碎的蒜瓣可去除腥味。

（2）明放增香。多是在做咸味且带汁的菜时加进。如炒猪肝、烧茄子或是其他烩菜时，若放几片蒜则可使菜散发香味。

（3）浸泡蘸吃别有风味。吃饺子时若蘸些酱油、辣椒油、小磨香油浸泡的蒜汁，特别好吃。在盛夏若用馒头蘸着蒜汁吃，可开胃利口，同时可防止发生肠胃炎。

（4）拌凉菜。用捣烂的蒜泥或拍碎的蒜瓣调凉粉、拌黄瓜，或在蒸好的茄子上撒些蒜泥，菜味更浓。

（5）把蒜末与姜末、葱段、淀粉、料酒等兑成汁，用于煸炒之类的菜肴更加出味。

## 花椒的用法

花椒有芳香和通窍作用，是调味品中的主要作料。其用法有五种：

（1）炝锅。如炒芹菜、白菜时，可在锅里的热油内放几粒花椒，炸至变黑时再捞出，留油炒菜后，菜香扑鼻。

（2）炸花椒油，可使菜香四溢。将花椒、酱油和植物油制成“三和油”，淋在凉拌菜上，十分爽口。

（3）煮燕禽、肉类时，可放入大料、花椒。

（4）制成花椒盐蘸吃。把花椒放进手勺里，在火上烤到金黄色时，再

与精盐同放于案板之上研为细面。吃干炸里脊、干炸肉丸或香酥羊肉、香酥鸡时蘸食。

（5）腌制芥菜丝、萝卜丝等咸菜时放适量的花椒，味道绝佳。

## 大料的用法

大料是做厚味菜肴时不可或缺的作料。禽类和肉类的炖、煮时间较长，大料与其他作料可充分水解，它的香味可逐步改善原料的固有气味，使其味醇香。

做红烧鱼时，在炒锅里等油开的时候放入少量大料，等它发出香味后加进酱油及其他作料，再放进炸好的鱼；又比如烧肉汤这样的荤味时，可把大料与精盐一同放入汤内，最后放香油。在腊制鸡、鸭蛋或是香菜、香椿时，加进大料也别有风味。

## 如何炒好糖色

酱油是不可以用来代替炒糖色的，尤其是在烹调红烧肉和红烧鱼等菜肴的时候，炒糖色显得更加重要。炒糖色时，应等到油热之后再加进糖（冰糖最好），放到锅里炒，再加进少量水。加水的时候应该注意：必须是加温水而不是冷水。这样做可以防爆，炒出来的糖色也好。

## 做鱼忌早放生姜

做鱼时，放一些生姜可起到去腥增鲜的作用。但若放入生姜的时间过早，鱼体浸出液中的蛋白质将不利于生姜发挥去腥作用。当鱼体的浸出液稍偏于酸性时再放入生姜，是生姜去腥效果的最佳时间。所以做鱼时要在鱼的蛋白质凝固以后再放入生姜，让生姜充分发挥去腥增香之效能。

## 做鱼应放料酒和米醋

烹制鱼时，应该添加一些料酒和米醋，因为料酒和米醋会发生化合反应，产生乙酸乙酯，这种物质会散发出非常诱人的鲜香气，能够使鱼闻起来无比鲜香，而去腥的效果自然也十分显著。

若在烹鱼时加入米醋，可以使鱼骨和鱼刺中所含的大量的钙同醋酸进行化合反应，从而转化成为醋酸钙。醋酸钙易溶于水，利于人体吸收，因此钙的利用率就提高了，同时也更有利于人体吸收鱼的营养。

## 腌渍使鱼入味

将鱼洗净，控水之后撒上细盐，再均匀地涂抹全身（若是大鱼，应也在其腹内涂上盐），腌渍半小时后清蒸或是油煎。这样处理过的鱼，在油煎时不粘锅，而且不易碎，成菜特别入味。

## 煎鱼防焦去腥法

把烧热的锅用去皮生姜擦遍后再煎鱼，鱼就不易粘锅。由于生姜遇热后会产生一种黏性液体，它在锅底会形成一层很薄的锅巴，所以鱼不易焦。如果煎整条鱼，要提前约30分钟抹上盐，斜放在盘中或放入竹箩沥去水分。若是煎鱼块，提前约10分钟抹上盐，并将鱼表面的水分擦干，这样鱼身上的水分及腥味就可去掉。

## 用开水蒸鱼

在蒸鱼的时候，一定要先烧开蒸锅里面的开水，然后再下锅蒸。因为鱼突然遇到温度比较高的蒸气时，其外部的组织就会凝固，而内部的鲜汁又不容易外流，这样所蒸出来的鱼味道鲜美，富有光泽。在蒸前，若放一块猪油或者鸡油在鱼的身上，跟鱼一块蒸，鱼肉会更加滑溜、鲜嫩。

## 如何炖鱼入味

可以在鱼的身上划上刀纹，在烹饪前将其腌渍，使鱼肉入味后再烹。这种方法适于清蒸。也可以通过炸煎或别的方式，先排除鱼身上的一部分水分，并且使得鱼的表皮毛糙，让调料较容易渗入其中，这样烹煮出的鱼会更加有味。

## 炒制鳝鱼上浆时不宜加调味品

鳝鱼富含蛋白质以及核黄素，所以，若在上浆的时候放入盐及其他调味品，就会令鳝鱼里的蛋白质封闭起来，肉质收缩，而且水分外渗。若用淀粉上浆，在油滑之后浆会脱落，所以在上浆的时候不应加进基本的调味品。

## 咸鱼返鲜法

一些成品的咸鱼往往会太咸，若采取以下办法可去除一些咸味。

把咸鱼放进盆中，加适量温水，再加入两三小勺醋，浸泡约3—4小时。或用适量淘米水加入一两小勺食碱，放入咸鱼，浸泡四五个小时后捞

出并用清水洗净。

咸鱼采用上述方法处理后烹制，不光咸味减淡，肉质也较处理前更为鲜嫩。

## 嫩虾仁炒制法

把虾仁放进碗里，每 250 克虾仁加进精盐和食用碱粉 1—1.5 克，在用手轻轻地抓搓一会儿之后用清水浸泡，再用清水洗净。用此法炒出来的虾仁通体透明如水晶，而且爽嫩可口。

## 如何吃虾头

将海虾头上的须和刺剪掉，洗净后放到已加入适量盐的干面粉当中（不能用湿面粉或蛋液），将其轻轻裹上薄薄的一层干面粉，在锅中倒进适量油，待八九成熟后，将虾头放入油里炸熟。鲜、香、脆、酥的炸虾头，味道比炸整虾更好，也可帮人体补钙。

## 海蟹宜蒸不宜煮

海蟹富含蛋白质及人体所需的各种维生素和钙、铁，烹制海蟹时宜蒸不宜煮。因海蟹在海底生活，以海菜、小虾、昆虫为食，其肋条内存着少量的污泥及其他杂质，不易洗净。若用水煮，肋条内的污泥会随之进入腹腔，影响其鲜味，而且蛋白质等营养成分也会随水散失。蒸海蟹不仅可保存营养，也可保持其原有鲜味。蒸时应在水开后上笼，用旺火蒸 10 分钟左右即熟。在食用时可去掉肋条，蘸上食醋和姜末等调料，这样不仅肉质细嫩，且味道鲜美。蟹肉还可用来拌、炒、制馅，与原先一样味道鲜美。若将蟹肉制干，它的营养也不会受到破坏。

## 蒸蟹如何才能不掉脚

蒸蟹时因蟹受热在锅中挣扎，导致蟹脚极容易脱落。若在蒸前用左手抓蟹，右手持一根结绒线时用的细铝针，或稍长一点的其他细金属针，将其斜戳进蟹吐泡沫的正中方向（即蟹嘴）1 厘米左右，随后放入锅中蒸，蟹脚就不易脱落。

## 做海参不宜加醋

海参大部分是胶原蛋白质，呈纤维状，蛋白质的结构较为复杂，若是加碱或酸，就会影响到蛋白质中的两性分子，破坏它的空间结构，使蛋白质的性质发生改变。若在烹制海参的时候加醋，就会降低菜肴的酸碱度，从而与胶原蛋白自身的等电点相接近，令蛋白质的空间构型产生变化，蛋白质分子便会产生不同程度的凝聚和紧缩。食用这样的海参时会口感发凉，味道要比不加醋的时候差许多。

## 碱煮法会使海带柔软

海带不易煮软，因为其主要成分是褐藻胶，这种物质较难溶于普通的水却易溶于碱水。水中的碱若适量，褐藻胶就会吸水而膨胀变软。据此特点，煮海带的时候可加进少量碱或是小苏打。煮时可用手试其软硬，软后应立刻停火。

注意：不可加过多的碱，而且煮制的时间不可过长。

## 炖肉应少用水

用水少的话，炖出来的汤汁会更浓，味道也自然更加醇厚浓烈。如果需要加水，也应该加进热水。因为用热水来炖肉，能够迅速凝固肉块表面上的蛋白质，这样，肉中的营养物质不容易渗入汤中，而保持在肉内，因此炖出来的肉味道会显得特别鲜美。

## 如何烧肉

先把水烧开，再下肉，这样就使得肉表面上的蛋白质可以迅速凝固，而大部分的蛋白质和油则会留在肉内，烧出来的肉块味道会更加鲜美。

也可以把肉和冷水同时下锅。这时，要用文火来慢煮，让肉汁、蛋白质、脂肪慢慢地从肉里渗出来，这样烧出来的肉汤就会香味扑鼻。在烧煮的过程中要注意：不能在中途添加生水，否则蛋白质在受冷后骤凝，会使得肉或骨头当中的成分不容易渗出。

如果是烧冷冻肉，则必须先用冷水化开冻肉。忌用热水，不然不仅会让肉中的维生素遭到破坏，还会使肉细胞受到损坏，从而失去应有的鲜味。

如果想要使肉烂得快，则可以在锅中放入几片萝卜或几个山楂。

注意：放盐的时间要晚一些，否则肉不容易烂。

## 烧前处理肉类的方法

若要讲究口味，须注意切功和烧前处理。

切肉块时切记要顺着纤维的直角方向往下切，否则肉质就会变硬。若是里脊肉，肥肉的筋要用刀刃切断。烤牛排时，带脂肪的上等牛肉用不着腌浸，可边烤边抹盐及胡椒粉。如果肉质较硬，把其放入红葡萄酒、色拉油、香菜调成的汁中约半小时至 1 小

时即可。

## 烧肉不应早放盐

烧肉时先放盐的效果其实并不好。盐的主要成分为氯化钠，它易使蛋白质产生凝固。新鲜的鱼和肉中都含非常丰富的蛋白质，所以烹调时，若过早放盐，那么蛋白质会随之凝固。特别是在烧肉或炖肉时，先放盐往往会使肉汁外渗，而盐分子则进入肉内，使肉块的体积缩小且变硬，这样就不容易烧酥，吃上去的口味也差。因此，烧肉时应在将其煮熟之时再放盐。

## 用生姜嫩化老牛肉

把洗净的鲜姜切作小块，放入钵内捣碎，然后把姜末放进纱布袋里，挤出姜汁，拌进切成条或片的牛肉里（500 克牛肉放一匙姜汁）拌匀，要让牛肉充分蘸上姜汁，在常温下放置一个小时即可烹调。这样处理过的牛肉不仅鲜嫩可口，且无生姜的辛辣味。

## 山楂嫩老牛肉

在煮老牛肉的时候，可以在里面放进几个山楂（或是山楂片），这样能够使老牛肉容易煮烂，而且食用时不会觉得肉的质感老。

## 拌好作料炒嫩牛肉

可将待炒的肉质较老的牛肉切成肉片、肉丝或是肉丁，在当中拌好作料，然后加入适量的菜籽油或是花生油，调和均匀后腌制半个小时，最后用热油下锅。利用这种方法炒出来的肉片表面金黄玉润，肉质也不老。

## 苏打水嫩牛肉

对于已经切好的牛肉片，可以放到浓度为 5%—10% 的小苏打水溶液中浸泡一下，然后把它捞出，沥干 10 分钟之后用急火炒至刚熟，这样可以使牛肉纤维疏松，而且肉质嫩滑，十分可口。

## 用猪皮做肉冻

将猪皮洗净，放入水中煮，直至开锅，然后倒掉汤，另外加入热水、姜、葱、大料一起煮熟后，再取出切成细丁状。待炒锅油热，用淀粉将切好的豆腐干丁、胡萝卜丁、泡开的黄豆或是青豆调好，加入葱、姜、精盐、酱油一并炒熟，此时将肉皮丁倒至锅中，加汤，然后调入淀粉直至其成为粥状，将其凉后切成块，放入冰箱，凝固后即制成猪皮肉冻。

## 烹调鲜鸡无须放花椒大料

鸡肉内含谷氨酸钠，可说是“自带味精”。所以烹调鲜鸡只需放适量盐、油、酱油、葱、姜等，味道就十分鲜美了。若再放进花椒或大料等味重的调料，反而会掩盖鸡的鲜味。不过，从市场上买回的冻光鸡，因为没有开膛，所以常有股恶味儿，烹制时可先拿开水烫一遍，再适当放进些花椒、大料，有助于驱除恶味儿。

## 蒸鸡蛋不“护皮”的方法

在剥煮好的鸡蛋时，经常会碰到蛋清与蛋皮相粘连而不容易剥离的情况，这在民间俗称为“护皮”。护皮的鸡蛋很难剥，解决这个问题的方法十分简单，只要将煮鸡蛋改为蒸鸡蛋便可。一般说来，待锅上气以后再蒸5分钟，鸡蛋就能熟了，而且即使放凉后剥皮也不粘连。

## 加糖炒鸡蛋法

在炒鸡蛋时放入少量砂糖，蛋制品容易变得蓬松柔软。由于蛋白质里放入砂糖，蛋白质热变性的凝固温度就会上升，从而延缓加热时间。另外，砂糖具有一定保水性，也可增加蛋的柔软性，从而更加鲜美可口。

## 如何摊蛋皮

热锅后，小火，放少量油。在蛋汁中加入少许盐及味精，下锅后迅速把锅端起来旋转，让蛋汁均匀贴在锅边。待蛋皮表面基本凝固后，拿一根筷子从蛋皮的一侧卷入并提起，先翻一半，然后再慢慢翻边。冷却后将其切成蛋片或蛋丝，此法制作的蛋皮鲜亮美味。

## 做奶油味蛋汤法

调匀鸡蛋两个，用猪油炒，等蛋液快凝结时，适量加入白开水并以旺火烧煮，使其呈乳白色，然后放入盛有调料的汤碗内，即成可口美味的蛋汤。

炒鸡蛋时，若炒成圆饼状，然后加水烧煮，味美形状也美。

## 速效腌蛋法

将大料、盐加水煮开，晾凉后灌入注射器里，在蛋的大头（空室）用

针扎一个小洞，把盐水从小洞注入蛋里。然后将蛋放进料汤里煮开，将蛋捞出来，敲一个小裂缝，再放回锅内用水火煮约 3 小时即可食用。

## 煮牛奶

在煮牛奶的时候，若加热的时间太短、温度过低，会达不到消毒目的，但时间太长、温度太高，又会破坏其营养成分，还会使它的色、香、味降低，因此，在煮牛奶的时候，一定要用旺火。但是一旦煮沸后，要马上把火熄灭，稍过片刻再煮，再沸腾再熄火，如此反复 3—4 遍，即可两全其美。

## 防煮奶糊锅法

煮牛奶时，往锅里倒牛奶的时候要注意慢慢地倒入，不要沾到锅的边沿；另外，煮的时候先用小火，待锅热后再改用旺火，牛奶沸腾（即起气泡）的时候再搅动，然后改用小火。此时锅的边沿虽然已经沾满奶汁，但也不会糊锅，且刷锅时较容易。

## 做春饼

用蒸锅做春饼，不但功效高而且质地软。其做法是：先用 500 克富强粉，加入一个鸡蛋清，再用温水将面和好，尽量要和得软些。将蒸锅放到火上（要多放些水），把水烧滚。在蒸屉上抹一些油，将已码好的薄饼放在上面，放上一张后，颜色一变再放一张，如此反复可放六七张，然后再将锅盖盖好，10 分钟左右后，薄饼即可全熟。

## 做镇江汤包

先把 1 千克瘦猪肉剁碎，然后把酱油、黄酒、姜末、白糖、白胡椒粉、麻油、味精及炒熟的麻仁等放入已剁碎的猪肉里搅拌均匀。取一只鸡将鸡头、爪与内脏去掉，煮 10 分钟左右，用凉水冲洗一下，再和肉皮、姜、葱、料酒放入锅中一起煮，待鸡煮烂后将鸡捞出，把鸡的肉皮跟骨头去掉，将剩下的鸡肉剁碎倒入原汤，冻成冻。最后，把冻剁碎，拌匀放入肉馅内。按照 50 克面做三个的分量，把面团擀成皮，收拢成圆形的包子，蒸 10 分钟左右便可食用。

## 烹制猪肚

烹调猪肚时，先将猪肚烧熟，切成长块或长条。然后把切好的猪肚放到碗里面，加进一点汤水，再放在锅内，蒸煮1小时左右之后，猪肚会胀1倍，而且又脆又好吃。但要注意：千万不能放盐，因为一旦放入盐，猪肚就会收缩变硬。

先去掉生猪肚的肚皮，再取出里层的肚仁，然后剖上花刀，放入油中一爆即起，最后加进调料即可成菜。

在烫洗猪肚的时候，如果用盐水来擦洗，则可以使得炸出的猪肚格外脆嫩。

## 炖骨头汤

把脊骨剁成段，放入清水浸泡半小时，洗掉血水，沥去水分，把骨头放进开水锅中烧开。将血沫除去，捞出骨头用清水洗干净，放入锅内，一次性加足冷水，加入适量葱、姜、蒜、料酒等调料，用旺火烧开，10—15分钟后除去污沫，然后改用小火煮30分钟至1小时。炖烂后，除去葱姜和浮油，加入适量盐和少许味精，盛入器皿内，撒上葱花、蒜花或蒜泥食用。其肉质软嫩，汤色醇白，味道鲜美。

## 炸肉酱

先在黄酱中加点甜面酱调匀备用，用葱姜末炝锅后放入肉末煸炒，至肉末变色，放入事先调好的黄酱，待酱起泡时改用小火，此时放入盐、糖、料酒，加入适量开水稍烹炒一下，起锅前淋上香油，拌匀即可食用。

## 烹调兔肉

烹调前将兔肉用凉水洗净，浸泡约10小时，去除淤血，直至水清。将兔子尾部的生殖器官、各种腺体及排泄器官用刀割净，避免有骚臭气味，还要将整条脊骨用刀起出，然后制作。可以剁成块状炖煮，因为兔肉瘦肉多而肥肉少，烹制时应多加些油，宜用猪油或和猪肉炖制。还可以切成丝炒，炒兔肉丝时，先用鸡蛋清拌后再炒，炒出的肉丝滑嫩可口。

## 腌雪里蕻的方法

将雪里蕻用清水洗净，控干放在容器里。按单棵排列成层，每一层菜茎与叶要交错放。撒上盐和几十粒花椒，一次放足盐量，一般是每5千克菜用盐500克左右；上层多放下层少放，均匀揉搓，然后放在阴凉通风处并防止苍蝇、飞蛾等小虫。隔两天后，翻一翻；待到第五天时，在菜上铺一个干净的塑料袋，压上石头。半个月后翻一翻，再铺上干净的塑料袋，把

石头压在上面，待脆透后即可食用。凉拌或加入黄豆、肉末一起热炒都别有风味。

## 腌五香萝卜丝

取胡萝卜、青萝卜、紫菜头、心里美萝卜、香菜梗各 500 克；小茴香、精盐、桂皮、陈皮、花椒、大料各 50 克；醋 500 克；白糖 200 克。

将香菜梗切成 3 厘米长的小段，各种萝卜切成细丝，把切好的萝卜丝用盐拌匀，装入缸（或坛）内腌渍 2—3 天，控干水分，晒至六成干。在锅中加入醋、水 1000 克，将各种调料装入纱布袋内封好口，放入锅中，当熬出香味时，改用微火再熬 10 分钟左右，凉透后再加上白糖 100 克搅拌，直到白糖溶化为止。将萝卜丝装进坛内压紧，把配好的汁液浇在压紧的萝卜丝上，用厚纸糊上坛口，然后再用黏土封闭，放置温度在 5℃左右的地方，10 天后就可食用。

## 腌酸辣萝卜干

取白萝卜 5000 克、白醋 500 克、精盐 200 克、白糖 150 克、白酒 25 克、辣椒面 50 克、花椒面 15 克、八角 2 枚。将萝卜洗净，削去须，切成长 5 厘米、宽 1 厘米的方条，晾晒至八成干；将精盐、白醋、白糖、辣椒面、味精、八角和花椒面撒在萝卜条上揉匀，然后淋上白酒并放入坛内，用水密封坛口，两周后即可食用。

## 制作“牛筋”萝卜片

选象牙白的萝卜，将顶根去掉直至见到白肉，再切成 0.5 厘米厚的半圆片放在干净平板上晾晒，隔天翻 1 次，晾晒 3—5 天或 7—8 天就能干。取 500 克酱油加适当的水，与桂皮、八角、花椒一同煮沸，晾凉后与萝卜片一起放入容器内腌制。上压一块石板，防止萝卜片浮起。腌时，颜色重可加点凉白开水，味淡可加点凉盐开水。为使容器盖通气，用木条将盖板架起。腌好后放在阴凉通风处，大约 5 天就能食用。

## 腌酱辣黄瓜

取黄瓜 8000 克、白糖 30 克、干辣椒 80 克、面酱 4000 克。用清水将黄瓜洗一下，切成厚 3 厘米的方块，用水浸泡 1 小时，中间需换 2 次水，捞出后控干，装入内外洁净的布袋中（布袋内不可沾上污物），投入面酱里浸泡，每天翻动 2—3 次。腌制 6—7

天后，开袋把黄瓜片倒出，控干咸汁，均匀拌入白糖和干辣椒丝，3 天后黄瓜片表皮干亮即成。

## 制干脆辣椒

取无虫眼、无破损而且比较老的数千克辣椒洗净、去蒂，放进开水中烫 1 分钟左右捞出，并在太阳下曝晒 1 天，直至两面成白色后剪成两瓣，用味精、盐腌 1—2 天后晒至全干，再装入塑料袋。吃时可用油炸呈金黄色，这样就能香、脆、咸、鲜、微辣，是下饭、下酒的好菜。如果保持干燥，3 年都不会变质。

## 制甜姜

将 1000 克嫩姜刮去外皮后切成薄片，用清水浸泡 12 小时后将水滤干。加 50 克明矾一起倒入锅中，用沸水煮时要不断翻动，熟后再放入冷水中浸泡 12 小时，中间需换清水 2 次，然后把水分滴干。加 3 克盐、300 克白糖拌匀，装入大碗中压实，放置 12 小时后再煮沸 10 分钟，并不断搅拌，然后取出来晒干，有光泽、半透明、香甜爽口的甜姜就制成了。

## 腌糖蒜

准备鲜蒜 5000 克、红糖 1000 克、精盐 500 克、醋 500 克。将鲜蒜头切去，放入清水中泡 5—7 天（每天需换 1 次水）；用精盐将泡过后的蒜腌着，每天要翻 1 次，当腌至第 4 天时捞出晒干；将红糖、醋倒入水煮开（需加水 3500 克），端离火口凉透；将处理好的蒜装入坛，把凉透的水倒入，密封好放置 7 天左右即可食用。

## 制北京辣菜

将 500 克萝卜切成丝后用清水浸泡 1 天，在浸泡的过程中，至少要换 2 次水，捞出并沥去水分后备用。再将 10 克白糖、250 克酱油、少量味精和糖精、适量水一起煮沸后，倒入干净的容器内。再将 1 克辣椒面放入 2.5 克加热的麻油中，稍炸一下，便可倒入酱油。再加 5 克芝麻、1.5 克姜丝、1 克黄酒、2 克桂花，搅拌均匀，倒入萝卜丝。每天最少搅动 2 次，一星期后即成北京辣菜。

## 制北京八宝菜

取 1000 克腌黄瓜，腌豇豆、腌藕片、腌茄包各 250 克，腌姜丝、腌

甘露各500克，750克花生米，2000克腌苤蓝。

先将腌黄瓜切成柳叶形瓜条，再将茄包、豇豆等切成条状，将腌苤蓝切成梅花形。将其全部放入清水中浸2—3天，每天至少要换1次水。捞出后装入布袋并脱水，加入5000克甜面酱酱渍，每天翻动2次，10天后即成北京八宝菜。

## 制北京甜辣萝卜干

将1000克萝卜用清水洗净后切成6厘米左右的长条萝卜块，最好刀刀都能见皮，将条块萝卜放入70克盐中，一层萝卜一层盐腌渍，每天翻搅2次。2天后倒出来晾晒，等半干后用清水洗净，拌入50克辣椒、250克白糖，北京甜辣萝卜干就做成了。

## 制上海什锦菜

根据不同的口味，随意取些青萝卜丝、大头菜丝、红干丝、白萝卜丝、地姜片、生瓜丁、萝卜丁、青尖椒、宝塔菜等，数量种类由自己确定。将菜加水浸泡，翻动数次，2小时后再捞出沥水。压榨1小时后，再在甜面酱中浸泡1天，捞出装袋，将袋口扎好，再放入缸酱中腌3天，每天需要翻搅2次。3天后便可出袋，加入生姜丝后，再用原汁甜面酱复浸，同时加入适量糖精、砂糖、味精，每天翻搅2次，2天后捞出，美味的上海什锦菜就做好了。

## 制天津盐水蘑菇

取1克焦亚硫酸钠放入5000克的清水中，倒入5000克新鲜蘑菇一起浸泡10分钟捞出，用清水反复冲洗后，再倒入浓度为10%的盐水溶液，沸煮8分钟左右，捞出后用冷水冲凉。再加入1500克精盐，一层层地将蘑菇装入缸中，腌制2天后再换个容器。再将110克盐放入500克水中，将其煮沸溶解后，冷却，再加10克柠檬酸调匀，倒入容器内，10天后盖上盖。几天后，天津盐水蘑菇就制成了。

## 制山西芥菜丝

将芥菜上的毛须及疤痕去掉后洗净、擦干，切成细丝。等锅内的植物油七成热后放入适量花椒炸成花椒油，再倒入芥菜丝翻炒。加入适量精盐，翻搅均匀后出锅、晾凉，装入罐中，盖严，放至阴凉通风处，约1个月后就能食用，风味独特。

## 制湖南茄干

将茄子切掉蒂柄后洗净，再放入沸水中加盖烧煮，在还没有熟透时就要取出晾凉。

把茄子切成两瓣，再用刀将茄肉划成肉相连的 4 条。按 20 ∶ 1 的比例在茄肉上撒些盐，揉搓均匀，然后剖面朝上地铺在陶盆里腌大约 12—18 小时。

最后捞出曝晒 2—3 天，每隔 4 小时翻 1 次。然后，放清水浸泡 20 分钟，再取出晾晒至表皮没有瓢汁。把茄子切成 2 厘米宽、4 厘米长的小块，拌些豆豉、腌红辣椒，再加入食盐，装入泡菜坛，扣上碗盖，15 天后湖南茄干就制成了。

## 制四川泡菜

将 150 克红尖椒、350 克盐、150 克姜片、5 克花椒、150 克黄酒，一起放入装有 5000 克冷开水的泡菜坛中，将其调匀。

将菜洗净后切成块，晾至表面稍干后装入坛中，在坛口水槽内放上些凉开水，扣上坛盖，放于阴凉处，7 天后便可食用。

泡菜吃完后，可再加些蔬菜重新泡制，3 天后即可食用。

## 制南京酱瓜

取菜瓜 5000 克，先去籽除瓤，再拌入 150 克细盐，若是上午入缸，下午就要倒出缸。

第二天加 500 克盐后再腌 10 天。然后再加 250 克盐，腌第三次，过 15 天左右取出，将水分挤干。放在清水中浸泡 7 小时左右，挤去水分，放进稀甜面酱中酱渍 12 小时。

再用 50 克白糖、1000 克甜面酱、60 克酱油，拌匀后酱渍。夏天酱 2 天，冬天酱 4 天，这样南京酱瓜就做成了。

## 制扬州乳瓜

取扬州乳瓜 5000 克，用 450 克盐一层层加盐腌制，隔 12 小时翻搅 1 次。2 天后，再加 1 次盐，12 小时后再翻搅 1 次，再过 8 小时后压紧乳瓜，并封缸 15 天。然后取出乳瓜，用清水浸泡 8 小时脱盐，装入布袋，放入甜面酱中腌渍 4 天后，另换一个新酱再酱渍 8—10 天，每天翻动，使酱渍均匀即可。

## 腌镇江香菜心

将莴笋 5000 克去皮，先用盐 500 克腌 3 天，每天最少翻搅 2 次，4 天

后取出，并沥去卤汁。第二次，用350克盐腌2天，每天最少翻搅2次，捞出沥去卤汁。

最后用盐250克腌2天，每天最少翻搅1次，2天后取出时将笋切成条或片，放入清水脱盐。夏季半小时、冬季2小时后捞出沥干，浸入回笼甜面酱中，2天后将其捞出。12小时后再浸入放有苯甲酸钾、甜面酱的混合酱中酱渍7天。最后放入由10克味精、2500克甜面酱、250克食盐、500克白糖、10克苯甲酸钾、2000克清水调制成的卤水，可久存的镇江香菜心就制成了。

## 制作泡菜

能做泡菜的蔬菜有黄瓜、卷心菜、豇豆、扁豆、胡萝卜、萝卜等。在选择蔬菜的时候要尽量挑选比较鲜嫩的，将其洗净后晒干，直至发蔫即可。

在清水中加入8%的盐，煮沸冷却后倒入泡菜坛中，加辣椒、花椒、茴香、姜片、黄酒等制成菜卤。将原料放入菜卤中10天左右，即可食用。从坛中取菜时，要避免油和生水不小心入坛。卤水也可连续使用，但泡入新菜的时候，应适当地加入一些细盐、白酒等。

## 腌制韩国泡菜

选无病虫危害、色泽鲜艳、嫩绿的新鲜白菜，去根后把白菜平均切成3份，用手轻轻将白菜分开（2—5千克的分成两半，5千克以上分成4份），然后放入容器中均匀地撒上海盐（上面用平板压住，使其盐渍均匀）。6小时后上下翻动1次，再过6小时，用清水冲洗，将冲净的白菜倒放在晾菜网上自然控水4小时备用。

取些生姜去掉生姜皮，把大蒜捣碎成泥，将小葱斜切成丝状，洋葱切成丝状，韭菜切成1—2厘米的小段，白萝卜擦成细丝。将切好的上述调料混匀放入容器中，加入稀糊状的熟面粉，然后放入适量的虾油、辣椒粉、虾酱，搅匀压实3—5分钟。把控好水的白菜放在菜板上，用配好的调料从里到外均匀地抹入每层菜叶中，用白菜的外叶将整个白菜包紧放入坛中，封好，发酵3—5天后即成。

## 制作五香酱牛肉

先将膘肥牛肉的骨头剔掉，然后用清水将其洗干净，漂去血水，再把它切成1厘米左右的方块状。将黄豆酱和适量水拌匀后，放在旺火上煮1小时，待煮沸后将汤面浮酱去净，再将小方块牛肉放入汤中煮沸，加入茴香、橘皮、黄酒、盐、生姜、糖等调料，用旺火再煮4小时左右（随时注意除去汤面浮物），在煮的过程中要翻动几次，以防烧不透。最后再用文火煮4小时左右（要不时地翻动），即成五香酱牛肉。

## 制作苏州酱肉

取皮薄肉嫩、带皮肋条的肉1000克，用清水洗净后切成长方块。在肉上撒些盐和硝酸钾水溶液，再在肉表面擦上精盐。待放置5—6小时后，放进盐卤缸中腌制，冬季腌2天左右，春秋季腌12小时左右，夏季腌4—5小时即可。将水煮沸，放入2克大茴香、1.5克橘皮、10克葱及2克生姜，再将肉料沥干后投入，用旺火烧开，加入30克黄酒、30克酱酒，用小火煮2小时左右，待皮微黄时加10克食糖，半小时后即可出锅。

# 第六章　衣物洗涤妙招

## 洗涤毛类织物法

毛类织物可干洗也可水洗。若是干洗，就要用干洗剂进行局部干洗或直接去干洗店干洗。如果是水洗，则只能手洗。洗涤时应把毛料织物放入含有弱酸的冷水内浸泡两三分钟，一般以 0.2%—0.3% 的冰醋酸水最好。另外因为毛类织物属蛋白质纤维，不耐碱性，所以洗涤时应用中高档洗衣粉、洗皂片或丝毛洗涤剂，这样不但洗涤效果较好，而且也不易损伤纤维。

洗涤时，不能进行搓洗或棒打，不能用力过猛，最好不要揉搓太长时间。

洗涤后不能拧干，要用手挤压除去水分后慢慢沥干。挂在通风处阴干，不要在强光下曝晒，否则面料不但会失去光泽，弹性强力也会下降。衣服晾到半干的时候可以进行一次整形，以便于熨烫，熨烫时要保证烫衣板平整且有弹性，熨斗的温度最好控制在120℃—160℃之间。熨烫时，最好能在裤子上再加一块湿布；熨烫后，应在室内挂 2—3 小时或一夜，以充分挥发掉毛料中残留的水分。

## 自洗纯毛裤的方法

洗衣服不一定非要去洗衣店，一些衣物在家中洗就可以了，但需学会一些必要的方法。如果是在家里洗纯毛裤，最好是用手洗，采取的步骤如下：

（1）浸泡于清水中，用手挤压，这样就能除去裤子表面的一部分尘土。

（2）在温水（40℃）中加入适量手洗洗衣粉，然后用手轻轻地压或者揉搓。对于污渍程度较重的地方，可用蘸了洗衣皂的刷子刷洗，但不要剧烈揉搓。

（3）不断更换干净的冷水，直至漂洗干净。

（4）用手从头至尾把洗净的裤子抓挤一遍，再准备干燥的大浴巾一条，将其平摊在桌子上，把裤子平放在浴巾上，从裤脚开始将浴巾和裤子一齐卷起，不断压挤。这样，裤中大约 50% 的水分就可以被吸走了，而裤子上却不会留下多少褶皱。

（5）用手将吸过水的裤子抖几下，然后架起晾干。

（6）在裤子还没有完全干时，用蒸气熨斗使其熨烫定型。

## 水洗纯毛服装法

加适量洗衣粉在40℃左右的温水中，将衣物浸泡5分钟左右。双手轻揉衣物（勿在搓板上搓洗，手搓也不可用力），2—5分钟后用清水漂洗干净。将衣物从水中取出后，把水用双手挤出，置通风处阴干（不要用力拧，更不能曝晒）。纯毛服装遇水会收缩，衣服阴干后必须熨平才可穿用。

## 毛料服装湿洗法

在洗毛料裤时，先备用一点香皂头、汽油及软毛刷，然后在裤口、袋口及膝盖等积垢较多的部位，用软毛刷沾点汽油轻轻擦洗，直至除去积垢。

然后，将毛料放在20℃左右的清水中浸泡约30分钟，取出后再滤出水分，再放入溶化的皂液中轻轻挤压，不能揉搓，避免黏合。

在洗涤过程中，可先在板上用软包沾点洗液轻轻刷洗，再用温水漂洗（换水4次左右）。

把毛料裤放入氨水中浸泡大约2小时，再用清水漂洗干净，最后用衣架挂在阴凉通风处晾干，千万别用手拧绞及曝晒。

若毛料衣裤不是太脏，最好别湿洗或是干洗，可以放在阳光下晒晒，再拍去灰尘，待热气散发后再收进衣柜。

## 雪水洗毛料衣物法

毛毯、腈纶毯、毛衣、毛裤、长纤维绒制品，一般较难洗。在北方，人们充分利用自然条件，在雪后用雪来清洗这些衣物。

具体采用的方法是：雪未融化之前，在积雪较厚的地方，将打开的衣物平铺于雪地上，再将干净的积雪均匀地撒在衣物上面，厚度在1厘米左右，然后，从一端到另一端用有弹性的枝条轻轻抽打几遍，再把积雪抖掉。经过这样反复几次的处理，就可以清洗掉一般毛料衣物上的积尘。

## 洗涤兔毛衫法

把兔毛衫放进一个白布袋里，用温水（40℃）浸泡，然后加入中性洗涤剂，双手轻轻地揉搓，再用温水漂净。晾得将要干时，从布袋中将兔毛衫取出，垫上白布，用熨斗烫平，然后用尼龙搭扣贴在衣服的表面，轻飘、快速地向上提拉，兔毛衫就会变得质地丰满，柔软如新。

## 洗涤羊毛织物法

羊毛不耐碱，所以要用皂片或中性洗涤剂进行洗涤。在30℃以上的水中，羊毛织物会收缩而变形，所以洗涤时温度不要超过30℃，通常用室温（25℃）的水配制洗涤剂水溶液效果更好。不能使用洗衣机洗涤，应该用手轻洗，切忌用搓板搓，洗涤时间也不可过长，以防止缩绒。洗涤后不要用力拧干，应用手挤压除去水分，然后慢慢沥干。用洗衣机脱水时不要超过半分钟。晾晒时，应放在阴凉通风处，不要在强光下曝晒，以防止织物失去弹性和光泽，并引起强力下降。熨烫时，温度要恰当（约140℃），如有可能，最好能在衣物上垫上一块布，再行熨烫。

## 使兔羊毛衣物不掉毛的方法

漂亮的兔羊毛围巾和兔羊毛衫很容易掉毛。用如下方法处理后就可不掉毛了：先将一汤匙淀粉溶解于半盆凉水中，然后取出用清水浸透后的兔羊毛衫、围巾（勿拧），稍控一下水，然后放入溶有淀粉的水里浸泡，5—10分钟后装入网兜并挂起来控水，待水基本控完再晾干即可。

## 洗涤羊绒衫法

羊绒衫可以干洗，也可以用水洗。多色或提花羊绒衫不能浸泡，不同颜色之间的羊绒衫也不要在一起洗涤，以免串色。洗涤的具体方法是：

（1）先检查有没有严重脏污，如有，就在上面做好记号。但如果沾有果汁、咖啡或血渍等，应送专业的洗涤店进行洗涤。

（2）洗前将身长、胸围、袖长的尺寸量好并记录下来，然后将里翻出。

（3）用羊绒衫专用洗涤剂进行洗涤。将洗涤剂放入35℃左右的水中搅匀，然后放入已浸透的羊绒衫，浸泡一刻钟至半小时后，在领口处及其他重点污渍处用浓度比较高的洗涤剂涂抹，并用挤揉的方法进行洗涤，其他的部位则轻轻拍揉。

（4）用30℃左右的清水漂洗，待洗干净后，按说明放入配套的柔软剂，会使衣物的手感更好。

（5）洗后，把羊绒衫里的水挤出，然后把它放到脱水筒里脱水。

（6）脱水后，将羊绒衫平铺在铺有毛巾被的桌子上，用尺子量到原来记录的尺寸，再用手整理成原来的尺寸。然后在通风的地方阴干。

（7）阴干后，可用140℃左右的蒸气熨斗进行熨烫，但熨斗与羊绒衫

要保持0.5—1厘米的距离，不可直接将熨斗压在衣服上面，如用其他熨斗必须垫上微湿的毛巾。

## 洗涤羊绒衬衫法

羊绒衬衫可以手洗也可以干洗。手洗的方法是：将衬衣放在水盆里浸泡十几分钟，在领口、袖口等重点脏污处涂上适当的洗剂进行轻揉，再用清水洗干净，不能拧绞，应在伸展后放在衣架上让其自然阴干。如果局部出现不平整的情况，可用蒸气熨斗熨烫，如果用普通的熨斗来熨，则要垫一层薄布。

## 洗晒丝绸衣服

丝绸纤维是由多种氨基酸组成的蛋白质纤维，在碱性溶液中易被水解，从而丧失结实度。因此，洗涤丝绸衣物的时候应注意：

（1）水温不能过高，一般情况下，冷水即可。

（2）洗涤时，要用碱性很小的高级洗涤剂，或选用丝绸专用洗涤剂，然后轻轻揉洗。

（3）待洗涤干净后，加入少许醋到清水中进行过酸，能保持丝绸织物的光泽。

（4）不要置于烈日下晾晒，而应在阴凉通风之处晾干。

（5）在衣物还没完全晾干时就可以取回，然后用熨斗熨干。

## 洗涤真丝产品

织锦缎、花软缎、天香绢、金香绉、古香缎、金丝绒等不适合洗涤；漳绒、乔其纱、立绒等适合干洗；有些真丝产品还可以水洗，但应用高级皂片或中性皂和高级合成洗涤剂来进行洗涤。清洗时，如果能在水中加一点点食醋，洗净的衣物将会更加光亮、鲜艳。

具体的水洗方法是：先用热水把皂液溶化，等热水冷却后把衣服全部浸泡其中，然后轻轻地搓洗，洗后再用清水漂净，不能拧绞，应该用双手合压织物，挤掉多余水分。因为桑蚕丝耐日光差，所以晾晒时要把衣服的反面朝外，放在阴凉的地方。晾至八成干的时候取下来熨烫，可以保持衣物的光泽不变，而且耐穿，但熨烫时不要喷水，以避免造成水渍痕，影响衣物的美观。

## 洗涤蕾丝衣物

如果是一般的或者小件的蕾丝衣

物，可以将其直接放在洗衣袋中，用中性清洁剂洗涤。但比较高级一点的蕾丝产品，或者比较大件一点的蕾丝床罩等，建议最好还是送到洗衣店里去清洗。洗完后再用低温的熨斗将花边烫平，这样，蕾丝衣物的延展性才会好，其蕾丝花样也不会扭曲变形。

需要注意的是，不能用漂白剂、浓缩洗衣剂等清洗剂进行洗涤，因为它们对布料的伤害较大，从而会影响颜色的稳定度，把好的蕾丝制品糟蹋了。

## 洗涤羽绒服

（1）先将羽绒服放入温水中浸湿，另取洗衣粉约 2 汤匙，在少量温水中溶化，然后逐步加水，加到盆满为止，水温为 30℃最佳。

（2）把已经浸湿的羽绒服中的水分稍挤掉一些，放入调好的洗涤液中浸泡半小时。

（3）洗涤时，轻轻地揉搓和翻动，使沾在衣服表面上的污垢疏松并溶落下来，随后擦少许肥皂到领口、袖口、胸前、门襟等处，根据面料结构，用软刷子轻轻刷洗。

（4）刷洗干净后，再反复在清水中漂洗。在最后一遍清洗时，放 50—100 克的食用白醋到水中，这样就能使羽绒服在洗后保持色泽的光亮、鲜艳。

（5）漂洗后，把羽绒服平摊于洗衣板上，先将大部分水分挤压掉，再将衣服用干毛巾包裹起来，轻轻挤压，让干毛巾吸走其余的水分，切忌拧绞。

（6）然后用竹竿将羽绒服串起来，晾在通风阴凉之处吹干。用藤条拍轻轻地拍打干后的羽绒服，使之恢复原样。

## 洗涤纯棉衣物

因为纯棉衣物的耐碱性强，所以可用多种洗液及肥皂进行洗涤。水洗时，应使水温低于 35℃，不能长时间浸泡在洗涤剂中，以免产生褪色现象；为了保持其花色的鲜艳度，在晾衣服时，最好反晒或晾在阴凉处；熨烫时温度也应该控制在 120℃以下。

## 洗涤棉衣

先在太阳下晒 2—3 小时，然后用棍子抽打棉衣，把灰尘从衣内抽打出来，再把灰刷掉，用开水配制一盆碱水（或肥皂水），待水温热时，将棉衣铺在桌面（或木板）上，用蘸着碱水或肥皂水的刷子刷一遍，在脏的地方可以刷重一些。待全部刷遍，拿

一块干净的布，蘸着清水擦拭衣服，擦去碱水或脏东西。把蘸脏的水换掉，直擦得衣服面上干净了为止，再将衣服挂起来，晾干后熨平就可以了。如果希望棉花松软一些，可轻轻地用小棍子抽打棉衣。

## 洗涤莱卡衣物

莱卡衣物同毛涤织物、棉织物的特性比较接近，它集合了涤纶和毛的优点，褶皱回复性好、质地也轻薄，易洗快干，坚牢耐用，尺寸稳定，但手感不如全毛柔滑。应选用专用羊毛洗涤剂或中性洗涤剂，不能用碱性洗涤剂。洗涤时最好轻揉，不宜拧绞，只可阴干。高档莱卡衣服最好干洗，而西装、夹克装等则必须干洗。同时要注意防虫蛀和防霉。

## 洗涤麻类织物

麻纤维刚硬，可以水洗，但其纤维饱合力差，所以洗涤时力度要比棉织物轻些，不能强力揉搓，洗后也不可用力拧绞，更不能用硬毛刷刷洗，以免布面起毛；有色织物不能用热水烫泡，也不可曝晒，以免褪色；麻织物应该在晾晒至半干的时候进行熨烫，熨烫时应沿纬线横着烫，这样可以保持织物原来具有的光泽；不宜上全浆，以避免其纤维断裂。

## 洗涤亚麻服饰

亚麻在生产中一般都采用了防缩、柔软、抗皱等工艺，但如果洗涤方法不恰当，就会造成变旧、褪色、留皱等缺陷，影响美观。因此，必须掌握正确的方法进行洗涤。应选择40℃左右的水温，用不含氯漂成分的低碱性或中性洗涤剂进行洗涤；洗涤时要避免用力揉搓，尤其不能用硬刷刷洗；洗涤后，不可以拧干，但可用脱水机甩干，然后用手弄平后再挂晾。一般情况下，可不用再熨烫了，但是有时经过熨烫效果会更好。

## 洗涤尼龙衣物

尼龙衣物适用一般洗剂。由于尼龙衣物比较容易干，所以应晾在阴凉的通风处，不要长时间曝晒，以免使衣服变黄。晾干后垫上一块布进行熨烫，熨烫温度在120℃—130℃之间为宜。

## 衬衣最好用冷水洗

一般人认为，用热水洗贴身的衬

衣才能洗净，实则不然。汗液中含有的蛋白质是水溶性的物质，但受热后容易发生变性，所生成的变性蛋白质就难溶于水，并渗积到衬衣的纤维之间，不但很难洗掉，还会导致织物变黄和发硬。有汗渍的衬衣最好用冷水来洗，为了使蛋白更容易溶解，还可以加少许食盐到水里。

## 全棉防皱衬衫的洗涤方法

在洗涤全棉防皱衬衫时，最好把水温控制在20℃以下进行洗涤，而且要使用不含氯的洗涤剂。领子不可以用硬毛刷，只能用衣领净洗涤，否则容易引起变形。如果用洗衣机洗涤，在洗涤、脱水之后，可以用家用干衣柜烘干，也可以自然晾干，但不能用力揉搓和绞干。如果是用手洗，要记住不能用力揉搓，脱水时也不可手拧，要弄平，然后悬垂晾干。

## 洗涤内衣的方法

内衣是最贴近人体的衣服，也是人类的第二皮肤，有最佳的舒肤、保洁功能。在洗涤、晾干、打理时多注意点，可以保持它优异的穿着效果。

最好将内衣单独洗涤，这样既能防止内外衣物交叉感染或被其他颜色污染，又能有效清除污垢，疏通织物透气、吸湿的功能。

应使用中性洗剂，避免将洗衣液直接倾倒在衣物上。正确方法是先用清水浸泡约10分钟，然后进行机洗。对于一些柔和细致的高档面料，为了使它们的色彩稳定以及可用时间延长，水温应控制在40℃以下。

机洗时要先将拉链拉上，扣子扣好，再按深浅色分别装在不同的洗衣网袋内，并留有空隙、轻揉慢洗。不过，手洗更利于对超细微面料的保护。

洗好后，不要用力拧挤，可用毛巾包覆吸去部分浮水，以减少晾晒时的滴水，然后稍加拉整、扬顺后在通风处晾干。这是最好的干衣方式，因为长时间曝晒易使衣物变黄或减色。若用脱水机，应继续放置在洗衣网袋里，脱水时间不要超过30秒。

## 洗涤西装

（1）太脏的西装不宜干洗，洗涤前，应先将其浸泡于冷水中，约20分钟后，用双手大把挤出衣服中的水分，放入水温在40℃左右的中性洗衣粉液（每件1汤匙）或皂片液中，浸泡10分钟，切忌用热水（或碱性较强的肥皂水）浸泡。

（2）带水将衣服捞出，在刷洗时

要注意做到“三平一匀”，即衣服铺平、洗衣板平、洗刷走平和用力均匀。

（3）需要洗刷的重点部位包括：上衣的翻领、前襟、口袋、袖口、下摆和两肩；西裤的裤脚、前后裤片、裤袋和裤腰。

（4）衣服刷洗后，仍在洗涤液中拎洗几次，然后把洗涤液挤掉，加白醋（25 克）到温水中洗净，然后用冷水漂洗。把各部位拉直理平，挂在阴凉通风处晾干，切忌用火烤或在强光下曝晒。

## 印花被单的洗涤法

为避免被单污垢沉积，不好洗涤，得勤换勤洗。首先把印花被单放入冷水或温水中浸泡，再放入到肥皂水中洗。初洗新印花被单时选用较淡的肥皂水，但不能用力搓，由于上过浆，如果肥皂水过浓或使劲搓，会导致印花同浆水一块洗去。在第二次洗时，因浆水上次已洗干净，印花浆不会褪色，所以在洗时可用较浓的肥皂水，但不能在肥皂水中过夜，避免碱质腐蚀色泽。

## 洗涤毛毯

纯毛毯大多是羊毛制品，因此耐碱性较差，在洗涤时，要选用皂片或中性洗衣粉。先将毛毯在冷水中浸泡 1 小时左右，再在清水中提洗 1—2 次，挤出水分后，把毛毯泡入配制好的洗涤液（40℃）中（两条毛毯加入 50 克洗衣粉）上下拎涮。

对于较脏的边角，可用蘸了洗涤液的小毛刷轻轻刷洗。拎涮过后，先在温水中浸洗 3 次，再用清水进行多次冲洗，直至没有了泡沫，洗净后的毛毯还应放入醋酸溶液（浓度为 0.2%）或食醋溶液（30%）中浸泡 2—3 分钟，这样，残存的皂碱液即可被中和掉，从而使毛毯原有的光泽得以保持。

## 洗涤纯毛毛毯

纯毛毛毯一旦被污染就很难清洗干净，可先将毛毯放在水中浸泡，然后用皂液加上两汤匙松节油，调成乳状后用来洗涤毛毯。洗净后再用温清水漂洗干净，使其自然干燥。待大半干时，用不太烫的熨斗隔着一层被单把它熨平，再稍稍晾晒即可。

## 洗涤毛巾被

如果是用手洗毛巾被，用搓板来搓洗是最忌讳的，加适量洗衣粉来轻轻地揉搓是最好的办法。若选用洗衣机清洗，则要开慢速挡且水要多加，尽最大的努力减少毛巾被在洗衣桶里的摩擦。清洗完后，将水挤出或者用洗衣机甩干时，不要太用力拧绞或脱水，切记不要放在烈日下曝晒。

## 洗涤电热毯

肥皂、洗衣粉或毛毯专用洗涤剂等都可用于洗涤电热毯。洗涤时，只能用手搓，而不能用洗衣机来洗。为了避免插头、开关和调温器被浸泡在水中，只能用手搓洗。

普通的电热毯一般有两面：一面是布料，另一面是棉毯（或毛毯）。电热丝被缝合于布料和棉毯（毛毯）之间，同时被固定在布料上。

在洗涤布料面时，最好平铺开，用肥皂液或撒上洗衣粉后轻轻地刷，洗涤棉毯（或毛毯）一面时，要用手搓。为避免折断电热丝，应在搓洗时避开电热丝（用手可以在布料的一面摸到电热丝）。

清洗干净的电热毯不能拧，将其挂起，让水自然滴干。洗涤后的电热毯最好放在阳光下晒干，这样能同时起到杀菌和灭螨的作用。

使用电热毯时，一般要在上面铺上一层布毯，一方面可以缓冲热感，以防烧灼人体；另一方面则可保持电热毯干净，以减少其洗涤次数。

## 用风油精去除衣服的霉味

阴雨天洗的衣服不易干，便会产生霉味；衣服长期放置也会因受潮而产生霉味。如下方法可以消除霉味：用清水洗刷时，加入几滴风油精。待衣服干后，不但霉味会消失，而且有清香味散发出来。

## 服装除霉斑渍法

服装上非常难以清洗的霉斑，可使用漂白粉溶液或者35℃—60℃的热双氧水溶液擦拭，再用水洗干净。棉麻织品上面的霉斑，可先用1升水兑氨水20克的稀释液浸泡，然后再用水洗干净。丝毛织品上面的霉斑，可以使用棉球蘸上松节油进行擦洗，然后在太阳下晾晒，以去除潮气。

若为新渍，先用刷子刷净，再用酒精清洗。陈渍要先用洗发香波浸润，再用氨液刷洗，最后用水冲净；或先涂上氨水，再用亚硫酸氢钠溶液处理，

而后水洗，但此时须防衣物变色。

## 清洗床单上的黄斑

若床单或衣服上有发黄的地方，可在发黄的地方涂些牛奶，然后放到阳光下晒几小时，再用水清洗一遍。如果是新的黄斑，可先用刷子刷一下，再用酒精清除；陈旧的黄斑则先要涂上氨水，放置一会儿，再涂上一些高锰酸钾溶液，最后再用亚硫酸氢钾溶液来处理一下，再用清水漂洗干净。

## 清洗衣物呕吐污迹

对于不太明显的呕吐污迹，可以先用汽油把污迹中的油腻成分去除，再用浓度为5%左右的氨水溶液擦拭一下，然后用清水洗净。如果是很久以前的呕吐污迹，可先用棉球蘸一些浓度为10%左右的氨水把呕吐污迹湿润，然后用肥皂水、酒精揩擦呕吐的污迹，最后再用清水漂洗，直到全部洗净。

## 去除衣服上的尿迹

（1）染色衣服：用水与醋配成的混合液（5 ∶ 1）冲洗。

（2）绸、布类：可用氨水与醋酸的混合液（1 ∶ 1）冲洗；也可用氨水（28%）和酒精的混合液（1 ∶ 1）冲洗。

（3）在温水中加入洗衣粉（或肥皂液、淡盐水、硼砂）清洗。

（4）被单和白衣料上的尿迹：用柠檬酸溶液（10%）冲洗。

（5）新的尿迹：用温水洗净。

## 去除衣服上的漆渍

如果不慎在衣服上沾了漆，可以把清凉油涂在刚沾上漆的衣服正反两面，几分钟后，顺衣料的布纹用棉花球擦几下。去除陈漆渍时要多涂些清凉油，漆皮会自行起皱，此时即可剥下漆皮，再将衣服洗一遍，便会完全去掉漆渍。

## 清洗染发水的污渍

染发水是酸性染料中的一种，它对毛纤维的着色力很强，一旦弄到衣物上就非常难去除，若在白色衣物上，会更明显。不过根据织物纤维的一些性质，分别选用双氧水或次氯酸钠对污渍进行必要的氧化处理，就能除去了。

## 去除白色织物色渍

因衣物本身就是白色，若被污染上的颜色是牢度不强的染料，则比较容易处理一些。即使是牢度比较强的染料，由于一般不易褪色，也不容易污染其他的衣物，所以不必着急，用双氧水、次氯酸钠等就可去除。也可以用冷漂法和热漂法两种。但建议采用低温冷漂法，因为相对而言，冷漂法比较安全和平稳。另外还可采用高温皂碱液剥色法，使污染的颜色均匀地退下来，从而去除色渍。

## 去除羊毛织物色渍

在干洗羊毛织物的时候，一般不会发生串色或搭色，只是在个别的情况下或者用水清洗的时候才容易发生色渍的污染。

如果羊毛织物的色渍发生了污染，可以使用拎洗乳化的方法进行处理。选用浓度适宜的皂碱液，将其温度控制在50℃—70℃之间，先用冷水浸透衣物，再把它挤干，然后放入皂碱液中，上下反复地快速拎洗，以去掉污渍，并让整件衣物的色调均匀。然后再用40℃左右的温水漂洗两次，再用冷水清洗一次，最后要用1%—3%的冰醋酸水溶液进行特殊的浸酸处理，用来中和掉残留在织物纤维内的碱液。

洗涤后，羊毛织物一般会出现花结现象，这可以使用浸泡吊色的方法进行处理。把花结的衣物放在清水里浸泡后轻轻挤干，然后放入40℃—50℃之间恒温的平平加（学名烷基聚氧乙烯醚）水溶液中，要将衣里向外衣面向内，并随时注意观察溶液的褪色程度和温度。让衣物浸在溶液中，经过2—3小时的处理之后，待花结衣物上面的污渍全部去除后，再取出用脱水机脱水。然后把衣物放在平平加溶液里，让溶液缓慢吸到纤维内，从而恢复衣物原来的色调。最后脱水，自然风干。

## 去除丝绸衣物色渍

洗涤深色丝绸衣物（如墨绿、咖啡色、黑色、紫红等）时，用力不均、方法不当或选用的洗涤剂不当，都会造成新的特殊污渍。洗涤时，要选用质量较好的中性洗涤剂进行揉洗，不能用搓板搓洗，也不能使用生肥皂。一旦发现衣物颜色不均，就用中草药和冰糖熬成水，等水温降到常温20℃时，将出现了白霜的丝绸衣物及色花放在冰糖水里浸泡10分钟。将

衣物浸泡在茶水里40分钟，也能取得不错的效果。

对于浅色或白色的丝绸衣物，可选用优质的皂片溶液清洗，水温要控制在40℃—60℃之间，使用拎洗法，通过乳化作用清除污渍。

# 第七章　家庭养花

## 常见的有毒花卉

有些花卉外形美观或者颜色鲜艳，这些特点都让我们爱不释手。但是，养花者一定要明白，有些花是有毒的，所以，养花时须加注意，小心养护，让养花成为轻松有趣的事情。

（1）夹竹桃。这种花卉的茎、叶、花朵、花香都有毒。如果长时间闻它的气味，就会让人昏昏欲睡，智力下降。它分泌的乳白色汁液，如果被人误食也会中毒。

（2）一品红。全株有毒，特别是茎叶里的白色汁液会刺激皮肤红肿，引起过敏反应。如果误食茎、叶，会有中毒死亡的危险。

（3）虞美人。全株有毒，内含有毒生物碱，尤其果实毒性最大，如果误食会引起中枢神经系统中毒，严重的还可能导致生命危险。

（4）南天竹。全株有毒，误食后，会引起全身抽搐、痉挛、昏迷等中毒症状。

（5）五色梅。花、叶都有毒，如果误食会引起腹泻、发烧等症状。

（6）郁金香。花中含有毒碱，在其旁边待上 2—3 小时，就会有头昏脑涨的中毒症状发生，严重的还会导致毛发脱落。所以这种花家中不宜栽种。

（7）杜鹃花。黄色杜鹃的植株和花、白色杜鹃的花中均含有毒素，误食会引起中毒，严重的会危及人的生命。

（8）水仙。家庭栽种一般没有问题，但不要弄破它的鳞茎，其中含有拉丁可毒素，误食会引起人呕吐、肠炎；叶和花的汁液可使皮肤红肿，特别当心不要把这种汁液弄到眼睛里去，否则可能会导致失明。

（9）含羞草。内含毒素，接触过多，会引起眉毛稀疏、头发变黄甚至脱落。所以，不要用手指过多地拨弄它。

（10）紫藤。它的种子、茎和皮都有毒，误食后会引起呕吐、腹泻，严重者还会发生口鼻出血、手脚发冷，甚至休克死亡。

（11）仙人掌。植物刺内含有毒汁，人体被刺后会引起皮肤红肿疼痛、瘙痒等过敏性症状，导致全身难受，心神不定。

（12）光棍树。其茎干折断后流出的白色汁液能使皮肤红肿，误入眼睛内能引起失明。

（13）万年青。花、叶内含有草酸和天门冬素，误食后会引起口腔、咽喉、食道、肠胃肿痛，甚至伤害声带，导致人变哑。

## 如何选购花卉

观察整体效果。从花卉的整体外观上观察，如花卉的形态特征、植株的高度、新鲜程度、生长状况等方面是否良好，有没有萎蔫的现象，有没有枯死的痕迹，植株的大小和盆的大小是否相称。

观察花部状况。观察花的生长状况，包括花的大小和数量是否均衡，花苞是否饱满，花色是否鲜艳，花形是否完好、整齐，花枝是否健壮等。一般购买观赏类花卉植物可以买有花苞但没有开放的，这样就可以保证有更长的观赏时间。

观察茎叶状况。观察花卉的茎叶生长状况，包括茎、枝、干是否足够健壮，分布是否均匀，有没有徒长枝、秃脚或枝干上是否有伤口或受损折断现象，叶片排列是否整齐、均匀，是否有枯枝或黄叶、残叶。健康的花卉叶色浓绿繁茂，有光泽，鲜艳。枝叶失水多，干瘪的植株不要买。

观察有无病虫害状况。观察花卉上是否有病虫害留下的痕迹，比如是否有虫卵或者叶子残缺处是否有虫子导致的痕迹。还可以观察叶片上有没有黄斑、病斑现象。

观察破损状况。指植株在生产、流通过程中引起的折损、擦伤、压伤、药害、灼伤、褪色等问题。

观察土壤情况。看土壤是新还是旧，由此看上盆时间，以购买上盆时间较长的花为佳。上盆不久的花卉，根系因受到损伤，容易受到细菌的侵入，如果养护不当，就会影响到花卉的生长和成活。可以在买花的时候晃动花盆，如果花卉根部土壤有松动，就说明是上盆不久的。买仙人掌等多浆类植物，要看它们的土壤是否干燥，不要买盆土潮湿的，因为在潮湿环境中，这类植物很容易烂根。

挑选好买花的时间。不同的季节适合买不一样的花，比如春天购买多浆类植物容易成活。栽培难度大的植物在晚春到仲秋之间买比较好，这个时期有利于植物的成活。

## 掌握小窍门把花请回家

刚刚买来的花非常娇贵，一定要小心把花请回家，不要让它受伤害。

（1）刚从花店里买的花，要请销售人员把花用纸包好，以免在途中被风吹坏或叶片被碰上。同时纸还有保温的作用，尤其是冬季买花的时候，要适当地包厚一些，防止植株被冻坏。在夏季的时候也要用纸包上，这时纸可以起到遮阳作用，否则花卉很容易被晒坏。

（2）包好后的植物应该放在一个不容易受到挤压的地方，比如可以把它放入坚固的盒子里，防止不小心压坏或折断。

（3）花卉搬到家后一定要马上栽上，不要拖延太长时间。

（4）植物对新环境会有一个适应的过程，在前一两周内不要让它受到阳光直射，放在稍阴的地方，也不要过多浇水。如果发现植物叶片有脱落，不必惊慌，这是正常现象。

## 适宜客厅摆放的花卉

客厅是家庭中最常放置植物的空间，最具视觉效果，最昂贵的植物都应该放置于此。客厅中的植物主要用来装饰家具，以高低错落的自然状态来协调家具单调的直线状态。而配置植物，首先应着眼于装饰美，数量不宜多，太多不仅杂乱，而且对植物生长不利。植物的选择必须注意大小的搭配。此外，室内的植物应靠边放置，以便于人们走动。

客厅摆放的植物宜株形端庄、舒展，以暖色为主。可以是观叶的澳洲杉、橡皮树、龟背竹、绿萝、散尾葵、巴西铁、棕竹；观花的火鹤花、金苞花、蟹爪兰、爪叶菊、大叶蕙兰。象征吉祥如意、贵宾临门的仙客来，寓意百年好合的百合花等，都可在宾主之间营造出温馨气氛和亲切感觉。在数量和体量上可以适当多些、大些，在几架上也可点缀吊兰、常春藤等洒脱多姿的悬垂植物，或摆放别致的树木盆景及插花。

## 适宜卧室摆放的花卉

卧室是供人们睡眠与休息的场所，宜营造幽美宁静的环境。摆放花卉应考虑以下几点：

（1）可摆放一些中小体形、清秀优雅的植物，如文竹、吊兰、鸭跖草、常春藤、绿萝、竹芋等。

（2）一些香味优雅的花卉也是理想的选择。

花卉分泌的芳香油含多种杀菌物质，益于人体健康，还能使人心境平和，精神愉悦，利于睡眠。如菊花可治头痛；茉莉可减轻暑热；玫瑰油和茉莉油均有很强的杀菌能力；桂花可平喘、止咳、消炎抗菌。香叶天竺葵油有镇静作用，可以改善睡眠，治疗神经衰弱；另外，栀子花、兰花、蜡梅、米兰、水仙等都是清芬四溢，令人愉快的香花。

（3）如果卧室的空间不够大、空气不够流通，就不宜放置过多植物，以免造成与人争氧的局面。可以养一些在夜间净化空气的花，常见的有虎皮兰、虎尾兰、舌尾兰、凤梨、芦荟、景天树（玉树）、长寿花、掌类植物等。

## 适宜书房摆放的花卉

书房是读书、写字、绘图、用电脑的房间，是文雅、静谧和有序的地方，要以文静、秀美、雅致的植物来渲染文化气息，如文竹、吊兰、棕竹、芦荟、绿萝、常青藤等。或摆放小山石盆景，这会给文静的书房增添一份幽雅，并能缓和视力疲劳和脑神经的紧张。

在书房的写字台上宜摆放文竹，书橱上适合摆放吊兰、常春藤。文竹叶片碧绿，枝叶展开似片片云松，给人一种宁静、雅致之感。吊兰、常春藤的绿色叶片垂挂在书橱前，显得更加婀娜多姿。还可摆放香石竹、茉莉，既可提神健脑，又能增添书房内的幽雅气氛。

## 适宜厨房摆放的花卉

厨房环境应考虑清洁卫生。植物植株也应清洁、无病虫害、无异味。厨房因易产生油烟，摆放的植物还应有较好的抗污染能力。

（1）冷水花、吊兰、红宝石、鸭跖草和绿萝。

烹饪过程中产生的油烟，除一氧化碳、二氧化碳和颗粒物外，还会有丙烯醛、环芳烃等有机物质。其中丙烯醛会引发咽喉疼痛、眼睛干涩、乏力等症状。过量的环芳烃会导致细胞突变，诱发癌症。为了让烹饪者的身心更健康，厨房绿化迫在眉睫。在绿化艺术布置上可选择能净化空气，特别是对油烟、煤气等有抗性的植物，如冷水花、吊兰、红宝石、鸭跖草等。可将它们布置在离煤气灶较远之处或悬吊在没有油烟直熏的平顶上。吊兰和绿萝有较强的净化空气作用，还具有驱赶蚊虫的功效，是厨房植物的理想选择。也可以将它们摆放在冰箱上。

（2）康乃馨：餐桌上的康乃馨更能感受母亲的温柔。

康乃馨的天生丽质应是其受宠的主要原因，是献给母亲的佳品。不同颜色的康乃馨也代表着不同的情感。红色康乃馨：用来祝愿母亲健康长寿。黄色康乃馨：代表对母亲的感激之情。粉色康乃馨：祈祝母亲永远美丽年轻。

最时尚且不失温馨的摆法是随意地将一大捧插在棱角方正的花瓶中，摆放在餐桌上。假如你家的厨房与餐厅中间有一个开放式地带的话，那就更妙了，将康乃馨放置在这个隔断的

空间里，更能时刻感受到母亲的温柔与关爱。

（3）风信子：点燃烹饪时的俏皮。

被誉为“西洋水仙”的风信子，其名源于希腊神话中的植物神雅辛托斯（Hyacinth）。风信子的花语为：喜悦、爱意、幸福、浓情。

在国外，风信子的花语为“只要点燃生命之火，便可同享丰盛人生”。这话正好道出了风信子的芳容和内涵。如此俏皮的小花束，适合放在厨柜上或者餐桌上，别有一番生活情趣，而且还能起到一定的清新空气的作用。

## 适宜卫生间摆放的花卉

卫生间要求耐阴湿、叶面柔软特别是要无毛、无刺的植物。适合摆放在家庭卫生间的花卉植物品种，因为它们各自的吸收功能不同有：

（1）具有吸收甲醛作用的植物，如吊兰、芦荟、龙舌兰、虎尾兰等。

（2）具有吸收苯作用的植物，如常青藤、铁树等。

（3）具有吸收三氯乙烯作用的植物，如万年青、雏菊、龙舌兰等。

（4）具有吸收二氧化硫作用的植物，如月季、玫瑰等。

（5）具有吸尘作用的植物，如桂花。

（6）具有杀菌作用的植物，如薄荷。

## 温度和养花的关系

温度是各类花卉生存的重要条件。不论其他环境条件如何适宜，如果没有适合的温度条件，花卉就难以生存。每种花卉的生长发育都有其最适温度、最高温度和最低温度。根据花卉原产地的情况，大体上可将花卉分为高温类、中温类、低温类。

（1）高温类。如米兰、一品红、瓜叶菊、大岩桐、北挂金钟等。在华北地区养殖，冬季室温最低要保持在12℃以上。

（2）中温类。如白兰、茉莉、扶桑、天竺葵等，冬季室温不得低于5℃。

（3）低温类。如夹竹桃、桂花、金橘、代代、苏铁等，冬季室温不低于0℃即可。温度过高或过低，花卉的正常生理活动都会遭到破坏，生长就会停止，严重时会整株死亡。

## 光照对花卉生长发育的影响

按照花卉对光照强度不同的要求，大体上可将花卉分为阳性花卉、中性花卉和阴性花卉。

（1）阳性花卉。大部分观花、观果花卉都属于阳性花卉，如玉兰、月季、石榴、梅花、紫薇、柑橘等。在观叶类的花卉中也有少数阳性花卉，如苏铁、棕榈、变叶木等。多数水生花卉、仙人掌与多肉植物也属阳性花卉。凡阳性花卉都喜强光，而不耐蔽荫。如阳光不足，则易造成枝叶徒长，组织柔软细弱，叶色变淡发黄，不易开花或开花不好，易遭病虫害。

（2）阴性花卉。在庇荫的环境条件下生长得好，如文竹、茶花、杜鹃、玉簪、绿萝、万年青、常春藤、大岩桐、龟背竹、秋海棠等，如长期处于强光照射下则枝叶枯黄，生长停滞，严重的甚至死亡。

（3）中性花卉。在阳光充足的条件下生长得好，但夏季光照强度大时需稍加蔽荫，如桂花、茉莉、白兰、八仙花等。综上所述，各种花卉对光照要求不尽相同，而且即使是同一种花卉，在生长发育的不同阶段对光照的要求也不一样，幼苗需光量通常逐渐增加，阳性的菊花却要求在短日照的条件下形成花蕾。

## 光照对花芽分化的影响

一般来讲，花卉植物可以在10℃—35℃的温度条件下进行光合作用，其中最适宜的温度为20℃—28℃。按照花对光照时间长短的要求，可将花分为三大类。

（1）长日照花卉。一般每天的日照时间需要在12小时以上才能形成花芽的，叫作长日照花卉。在春夏季开花的花卉，多属于长日照花卉，如鸢尾、翠菊、凤仙花等。

（2）短日照花卉。每天日照时间必须在少于12小时的条件下才能形成花芽的花卉，叫作短日照花卉。一品红和菊花是典型的短日照花卉，它们在夏季的长日照下只能生长，不能进行花芽分化，入秋之后，当光照减少到10—11小时以后才开始进行花芽分化。

（3）中日照花卉。花芽形成对白天日照长短要求不严格的花卉，叫作中日照花卉，如马蹄莲、香石竹、百日草、月季、扶桑等。它们对光照时间的长短没有明显的反应，只要温度合适，一年四季均可开花。

## 吊兰如何养护

吊兰又名钩兰、挂兰、兰草参、折鹤兰等，属百合科，原产南非，被誉为居室中的“净化器”。

近缘种：金边吊兰、金心吊兰、银边吊兰。

适合范围：对居住面积没有限制。

主要功能：可消除屋内的甲醛污染，而且具备强大的吸污本领。

形态特征：多年生常绿草本，地下根肉质、肥厚。叶形如兰，茎端小苗似礼花四溢，十分雅致，是居室内吊挂观叶的良好植物。

养护方法：吊兰喜温暖湿润的半阴环境，不耐寒，怕烈日曝晒。适宜温度在15℃—20℃之间，冬季应高于5℃。对土壤要求不严，但必须排水良好。要选用中性培养土做盆土，用可以悬吊的中小型花盆栽植。

居室内摆上一盆吊兰，在24小时内可将室内的一氧化碳、二氧化碳、二氧化硫、氮氧化物等有害气体清除近80%，起到空气过滤器的作用。

## 金琥如何养护

金琥又名象牙球，属仙人掌科，原产墨西哥中部。

适合范围：刚装修过的居室、书房或40—150平方米客厅内。

主要功能：吸收甲醛、乙醚等装修时产生的有毒有害气体，吸收电脑辐射。

形态特征：多年生肉质植物，茎圆球形，大型，高30—120厘米，径可达100厘米。

单生：茎球有棱整齐排列，刺座较大，具放射状硬刺，长约3厘米，金黄色。

养护方法：金琥喜欢光照充足和高温的环境。不耐夏季烈日直射，不耐寒。要求含有石灰质的沙质土壤。越冬温度8℃以上，定期向球体喷洒水雾。养护数十年能育成巨大的茎球，非常壮观。在40℃—50℃的高温下，如没有烈日直射，仍生长良好。

由于仙人掌科类植物可以吸收甲醛、乙醚等装修时产生的有害气体，因此最适合室内养植。它可以24小时释放氧气，吸收电脑辐射。

## 虎尾兰如何养护

虎尾兰又名虎皮兰、千岁兰、虎尾掌、锦兰等，属龙舌兰科，原产非洲热带和印度。

近缘种有金边虎尾兰、短叶虎尾兰。

适合范围：观赏价值较高，盆栽布置厅堂、会场均宜。

主要功能：对甲醛的吸收能力超强。

形态特征：虎尾兰为多年生肉质草本植物。具匍匐的根状茎，褐色，半木质化，分枝力强。叶片从地下茎生出，丛生，扁平，直立，先端尖，剑形。叶色浅绿色，正反两面具白色和深绿色的横向如云层状条纹，状似虎皮，表面有很厚的蜡质层。花期一般在 11 月，具香味。

养护方法：虎尾兰喜光，可以承受阳光直射，应放在通风良好的向阳处，但也耐阴，只是长时间遮阴条件下叶子会变得发暗。其适宜温度是 18℃—27℃，低于 18℃即停止生长。冬季温度也不能长时间低于 10℃，否则植株基部会发生腐烂，造成整株死亡。

虎尾兰是天然的清道夫，可以清除空气中的有害物质，虎尾兰可吸收室内 80% 以上多种有害气体，特别是在对付甲醛上颇有功效。

## 龟背竹如何养护

龟背竹又名蓬莱蕉、电线兰、龟背芋，属天南星科多年生常绿藤本植物，原产南美洲。

近缘种：多孔龟背竹、洞眼龟背竹、斑纹龟背竹等。

适合范围：适合在面积较大的客厅美化环境，不适合放在卧室。

主要功能：夜间有很强的吸收二氧化碳的能力。

形态特征：其茎粗壮，节多似竹。叶互生，叶片近圆形，巨大，幼叶心脏形，无穿孔，长大后在其大型的叶片上呈龟甲形散布许多长圆形孔洞和深裂。

养护方法：喜温暖、湿润环境，喜半阴，忌阳光直射，喜肥沃、富含腐殖质的沙壤土。适生温度在 20℃—25℃之间，越冬温度高于 8℃为宜。平时的土壤宁湿勿干，空气干燥时可向叶面、地面喷水。植株长大后需给予其支架或沿物攀缘。

## 发财树如何养护

发财树的养护平时只要注意不让阳光直射，少浇水就可以了。其栽培要点如下：

（1）温度。冬季最低温度 16℃—18℃，低于这一范围叶片变黄脱落；10℃以下容易死亡。

（2）光线。发财树为强阳性植物，在海南岛等地均露地种植。但该植物耐阴能力也较强，可以在室内光线较弱的地方连续欣赏 2—4 周，而后放在光线强的地方。

（3）水分。在高温生长期要有充足的水分；但耐旱力较强，数日不浇水不受害。尤忌盆内积水。冬季应减少浇水。

（4）空气温度。生长时期喜较高

的空气温度，可以时常向叶面少量喷水。

（5）换盆。根据需要可于春季换盆。

## 富贵竹如何养护

富贵竹为喜阴植物，是民间认为的吉祥植物之一。对于空气净化能起到比较好的作用，其养护方法如下：

（1）施肥。富贵竹盆栽可用腐叶土、菜园土和河沙等混合种植，也可用椰糠或米糠和腐叶土加少量干鸡粪、猪粪做培养土。每盆栽3—6株为宜，每2—3年换盆一次，换土施花生腐熟肥料、鸡粪、猪粪或复合肥，使其生长壮旺，每20—25天施一次氮、磷、钾复合肥。

（2）浇水。夏季每天喷水一次，洗净叶面灰尘，提高湿度；平时喜湿润，生长季节应保持土壤湿润，并常向叶面喷水，但水多会徒长，影响美观，一般保持土壤湿润。

（3）控光。富贵竹喜半阴，适宜在明亮散射光下生长，在强光下叶尖发黄，叶片会被灼伤，尤其在4—9月要避免强光直射、曝晒或过于干旱，否则叶片焦枯、无光，平时喜欢适当的阳光，一般放置在背北向阳的阳台较好，每天光照3—4小时，以保持叶色鲜明。

（4）保温。富贵竹性喜高温、抗寒力强，生长适温20℃—30℃。夏季高温多湿季节，对其生长十分有利，越冬温度8℃以上。

## 盆花修剪三法

摘心。也叫去尖、打顶，是将花卉植株主茎或侧枝的顶梢用手掐去或剪掉，破除植株的顶端优势，促使其下部腋芽的萌发，抑制枝条的徒长，促使植株多分枝，并形成多花头和优美的株形。

抹头。橡皮树、千年木、鹅掌柴、大王黛粉叶等大型花卉，植株过于高大，在室内栽培有困难，需要进行修剪或抹头。通常在春季新枝萌发之前将植株上部全部剪掉，即为抹头。抹头时主干留高还是留低，视花卉种类而定。

疏剪。包括疏剪枝条、叶片、蕾、花和不定芽等。当花卉植株生长过于旺盛，导致枝叶过密时，应适时地疏剪其部分枝条，或摘掉过密的叶片，以改善通风透光条件，使花卉长得更健壮，花和果实的颜色更艳丽。盆栽花卉还应当经常疏剪植株上的枯黄枝条、叶片和受病虫危害的叶片，以使株形显得整齐、美观。带斑纹及花叶的观叶花卉品种是绿色植株芽变形生成的，绿色枝条的长势比带斑纹及花叶的枝条旺盛，应及时修剪掉，以免绿色枝叶覆盖住带斑纹及花叶的枝条。应注意的是五针松等针叶树不宜摘除叶片。

茶花等盆花常形成过多的花蕾，为使这类盆花开好花，可适当地疏除花蕾。疏除花蕾要尽早进行，以免消耗营养成分。一般应在花芽与叶芽刚刚能够区分开时进行，每一小枝留1—2朵花即可，多余的花蕾全部掰掉。对于不准备收获种子的盆花，对开放过后的残花应及时剪掉，以免消耗营养。

## 盆花选用什么样的土壤好

盆栽花卉，由于它的根系只能在一个很小的土壤范围内活动，因此对土壤的要求比露地花卉更为严格。一方面要求养分尽量全面，在有限的盆土里含有花卉生育所需要的营养物质；另一方面要求有良好的理化性状，即结构要疏松。持水能力要强，酸碱度要合适，保肥性要好。正是因为如此，养花时应尽量选择有良好的团粒结构，疏松而又肥沃，保水、排水性能良好，同时含有丰富腐殖质的中性或微酸性土壤。这种土壤重量轻、孔隙大、空气流通、营养丰富，有利于花卉根系发育和植株健壮生长。如果把花卉栽种在通气透水性差的黏重土里，或栽在缺少营养，保水保肥性又差的纯沙土里，或栽在碱性土壤里，对于绝大多数花卉来说，都易导致生长衰弱，甚至死亡。但是上面谈到的土壤条件，是任何一种天然土壤所不具备的。因此盆花用土，需要选用人工配制的培养土，这种培养土是根据花卉植物不同的生长习性，将两种以上的土壤或其他基质材料，按一定比例混合而成的，以满足不同花卉生长的需要。

## 怎样判断盆花是否缺水

浇水是养花的一项经常性管理工作，盆土是否缺水一件较难掌握的事。下面就介绍几个判断盆花是否缺水的小技巧。

（1）敲击法。用手指关节部位轻轻敲击花盆上中部盆壁，如发出比较清脆的声音，表示盆土已干，需要立即浇水；如发出沉闷的浊音，表示盆土潮湿，可暂不浇水。

（2）目测法。用眼睛观察一下盆土表面颜色有无变化，如颜色变浅或呈灰白色时，表示盆土已干，需要浇水；若颜色变深或呈褐色时，表示盆

土是湿润的，可暂不浇水。

（3）指测法。手指轻轻插入盆土约 2 厘米深处摸一下土壤，感觉干燥或粗糙而坚硬时，表示盆土已干，需立即浇水；若略感潮湿、细腻松软，表示盆土湿润，可暂不浇水。

（4）捏捻法。用手指捻一下盆土，如土壤粉末状，表示盆土已干，应立即浇水；若成片状或团粒状，表示盆土潮湿，可暂不浇水。

以上测试方法均为经验之谈，它只能告诉人们盆土干湿的大概情况，如需要准确知道盆土干湿程度，可购一支土壤湿度计，将湿度计插入土里，看到刻度上出现干燥或湿润等字样，便可确切知道何时该浇水。

## 盆花巧保湿两法

取一只比花盆大的盆罐，在底部铺上含水丰富的湿黄沙或湿纸巾、碎布等。把盆花放入后，在花盆与盆罐之间再填满湿纸沙，这样水分就会通过花盆底孔或盆壁渗透到盆土中，以保持盆土湿润。

取一盆水紧挨在盆花旁边，拿一条毛巾，一头浸在水盆中，另一头埋到花盆中，水分就通过湿毛巾将水扩散到盆土中，这样可保证水分供应，又不致盆土过湿。

## 花卉萎蔫后如何挽救

盆栽花卉，由于盆内蓄水较少，忘记浇水，特别是炎夏漏浇水，常易引起叶片萎蔫，如不及时挽救，往往会导致植株枯萎，如挽救不得法，有时也会造成植株死亡。正确的做法是发现叶片萎蔫时应立即将花盆移至阴凉处，向叶面喷些水，并浇少量水。以后随着茎叶逐渐恢复挺拔，再逐渐增加浇水量。叶片萎蔫时若一下子浇过多的水，就有可能导致植株死亡。这是因为花卉萎蔫后大批根毛遭到了损伤，因而吸水能力大大降低，只有生出新的根毛后，才能恢复原来的吸水能力。与此同时，萎蔫使细胞失水，遇水后，细胞壁先吸水并迅速膨胀，原生质后吸水，膨胀速度缓慢，如果这时猛然浇大量的水，就会造成质壁分离，使原生质受到损伤，因而引起花卉死亡。

## 有的花为什么不开花

有的花不开花有很多种原因，常见的主要包括以下几点：

（1）水肥过量或不足。花卉生长期间，若水肥过量，易引起枝叶徒长，营养物质多用于营养器官的根、茎、叶上去了，而花、果实或种子缺乏养分，影响花芽形成，导致不开花或开花很少。孕蕾期施肥过浓，浇水忽多忽少，易造成落花落蕾。花卉生育期，若缺肥少水，植株生长不良，也易造成开花少，花质差。

（2）光照、温度不适宜。由于花卉原产地不同，所以生态习性各异。有的喜光热，有的喜半阴，有的喜温暖，有的喜凉爽。如果各自所需的生长条件得不到满足，也易引起落花落蕾，开花少。

（3）土壤含盐碱量高。大多数花卉喜微酸和中性土壤，怕盐碱。较耐盐碱的花卉，如天竺葵、月季等，在土壤含盐量超过 0.1%，pH 值超过 7.5 时，生育和开花也受影响。

（4）生长期不整形修剪。花木生长期不修枝整形，既影响美观，又消耗大量养分，影响花芽形成，造成不开花或开花少。

（5）冬季室温过高。若室温过高，影响花木休眠或使之过早发芽抽叶，消耗养分，翌年会生长衰弱，不开花或花朵小或凋落。

（6）受到病虫害侵袭。花卉生育期易遭病虫危害，影响养分积累，生长受阻，造成落花、落蕾。

针对以上原因，合理浇水施肥，调节好盆花生长环境，合理进行修剪，并防治好病虫害，便可以解决养花不开花和落花、落蕾的问题。

## 什么时候浇水好

许多人认为天热时早晨、傍晚浇水好，实际上无论什么季节都是早晨浇水合适。原因是无论什么季节，盆土晒了一天，盆里温度很高（即使是冬天，晒过的盆也是相当热的），而疏松的盆土又致使散热很慢，傍晚水温与土温的温差大，浇水对根伤害较大（中午浇水更是万万不行）。而早上浇水，经过一夜散热，盆土降温，和水温相近，根系自然舒服。浇完后，充足的水分正好满足阳光照射下植物的水分需求。到了晚上，盆土由湿到润，正适合植株生长。所以，早上浇水符合植物生长习性，当然对植物有利。

# 第八章　房产购置与过户

## 选择小户型的“门道”

购买小户型千万马虎不得，其中的门道实在是不少，一招不慎就可能买回一套不理想的房子。那么购买小户型到底要注意哪些问题呢？

（1）交通便利是关键。从小户型的最终居住人群来看，自住者大多是工作时间不长，手中无太多积蓄的年轻白领，而租住小户型的人群以收入较高的年轻白领、高级商务人员以及外籍人士为主，他们的共同点是对交通以及周边的配套设施有较高的要求。所以选择小户型自住或投资，首选交通便利、配套设施完善的地段。

（2）以“实用至上”为目标。选择小户型一定是实用至上，在可居的基础上追求宜居。小户型因其面积不大，设计上的不合理很容易将其不足之处放大。

在设计理念上，内部空间利用要高度紧凑化、设计要精细化，“像设计飞机客舱一样设计住宅”“半间房”“多功能房”等设计理念的运用就在舒适与紧凑间达到整体平衡。目前在售的小户型有些是明厨、明卫，赠送露台，在选择时一定要注意其户型设计是否紧凑合理，以符合自身需要为先。

小户型设计在于一个“巧”字，居室如何布局有讲究。比如厨房和卧室适当隔开，就有助于提高居室的舒适度，这往往也是很多小户型在设计时忽略的。

（3）选好楼层很重要。小户型以小高层或高层为主，在选房时要弄清楚所购买的小户型每层户数、公用电梯数等，这对追求生活快节奏的人尤为重要。

因其容积率较高，选择楼层也是关键点。

很多人容易在楼层选择上步入种种误区。例如，有不少人认为高层空气新鲜，空气污染度低，20层的楼房很多人愿意选择十层以上的。但专家分析，高度在30米以上空气质量反而更差。

一般来说，楼房的排风口都设在高层，钢筋混凝土结构也会迫使来自电器设备的电波沿着楼房循环，相当一部分是往上走，直至顶层。

另外，高层对电梯的依赖性很大，一旦电梯出问题，上下楼成了大问题，而且一旦失火，救援起来也较为困难。

当然低楼层也有光照不足、潮湿、空气循环减缓、空气质量差等问题，专家建议，购买六、七层位置最佳。但这也要视小区的具体情况而定，如楼间距等，都是挑选楼层的重要参考因素。

## 十大“利器”教你轻松验房

可以说房子的每一砖每一瓦都是购房人心之所系。如果自己不是行家，又找不到专业人士陪同收房，有了以下十大“利器”，收房就变得轻松，容易搞定。

（1）榔头。在新建房屋主体结构验收中，可以拿小榔头轻轻敲击已经初步粉刷的墙壁，听到“空空”的声音，说明此处水泥砂浆未抹均匀或用量不够。内墙面抹灰层部分开裂、起砂，这些情况说明房屋质量不合格。如果听到沉闷的碰击声，则说明质量没有多大问题。

（2）手电。用途是勘察房屋主体结构方面，看墙壁是否平直，有没有凸出或者凹陷的部分。用手电抵住墙壁底部，往上照去，出现阴影的部分就是有问题的地方。同时还可以在烟道、通风口中用手电查看是否存有建筑垃圾。

（3）打火机。验房时，一般在厨房、卫生间的排气通道上已经有预留的孔洞。通过使用打火机可以检测排气通道是否正常。

（4）卷尺。它在验房时作用很大，可用来测量顶梁、窗框、卫生间高差、层高和房屋面积。

（5）电笔。验房的时候要带上电笔或者三相插排，有指示灯的最好，主要用来检查插座。可用电笔或者插排放入预留电源插座里。

（6）笤帚。未使用过的油漆刷，小的扫地笤帚，它们有何用途呢？主要是为了清扫地面与墙壁夹角处的建筑尘土。千万别小看这层尘土，清理完之后有可能会看到裂缝、坑洼，有甚者还能发现钢筋露在外面！在精装修的房子里，清扫地面的灰土之后，看看是否有地板破损、裂缝等问题。购房者记得要把发现的问题做记录，拍照为证也可以。

（7）软管。一般在验房时，水电都已经开通。业主可打开每个水龙头查看是否有水流出，用容器盛些水再倒入每个排水管口中，直观判断排水管是否通畅。

（8）乒乓球。乒乓球的主要用途是测量卫生间地面的坡度。在卫生间放置一个乒乓球，观察球体是否往地漏的方向滚动，用此方法来检查其排水坡度。在此之前，最好先简单清理一下地面，以免乒乓球被小石块阻挡去路。

（9）眼睛。这里的眼睛，实际上是精准地查找问题所在的意思。是要业主凭借眼力来观察地上、地下远近粗细等各物。

（10）粉笔。千万别小看粉笔，

这是一个最实用的工具。在验房时发现以上问题后，业主应使用粉笔及时在显著位置标注，以便于施工方进行维修。

## 小心楼市销售四大陷阱

（1）内部认购陷阱。内部认购是指房地产开发商小规模、不公开地预售商品房。由于内部认购的商品房价格相对较低，从而吸引了许多买房人士。然而，内部认购的商品房是在开发商未取得《商品房预售许可证》的情况下销售的，是不受法律保护的，购房者的权益也无法受到法律保障。

防陷绝招：既然购房者明白了内部认购是不合法的变相销售，那么最好不要购买这类商品房。至于想买低价房的人士或投资者，应选择信誉好、实力雄厚、大品牌楼盘，相对安全一些。

（2）配套设施陷阱。指房地产开发商提供的配套设施，在房屋销售时看似正常运作，在业主入住后就难以避免存在的陷阱。

防陷绝招：购房者应冷静分析各种配套设施存在的可能性和合理性，不为表面现象所迷惑。调查教育设施是否为教育行政部门所认可。看周围是否有替换的配套设施。假如缺乏上述措施，一旦开发商提供的配套设施不配套，麻烦就多了。

（3）合同空白处陷阱。合同可能会有空白的地方，合同留有空白处是指房屋买卖合同留有空白处，为开发商作弊提供了条件。

防陷绝招：购房者签订合同时，一定要耐心看完全文，遇到空白处应填上自己应有权益的内容。如无须填写时，也应画上横线。防止对方在空白处私自填上对其有利的内容。

（4）广告陷阱。预售合同与广告不符，是指房地产开发商的商品房预售合同的内容与广告宣传不一致。造成合同与广告不符的原因，有房地产开发商的，也有房地产销售代理商的。而购房者因常被图文并茂的广告吸引，草率签订合同，却不仔细阅读合同，想当然地认为广告宣传的内容应当记载于合同中。

防陷绝招：要避免这种陷阱，就只有把广告宣传的内容全部载入正式的合同中，才有保证。

## 购房的十二个细节

对于购房者而言，实地查看的重要性已不用多说，地理位置、交通条件、周边环境等都需要一一搞清。那么再往细里看，要注意以下细节问题：

（1）看房时不但白天看，晚上也要看。如入夜后房屋附近的环境和噪音状况怎样，照明设施效果如何等。

（2）晴天看，雨天也要看。雨天看房可以看出房屋门窗、墙壁、屋顶等有无进水、渗漏现象，特别是连续几天下雨后，再好的伪装也会暴露无遗。

（3）看建材，还要看格局。房屋功能是否有效发挥有赖于格局的设计是否合理周全。理想的住房格局应该是打开房门进入客厅、餐厅、厨房，卧室不正对客厅，房间的活动区与休息区分隔合理。

（4）既看墙面，又看墙角。墙面是否平整，可以大致看出建筑安装质量水平的高低，从而判断整体建筑质量。墙角必须方正，因为墙角承受的是房体结构上下左右的力量，同时对房屋装修也很重要。

（5）看做工，再看装潢。做工状况是质量水平的体现，尤其要注意接角、窗沿、墙角、天花板等做工处理是否细致精巧，切莫让漂亮的装潢掩盖了质量。

（6）看电梯，也要看楼梯。电梯方便与好质量是日常生活的重要保证。而万一发生意外，楼梯是唯一的逃生之路，不可大意漏查。要注意楼道是否畅通，是否有杂物堆放不便通行的现象。这些细节足以考察物业管理的水平如何。

（7）看窗帘，还要看窗外。应拉开窗帘看一下窗外的通风、采光、排气等情况。尤其是通风、采光已成为时下购房的重要参考因素。

（8）要仔细查看电路布置、电线粗细及插座、开关安置是否科学合理、方便实用和是否留有余地。

（9）要向楼层管理、保安人员及周围住户了解房屋周边环境的管理、治安、文化氛围、居民结构等状况，做到知己知彼，心中有数。

（10）仔细查看各房间的地面是否平整光洁，是否会出现积水漏水现象，是否需要进一步改进。

（11）要仔细考察厨房及厕所的设备安装情况。因为房里的水、电、气等都集中在此，最容易出现堵、漏等问题，不可大意而留下后患。

（12）要注意丈量房间的高度。房子空间太低，容易给人造成压抑的感觉。通常合理的房间高度为 2.7 米以上。

## 高层和低层各有优缺点

低层是老年人的首选，方便是最重要的因素。老年人出行困难，住低层方便走动，电梯坏了也不受影响。

尤其是现在还有很多楼盘的最底层都附送花园,老人大多空闲在家,种种花,养养草,也很惬意。另外,对老人来说,住在高层还可能出现缺氧导致心脏不适、站在阳台上头晕目眩等身体问题。

但是低层也有非常大的缺陷。一是噪音问题。虽然低层有障碍物和绿化带的过滤，但是如果靠近马路边，噪音会很大。二是灰尘多。有从楼上掉下的灰尘,有从马路上跑来的灰尘。尤其是带花园的底层，楼上的住户会不时丢东西下来，打扫卫生成了住户头痛的事情。三是卫生间的气味很难消除。而且一旦楼上有人家水管跑水,底层住户最倒霉,水漫金山是肯定的。四是采光不好。低层住户采光上都会受到一定的影响，许多楼盘楼距都不够开阔，不是前面挡着就是后面遮着,低层总是在高楼的“照顾”之下。五是潮湿。这点对于老人的身体更不太好。

很多高层楼房超过了15层，这些楼盘由于外观时尚、现代，非常受年轻人的喜爱。年轻人喜欢住高层，那里视野开阔，抬眼望去一览无余，无拘无束；空气新鲜，远离马路、嘈杂的人群，拥有良好的私密性，可以独自享受自己的空间。由于高层楼房对建筑的要求非常高，防震、水压等方面设计的难度加大，所以开发成本相对更高，价格自然就很高。即便如此，高层住宅也大受欢迎，现在顶层大多会送露台，有些人完全是喜欢大露台而买顶层的房子。

高层可能存在的缺点：

（1）容易漏雨，如果顶层防水层做得不好，下雨天会出现漏雨现象。

（2）可能会被雷击。

（3）太高会缺氧。长期居住在那里会对身体有影响。

（4）电梯出现故障，无法正常生活。

（5）会担心地震。

（6）顶层冬天冷夏天热。

## 如何正确看沙盘

朝向。首先要分清南北朝向和东西朝向，因为这关系到房子的采光、通风等关键问题。

比例。确定沙盘是否按照实际规划比例制作，合乎规格的沙盘中能够看清楚楼间距和小区内道路布置等基本问题。

绿化。沙盘好看的原因是通常会有大面积的绿化，要问清沙盘中绿化的建设与实际是否一致，因为很多沙盘中的绿化与实际出入很大。

停车位。问清沙盘上停车场和地下车库的具体位置以及车位与户数之

间的比例，以便根据自己的需要选择临近或远离停车场的房子。

未标注建筑物。沙盘上会有一些方块形的“小摆设”，切记问清它们的用途，因为它们很可能是垃圾房和变电箱之类的设施。

周边道路。了解沙盘中显示的小区周边道路是否真实存在、道路的建设进度及开通时间，这对今后的出行便利程度很重要。

## 房贷还完后如何拿回产权证

现在多数房屋都是在期房阶段就开始销售的。一般来说，从向银行贷款购买期房开始到最终还完贷款、领回完全属于自己的产权证为止，要经历以下过程：

首先交首付款，签买卖合同，这步是需要和开发商协作完成的。在签订好购房合同后，就该办理购房贷款了。由于期房无法办理产权证，在房子修好、产权证办下来抵押给银行之前，开发商、银行、购房者三方会签订一个抵押合同，由开发商向银行做一个阶段性的担保，这个时间或者一两年，或者三四年。等房子可以入住、产权证办下来之后，开发商就会把产权证直接交给银行做抵押，从这时起，产权证实际就已经和开发商没有关系了。这是一个一般化的流程，在实际操作的过程中也会出现多种情况。如果购买的是现房，就没有开发商阶段性担保这一步骤，只剩下购房者和银行双方的关系。

根据产权证在谁手里情况的不同，还完贷款后领回产权证的程序也分好几种，一种最简单的情况就是产权证正本已经抵押在银行了。如果是这种情况，购房者还完了贷款，或者是提前还完贷款，想退保险，就需要联系或提前联系银行，银行会告诉购房者哪天去办理相关手续。不同的银行具体要求不一样，但一般银行都会要求购房者带上身份证、抵押物凭据、借款合同、保单副本和发票。购房者在约定时间去银行办理好结算手续后，会领到一个还款凭证，银行还会把产权证正本、买卖合同正本和保单正本一并还给购房者。这样购房者就可以拿回完全属于自己的产权证，和银行没有什么关系了。

但由于各个银行不同分行的操作规定不统一，有些分行也并不要求必须把产权证正本押在银行，而只需做一个抵押登记，购房者可以自己持有带有抵押登记标志的产权证。如果是这种情况，购房者在还完贷款之后，除了重复上面的步骤外，还要进行一个撤销抵押登记的程序。购房者和银行办完结算手续后，银行会亲自或者委托做抵押登记的律师联系主管国土房管局，和购房者一起去撤销抵押登记。不同的房管局要求也不一样，购房者除带上上述所有证件外，还需带好银行开具的还款凭证。

最后一种情况比较复杂，也不怎么常见，就是购房者在产权证做完抵押之前就已经还完贷款了。因为购房者的产权证还没做抵押，开发商就还处于阶段性抵押阶段，银行、开发商、购房者之间还存在一个三角关系。如果这时还完了贷款，购房者在银行领取还款凭证后，可以拿着凭证找开发商索取产权证。如果开发商办了产权证，购房者自然就可以得到产权证了。但如果开发商还未办理产权证，购房者就可以要求开发商尽快把产权证办好，否则可以告开发商违约。

# 第九章　安全驾驶

## 强风天气的安全行驶

由横风强风引发的交通事故主要有：车辆偏离车道冲向路边护栏或中央隔离带；偏离行驶路线，用方向盘校正方向时，被后面的车辆追尾等。

强风天气安全行驶的要点：

（1）在高架桥上行驶，或驶出隧道口、隔音墙时，更容易受到强风的袭击。

（2）强风天气时行车，要适当降低车速，双手要紧握方向盘。

（3）如果突遇狂风，发现车辆产生横向偏移时，切忌急打方向盘以图立即回正，而应一点一点轻微转动方向盘将车辆行驶方向归正。

在出车前，要密切注意天气预报，及时掌握当天的天气情况。在心理上有足够的准备，操纵上才能更从容。最后，还要注意山地行车时，往往会遇到突如其来的山风，时间短而风力强，吹动车辆偏离行车路线。

## 高速路行车七大禁忌

（1）忘记检查轮胎。出行前四个轮胎都要仔细检查一遍，最好到专业维修店调整好轮胎气压。尤其不要忘记检查备胎，看是否完好有气。中途休息时，也要检查轮胎，用拳头敲打一下，看是否正常。如果有漏气，要立即修补。一旦行驶中发生爆胎，不能急踩刹车，这样车子容易打横失控。要紧握方向盘，逐渐减速靠边。

（2）时速快慢不均。在上高速前，就给自己规定一个时速，这也为今后高速公路行驶，奠定一个个性速度。另外，尽量在车行道内行驶，不要长时间占用超车道。

（3）不声不响超车。超车前一定要前后看清楚。尤其是超越大货车时，一定要确认前车已经知道了你的意图。先打转向灯，连续摁喇叭（高速公路上货车噪声大，司机不太听得见），必要时打远光灯示意。开始超车了就要果断。返回行车道时要看一下后视镜，确保与后车保持安全距离。此外，被超车时不要紧张，管好自己的方向，走好自己的车道。尤其是大型客车超上来，偶尔会在两车之间形成旋转气流，此时要紧握方向盘，紧盯前方车道，让它快过去。

（4）跟车距离太近。通常时速100公里，跟车距离就是100米。高速公路上会不断出现确认车距的指示牌，可以此来估计自己的跟车距离。尽量不要长时间跟在大货车后面，这类车体积大，阻挡前方视线。而且有些货车尾灯昏暗，潜藏危险。

（5）雨刮器喷淋没水。出发前一

定要确认喷淋有水。挡风玻璃模糊了，喷水刮拭前，先看清前方道路，车流要不复杂，因为一喷水刮拭，会有短暂的成片模糊，此时要适当降低车速，连续喷水，将雨刮器开到中挡速度。

（6）开车接听手机。上高速前把手机调到静音状态。因为听着铃声响不去接，心情会很急躁，注意力不集中，影响开车。调到静音状态，到休息站时，再拿出手机给来电一一回复。高速公路是全封闭的，即使家中遇到急事，也不可能立刻掉头，还是要到下一个出口再返回的，所以不必急于在路上接电话。再一个方法是指定一位乘员专给你接电话。

（7）开车拧饮料瓶盖。事先准备好盖子可以用手推开的饮料瓶，或者带吸管的饮料瓶。如果有乘员，这件小事，一定不能自己做，就指定由他供水。

## 山区行车遇上长下坡更需注意

由于惯性的作用，下坡道路比上坡道路更难驾驶。如果你面对的是一个长长的下坡，应进行如下处理：

（1）下坡之前先降低车速，使车辆以缓慢的速度进入下坡道。

（2）下坡前换入适当的挡位，一般应选择二或三挡。严禁在进入下坡路段后再换挡。

（3）下坡路段严禁空挡滑行，必须挂入适当的挡位，利用发动机的牵制作用降低车辆滑行的速度。

（4）下坡前应试验制动的性能是否良好，如有故障，应在排除故障之后再下坡，下坡路段慎用制动。

（5）下坡路段不可猛打方向盘，因下坡路段惯性大，速度快和方向盘使用不当很容易造成翻车。

（6）与前车距离应保持在50米以上。如果坡太长，车的惯性很大，还应适当增大车间距离。

（7）如果下坡之后又是上坡，在接近坡底时，就要做好冲坡的准备，及时松开制动踏板，适时换入高速挡。

## 小细节关乎行车安全

俗话说，细节决定成败。在开车上，也不例外，各种小细节关乎安全行车的整个过程。从学车的第一天起，就应养成好的开车习惯。这里，提醒你注意，五种危险的开车习惯要不得：

（1）停车不拉手刹。在行车过程中，并不是所有驾驶员都重视手刹。有的车友没有养成停车拉手刹的习惯，只有在明显的上下坡停车时才拉手刹。事实上，有些路段是否存在倾斜并不容易判断，所以车友在停车时如果觉得用脚踩住刹车比较累的话，松刹车前一定要记得拉上手刹，以免发生意外。

（2）单手把方向盘。单手把方向盘的坏毛病很多车友都有，其实车辆在快速行驶或遇到紧急情况时，单手对汽车的操控能力不及双手的一半。也就是说，需要双手控制方向盘才能化险为夷的情况，依靠单手根本无法做到。在日常开车过程中，还有些驾驶员开车抽烟、打手机或把手放在窗外，仅用右手控制方向盘和挡位，这就更容易出现交通事故了。正确的做法是双手时刻不离方向盘，开手动挡车的车友，右手一换完挡应立即握回方向盘，确保汽车方向盘时刻都在自己的双手操控之下。

（3）开车盯着仪表盘。开车时看着转速表加减挡是很不好的开车习惯。通常这种毛病较多地出现在新手身上，尤其是新手新车。开车时尽量不要经常性地盯着转速表看，应该在开车过程中学会听发动机的声响来把握换挡时机。发动机声音澎湃响亮就要加挡，声音低沉就该减挡。新手换挡要学会用耳朵听，而不是用眼睛看。

（4）音响音量过大。开车路上听广播、CD 原本很正常，听音乐还可以让驾驶员的心情放松，有效地消除驾驶疲劳。但有些车友，特别是一些年轻车友，喜欢把音响声音开得很大，这样就会适得其反了。在开车途中，听音乐其实很有讲究，最好选择舒缓的音乐，而且音量调节要适中。

（5）零物放前排。驾驶室容不得任何东西“入侵”，所以一些容易滑落、滚动的物品千万不能放在仪表台上，一旦有物体卡在了刹车板下，事故就不可避免。因此，如果必须随车带一些零散物品，必须把它们安置在后排，千万不能随意放在前排。

## 孩子乘车时的安全隐患

统计资料显示，在每十个死于交通事故的人中，至少一个是儿童。交通意外伤害已成为造成儿童死亡的“头号杀手”。

（1）让孩子坐副驾。不少家长把小孩从幼儿园接上车，孩子的年龄从4—6 岁不等，家长们大多让小孩坐到前排座椅中，仅有三成的家长把小孩安排到后排座椅上。

小孩天生好动，汽车中控台、排挡杆、手刹都有可能是小孩摆弄的对象，增加了行车的危险系数。如果孩子在副驾驶座一人独坐，当紧急刹车时，他就会像子弹一样撞向前方，从而导致重伤或死亡。同时对于成人来说是安全保障的安全气囊，此时也会

对儿童构成危险。因此，无论在何种情况下，都不要让孩子坐在前排。

（2）把头探出天窗。在行驶过程中让孩子把头探出天窗，若车辆紧急刹车则有可能伤及孩子的脖子和肋骨。此外，现在很多车辆在引擎熄火后有自动关闭车窗和天窗的功能，万一小孩没来得及将头收回，天窗关闭时可能夹到他们的头部。驾车的妈妈或爸爸开启天窗时，一定要照顾好自己的孩子，尽量不要让孩子把头探出天窗。此外，为防万一，家长可启动天窗的锁止功能以防止孩子误开天窗。

（3）让孩子自行上下车。这种看似平常的举动其实隐含着危险。现在大多数车辆为使车门不至于一下子开启到最大，车门行程分两段设计，当门开到 1/3 左右时可固定，但若未开到固定位置，车门可能回弹。孩子力气小，开启车门时如果推不到位，车门就会自动回弹。这样很有可能夹伤他们的手指。此外，急着下车的孩子不会注意开门一侧的行人或自行车，下车后容易被碰撞。儿童乘车时，最好由家长亲自下车给孩子开车门、关车门。

（4）车内遍布玩具。很多有孩子的家庭汽车内，有类似摇铃、玩具枪、汽车模型甚至蜡笔等物品。如果车内放置带尖锐棱角的玩具，就可能在刹车和碰撞时戳伤孩子。此外，放置在车前面的香水、装饰用小宠物，如果黏附不牢，一旦猛烈追尾也有可能会碰伤孩子。尽量不要在车内放置太多玩具，在车内只能给孩子提供一些毛绒玩具。

## 避免爆胎发生的方法

经常检查轮胎能起到消除爆胎隐患的作用。至少每月检查一次所使用的轮胎（包括备胎）。

经常剔除胎面花纹沟槽中的石子或异物，以免胎冠变形。检查胎侧有无刮、刺伤，是否露出帘线，如有应及时更换。

经常在高速公路上行驶的车辆，最好每行驶一万公里就对轮胎进行换位。

任何情况下，不要超过驾驶条件要求和法律限制的速度，如转弯和遇到前方有坑洞等障碍物要减速慢行。

所有轮胎都应在使用寿命范围内使用（轿车轮胎的使用寿命应在 2—3 年或者行驶 6 万公里左右），超过使用寿命或已经严重磨损的轮胎应及时更换。

氮气可以延长轮胎的使用寿命，更有助于长时间保持胎压稳定，减少爆胎概率，增加车辆行驶安全性。

## 新手如何应对刹车失灵

根据路况和车速控制好方向，脱开高速挡，同时迅速轰一脚空油，将高速挡换入低速挡。这样，发动机会有很大的牵引阻力使车速迅速降低。另外，在换低速挡的同时，应结合使用手刹，但要注意手刹不能拉紧不放，也不能拉得太慢，如果拉得太紧，容易使制动盘“抱死”，很可能损坏传动机件而丧失制动能力；如果拉得太慢，会使制动盘磨损烧蚀而失去制动作用。

利用车的保险杠、车厢等钢材部位与路边的天然障碍物（岩石、大树或土坡）摩擦、碰撞，达到强行停车脱险的目的，尽可能地减少事故损失。

上坡时出现刹车失灵，应适时减入中低挡，保持足够的动力驶上坡顶停车。如需半坡停车，应保持前进低挡位，拉紧手制动，随车人员及时用石块、垫木等物卡住车轮。如有后滑现象，车尾应朝向山坡或安全一面，并打开大灯和紧急信号灯，引起前后车辆的注意。

下坡刹车失灵，不能利用车辆本身的机构控制车速时，驾驶员应果断地利用天然障碍物，如路旁的岩石、大树等，给汽车造成阻力。如果一时找不到合适的地形、物体可以利用，紧急情况下可将车身的一侧向山边靠拢，以摩擦来增加阻力，逐渐地降低车速。

车辆在下长坡、陡坡时不管有无情况都应该踩一下刹车。既可以检验刹车性能，也可以在发现刹车失灵时赢得控制车速的时间，这称为“预见性刹车”。

## 一味开慢车易发生追尾

很多喜欢开慢车的驾驶员想当然地认为，反正我车速慢，发生什么情况，临时采取措施也来得及，结果反而对视野中的行人、车辆的动态掉以轻心，一遇到突发事件，就手忙脚乱了。

还有的人越开越沮丧，甚至开起了赌气车。由于自己的车速慢，被其他车超越、加塞的现象频繁，心里很不乐意，因而，往往占着道路中线行驶，这样很容易激怒想超车的驾驶员，导致其强行超车或超过后采取报复行为。

开车什么时候该慢，什么时候该快，应根据具体情况处置。比如，变道行车时如果车道里车较多，就应该慢慢切入。如果车很少，就应该快速切入，然后提速行驶，与后车保持一

定的距离。但是，很多驾驶员采取的方式却恰恰相反，结果往往引发追尾事故。

## 开快车尽量匀速行驶

平时在路上，遇上这样的人最恼火了：车开得奇慢无比，还霸占着快车道。后面的车子只能跟着它蜗牛爬，实在是忍气吞声。这样的蜗牛车主往往是技术还不过硬的新手，车子自然不敢开快。但是他们却忘记了很重要的一点：开不快，就不要霸着快车道，这样不仅影响他人的行车，也很容易被追尾或侧碰。

开车需要注意力高度集中，而一定的速度是抓住你注意力的最好方法。当时速低于40公里或陷入缓慢的车流时，人的注意力会迅速下降，开始走神，常常被左右的超车或前方突然出现的情况惊出一身冷汗。当然，我们说的不要一味开慢车，也不等于就一味开快车。老师傅说，真正的快车，就是尽量在限速范围内匀速行驶。尽量对前面的路做提前判断，不要时不时地加油、刹车，反复这么做，反而快不了。

## 怎样克服石子路面转弯打滑

石子之间摩擦力很小，就像在弹子盘里头的钢珠。汽车在其上面行驶，遇到刹车尤其遇到意外情况紧急刹车时，虽然眼看着车轮已经刹住不动了，可汽车还在继续滑动有时还会斜向滑行，根本无法控制，非常危险。这是因为刹车片与刹车鼓的摩擦虽然把车轮咬住刹死了，而车轮与碎石间因摩擦力过小无法停止，致使汽车在石子路面上滑动。

石子路面不仅刹车不灵，转弯也很危险。汽车在转弯时会产生离心力，转弯越急离心力越大。如果离心力比较大，而车轮与碎石间的摩擦力相对较小，那么转弯时汽车必然向道路外侧滑动造成事故。还有摩擦力过小，猛然加油，汽车加速前进时，由于车轮作用力大，在石子上又得不到相应的反作用力，也可能造成打滑。为此，我们在石子路面上行车时，一定要注意慢行，集中精力谨慎驾驶，尽量在公路中央行驶，缓慢加油平稳加速，遇到会车、转弯和需要刹车时更要注意进一步降低速度，多使用点刹车。特别需要注意的是，汽车转弯时必须把车速降低到车体不倾斜的程度。为了判断弯曲度的大小，可以用自己身体倾斜度大小来衡量。只要自己的身体坐得稳就表示车体重心同样比较稳，能够放心大胆地转弯。反之，则要加倍小心，进一步降低车速，慢慢转。

同样，汽车在柏油路面铺有细砂的道路上，或是在被雨水打湿的路面上行驶时，车轮就像穿上了溜冰鞋一般，摩擦力极度减小，必须具有充分的思想准备才不至于发生意外。

## 安上防滑链也要小心驾驶

下雪时许多车主给爱车安上了防滑链，但是千万不要以为有了防滑链就能保证你在非常滑的路上稳稳当当高速行驶。

安装防滑链后车主最好不要高速行驶，否则防滑链就没有任何作用。行驶速度不得超过 40 公里 / 小时行车时，避免紧急刹车、急前进、急转弯和连续空转的行为。

防滑链的作用只是在雪天里增强轮胎与地面的摩擦力，相对来说，比没有安装防滑链的车轮防滑效果好些，但是车主不要认为安装上防滑链在雪天行驶就非常安全，如果高速行驶也会非常危险。高速行驶会导致防滑链断裂，尤其是铁质的防滑链，一旦断开，后果将会很严重。当车辆驶入无须使用防滑链的路面时，要及时卸去防滑链，否则对轮胎的磨损将会很严重。

## 超车行驶禁忌

一忌在前方有交叉路口时进行超车，此时被超的车辆有可能左转弯，同时前面也可能有从交叉路口横向驶过来的汽车。

二忌在前有弯道、坡顶时进行超车。由于视线受阻，此时无法加速行驶。另外，很可能对面有车辆驶来，处理不当会发生撞车。

三忌前方道路右侧有岔路口时进行超车，以防在超越的同时岔路上有汽车或自行车驶来，迫使被超越车辆向道路左侧避让，导致与被超越车辆相撞。

四忌与对面来车有会车可能时进行超车，如果距逆行车道上来车较近（一般为 150 米）时超车，很可能在超越未完成时就发生碰撞。当被超越车辆的行驶速度较高时，这一距离还应适当加大。

五忌前车正在进行超车时超车，由于前车加速行驶，一来不容易超越，超越时间加长，危险性加大；二来两辆超越车抢道并行，容易引起车祸。这种双重超车是不允许的。

六忌在运行条件不允许时进行超

车。道路条件不好时，如在冰雪路、泥泞路、坡道、狭路、城市繁杂路、弯道、桥梁、隧道等路段不要超车；气候条件不好时，如狂风、大雪、暴雨、浓雾等恶劣天气不要超车；在交通秩序混乱的地方，如农村的集市，中、小学放学时的校门口等也不要超车。

七忌在汽车运行状态不正常时超车。在下列情况下最好不要超车：车辆有故障特别是转向、制动、燃料系统有故障时；低速车跟高速车时；对损坏的车辆进行牵引时；本车装有限速装置时。

## 夜间如何安全驾驶

对路况的判断

（1）当车速自动减慢和发动机声音变得沉闷时，说明行驶阻力已经增大，汽车正在上坡或驶入松软路面；反之说明行驶阻力减小或汽车在下坡。

（2）当灯光离开路面时，应当注意前面可能出现急弯或大坑，或者是上坡车驶上坡顶；当灯光由路中移向一侧时，表明前面出现弯道。当灯光由道路一侧又移向另一侧时，表明车辆已进入连续弯道，驾驶员应减速靠右慢行。

（3）地面颜色能反映路面状况，一般来说白色是积水，黑色是坑洼，正常路面多为灰色。通常走灰不走白，遇黑慢下来。

对车辆的判断

（1）当路口突然出现灯光时，说明有汽车驶来。

（2）当前车尾灯由暗变明、由高变低时，一般表明跟车距离在缩短。当能看清楚前车尾部的车牌号码时，通常表明跟车过近，必须拉开距离。

灯光使用技法

（1）起步前，应先开亮灯光，看清道路，车辆停稳后关闭灯光；临时停车应该开亮小灯和尾灯，引起外界注意，防止发生意外。

（2）在有路灯的街道和市郊道路上，行车时速在30公里以内时，可使用近光灯或小灯；在无路灯的街道和道路上，行车时速30公里以上时，应使用远光灯。

（3）夜间通过繁华街道时，由于霓虹灯及其他各种颜色光线的交错反射，以及夜间下雨通过沥青路面时，地面光线的反射也较强，应降低车速，改用近光灯或小灯。

## 冰雪天气安全行车谨记九条

在冰雪天气驾车行驶时，要注意以下九条：

（1）桥面结冰需缓行，上下坡时尽量不要停车。

（2）高速公路行车要注意防侧风，速度要放缓。

（3）行车中保持低速平稳。由于制动距离会随着车速的提高而加大，所以控制车速和与前车保持较大的安全距离是冰雪路面行车的关键。

（4）保持横向的安全距离。冰雪路面行车进出主路、通过十字路口、左右转弯、双方会车，以及遇有行人和自行车时，要充分顾及他人，礼貌让行，始终保持较大的横向安全距离。遇行人因路滑摔倒，请停车让行，不要抢道行驶。

（5）起步慢抬离合缓加油。如果在起步时出现车轮打滑的现象，可挂比平时高一级的挡位，如小轿车可用二挡起步，货车空车时用三挡、重车时用二挡起步。离合器松开得比往常要慢，油门比平时起步时要小。

（6）路面上禁止急打方向盘。当需要转向时，请先减速，适当加大转弯半径并慢打方向盘。为避免侧滑，双手握住方向盘操作要匀顺缓和。

（7）注意及时添加汽车防冻液。

（8）轮胎相互交换位置。由于汽车定位有一定外倾角，行驶道路中间高两边低，轮胎内外磨损大不相同，为保证安全，减少磨损，应定期给轮胎更换位置。

（9）检查轮胎气压。冬季路面摩擦系数低，轮胎气压不可太高，但是更不可过低，外部气温低，轮胎脆，轮胎气压低，严重可加速老化。

# 第十章　户外旅游攻略

## 如何选择旅行社

弄清旅行社类别。旅行社分为国际旅行社和国内旅行社，前者可经营入境游，出境游，边境游，国内游，代办入、出境手续；而后者只能经营国内游及国内旅游相关业务。

确认其手续是否齐全。寻找旅行社时还要确认其是否是挂靠旅行社，是否有一照两证，即营业执照、经营许可证、质量保证金缴纳证书（一般均为复印件）。质量保证金是表明该旅行社向旅游局缴纳了一定的保证金。

选择品牌旅行社。每一个旅行社都有自己的名称和品牌，就像我们选择家用电器一样，要求功能全、质量好、信誉高、售后服务到位。正规的旅行社或者说有较高知名度的旅行社，都千方百计地树立自己在市场中的形象。我们建议游客选择大品牌、实力强、服务好的旅行社参加旅游。

是否签订旅游合同。凡正规旅行社均要与游客签订旅游服务合同，合同中涉及了旅行过程中的诸多细节，如日程、交通工具及标准、住宿、用餐等。双方签字盖章生效后，游客可依此投诉。

跳出价格误区。不能简单地以价格衡量一个旅行社的优劣。一些旅行社报价看似便宜，但低质低价，往往导致埋怨多、投诉多。如果考虑旅游出了问题要用法律手段保护自己，游客便要于出游前在价格的选择上认真掂量，出游后认真感受质量与价格是否相符。

## 看旅游广告的方法

旅游公司为了招揽游客，一般都会打出一些相关的广告，为了避免受骗上当，应当学会看旅游广告的一些方法。

（1）看航班条款。通常旅行社只会在广告上注明航班的机型，而不会注明其起飞时间。一般来说，如果是在不太好的时间段起飞，其航班价格就会偏低，如果是旅行社包机，航班价格就会更低。一些旅行社为了省钱，就会为旅客买晚上的航班。导致游客第二天旅游的时候体力不足，从而游兴大减。

（2）看旅游车条款。当游客到达旅游的目的地后，游玩的时候一般是乘坐旅游车。有的旅游车性能比较好，有的性能就比较差，比如，在炎热的天气里，有的车空调不凉。还有购买保险方面，有的旅游车会购买，但有的不购买。

（3）看酒店条款。游客们所住的

酒店，旅行社一般都会在广告上注明其星级。一样的星级，会因酒店所处的不同地段而产生价格差异。离市区比较远或不在景区的酒店，其价钱相对比较低，但是，这样每天往返景区与酒店的长途交通，会浪费大量时间以及消耗大量体力。

（4）看景点条款。景点清单通常都是一长串地出现在广告里，这样就会让人们看到其“行程丰富”的表面现象。事实上，那些清单很有可能是已经“分解”过的，例如将一个景点的几个分点的名字排上去，或者选择一些免费或门票便宜的景点。交钱的时候，一定要仔细地核实一下上面所讲的景点的含金量，不能只看其报价。

（5）看门票条款。很多旅行社表示团费就包含门票，但是，一般旅游景区都会分“小票”“大票”。“大票”只让游客进入景区大门，而“园中园”“景中景”都要单独收费。

（6）看饮食条款。一般旅行社都会在广告上注明包多少餐，一些旅行社还会注明每餐多少元。但是其所提供的具体食品是不是货真价实，就有很大的文章了。

（7）看购物条款。如果旅行社安排的旅行总天数相同，但安排的购物节目较多，其价格就会偏低。即使导游不利用各种办法使游客购物，但游客却因此花费了很多的宝贵时间，而且游览项目也会相对压缩，这样游客的损失就会比较大。

## 识别旅游全包价

通常包价旅游分为散客包价和团体包价，散客包价一般是指不超过10人的旅游团体，付给旅行社的旅游款项需一次性交清，所有相关的服务需全部委托给一家旅行社办理。团体包价指的是超过10个人的旅游团，其委托服务和付款方式与散客包价是一样的。

综合服务费、房费、城市间交通费和专项附加费是包价旅游最重要的四个部分。

（1）综合服务费：综合服务费一般包括：基本汽车费、餐饮费、翻译导游费、接团手续费、全程陪同费、领队减免费、宣传费和杂费。

（2）房费：一般可根据游客意愿，预订低、中、高各档次饭店，旅行社将按照与饭店所签订的协议上的价格向游客收取费用。

（3）城市间交通费：就是汽车客票、轮船、火车或飞机的价格。交通费的折扣标准价格，是由交通部、铁道部、中国民航局、文化和旅游部所规定的。

（4）专项附加费：为责任保险费、游江游湖费、特殊游览门票费、专业活动费、汽车超路程费、风味餐费以及不可预见的费用等。

## 外出旅游省钱攻略

外出旅游时可参考以下方法来省钱：

（1）错季旅游：在旅游旺季的时候，不但旅游的人比较多，而且住宿和景点的价格都比平时高出很多。精明的旅游者不会选择旺季，这样不但能节省开支，还能悠闲自在地欣赏风景。

（2）有选择性地游览：风景区和名胜区的游览一般都需要购买门票，如果要游览所有的景点和古迹，不但会增加经济负担，而且很费时间。为此，应有选择地游览参观此地最具代表性或最具特色的景点。

（3）交通工具的合理选择：如果旅游的时间不是太紧张，最好是购买轮船票或火车硬卧票或打折的飞机票，以节省交通方面的开支。此外，如果路途较近，可步行或乘公共汽车，这样既节省费用又健身。

（4）不要盲目购物：购物的时候一定要控制好自己的购买欲。最好只买一些有纪念意义的商品，这样既方便行动又可避免在购物中被敲诈。

（5）用餐尽量不要选在景点处：在景点处品尝此地有特色的风味小吃或用餐，其费用会比较高，如果在马路边或街道边的小店铺品尝小吃或吃饭，味道和效果都差不多，而价格却便宜得多。

（6）选择住宿旅馆的技巧：根据住宿的行情来看，住宿费高的一般是设在景点区内的旅馆，但离景点较远的旅馆的住宿费就要少一些，为此，最好选择价格便宜、有安全保障，而且交通方便的旅馆住宿。

## 自驾车旅游的注意要点

自驾车旅游以确保安全为重，以下几点值得注意：

（1）最好不要个人租车旅游，特别是刚刚才学会开车的司机，不要将旅游当作一次练车的机会，对车或路况不熟悉，均容易发生事故。

（2）自驾车旅游，最好找一辆或更多的车同行，万一出了事故还可以互相有个照应。多辆车同行时，一定要保持车和车之间的距离不要太远。

（3）旅游不是赶路，最好不要走夜路。走夜路不但危险，而且易疲劳，还会影响旅游者的心情。

（4）不要把油用光了才加油。当

油用了一半，看到好的加油站就随时加一些油，千万不要怕麻烦，即使加不到好油，将好油与次油“和”着烧也要比光烧次油对车的损坏小一些。

（5）如果是短途旅游，最好不要将汽油带在车上；如果是远途旅游而且离公路较远，最好携带1—4个安全的铁汽油桶以备用。

（6）合理地安排好行车距离，避免疲劳驾车。日行车的最多里程为：普通公路200—300公里，高速公路300—400公里。停车的时候，要注意锁好车门、车窗并将贵重物品随身带走。

## 出发前必备的美容品

洁肤品。建议携带一瓶集卸妆和清洁于一身的洗面奶。

护肤品。水分保湿液，炎热的气温使皮肤水分加速挥发，所以护肤品也要以含水分较高的为佳。

眼霜。因为眼睛周围部位的皮肤特别薄而且极为敏感，所以要格外注意。一旦觉得眼眶周围发干发涩时，应该马上涂些眼霜或眼部啫喱，这样可以有效地防止细小皱纹的生成。

防晒霜。SPF（防晒指数）稍高一点，SPF20—30的防晒霜很适合出游时使用，具有美白效果的防晒品更佳。

水分面膜。如果是去多风，特别干燥的地方，一定要带上水分面膜且每隔两三天敷脸一次。

多功能彩妆品。出外旅行，应轻装上阵，最好携带具备多种功能的化妆品。带上具有防水防晒功能的唇膏，干湿两用的粉饼，一支眼影，一支眉笔即可。

洗发护发用品。小袋包装的洗发品、防晒发胶。

## 旅行要准备必备药品

要了解所到地区的卫生条件和特点。例如，南方地区蚊蝇较多，易患肠炎、痢疾等传染病；北方山区温度低，气温变化大，易得感冒和呼吸道疾病。

要考虑旅游时的季节。春季旅行时，早晚温差大，应准备好衣物；由于春季易感染呼吸道传染病，因此要多备一点防治感冒的药品。

要考虑旅游时的交通工具和旅行方式。

如果需要长时间乘车、飞行和坐轮船，应备晕车药。

要根据自己以及团体成员的身体状况和特殊用药来准备药品。

冠心病患者，特别是以往有心绞

痛发作史者，必须随身携带硝酸甘油片；高血压病人应准备降压药。

## 保证旅途中的睡眠

在旅途中，人处于紧张和兴奋状态，身体很容易感到疲倦，此时，良好而充足的睡眠是出游一个重要的方面。

（1）忌睡前思绪万千。睡前必须平心静气，不可过多忧虑烦心事，否则会导致失眠。睡前可以翻看画报和杂志，听听轻音乐。

（2）忌开灯睡觉。强光不仅影响入睡，还会导致入睡不深，易醒、易梦。

（3）忌蒙头睡。这样会使人吸入大量的二氧化碳，甚至发生呼吸困难和窒息。

（4）忌迎风睡。睡眠中不能长时间吹风，人在睡眠时生理机能较低，抵抗力较弱，迎风而吹容易生病。

（5）忌仰卧。仰卧时舌根部往后坠，会影响呼吸，容易引发鼾声，若手臂放在胸部还会压迫心肺，导致噩梦。最理想的睡姿是右侧屈膝而卧，此方法可使全身肌肉松弛，肝血流增多，呼吸畅通。

（6）忌交谈。睡前说话会使思维兴奋，大脑不得安宁，入睡困难，导致失眠。

旅途中睡眠时也要预防疾病。旅途中出汗、劳累时不要随意在道路旁、山洞里或湿地上小睡，以防罹患风湿性疾病。

不要在树下、草地上躺卧入睡，防止小昆虫叮咬或爬入耳道、鼻腔等处。

海滨、山谷、沙漠地带往往昼夜温差较大，到深夜时气温较低，在入睡前要盖好被子，必要时关上门窗。

风雨天气应避免在门窗下迎风而卧，也不宜开着电风扇入睡，这样容易受凉感冒。

在蚊子多的地方投宿，最好挂蚊帐。若无蚊帐，可采用其他防蚊措施，如点蚊香、艾条，身上擦清凉油、风油精或花露水等。睡前用被单等将身体尽量盖严实。

## 舒适的鞋子比什么都重要

出游时，没有什么比一双舒适的鞋子更重要的了。毕竟，你可能会走很多的路。

选择鞋子，舒适是第一要素。其次就是吸震功能，有抓地力，防滑。

一般说来，若前往热带或海岛，以进行水上活动与陆上参观为主时，可选穿运动凉鞋或休闲鞋；前往都市，以参观或逛街购物为主时，选穿

一般的平底休闲鞋即可；若前往山区，以爬山、奔走或丛林探险等户外活动为主时，最好选择鞋底颗粒大、抓地力强，防滑、耐磨的运动休闲鞋。

想减轻行走时脚与地面的冲击力，关键在于鞋底的设计。就“吸震功能”而言，厚的胶底鞋比薄的皮底鞋好很多。如果鞋子的吸震力不佳，很容易造成脚部不舒服，引起疼痛。另一方面，专业的休闲鞋还有气垫设计，能有效减轻冲击力，符合人体力学的一体成型设计，更能让脚板完全放松，即使长途跋涉，也不觉得累。建议你不妨在选购时，多多比较，最重要的是试穿一下，让你的脚板自行评分。

## 飞机起降时怎样保护耳朵

飞机起降时吃点糖果可以保护耳朵。耳咽管是连接中耳与鼻咽部的弯曲而狭窄的管道，一端开口于中耳，另一端开口于鼻咽侧壁。平时耳咽管呈闭合状态，仅在吞咽、打呵欠、咀嚼或打喷嚏时短暂开放，所以它具有保持中耳腔与外界气压平衡的作用。起降时吃点糖果，目的在于不断咀嚼、吞咽，让耳咽管随时开合，空气可自由地出入中耳腔，使中耳内压和外界大气压力保持平衡状态，减轻或消除耳部不适。

## 旅行住宿要选择安全的宾馆

在入住宾馆前要对环境有个初步的了解和判断。在确定了住宿地点的环境和建筑物的安全以后再入住。入住后应该走出房门巡视一遍房间的周围环境，看清哪里是电梯，哪里是紧急出口，与自己的房间是什么方位关系等，这样，万一遇到突发灾害时，就能在混乱中夺得一条生路。

## 旅游途中要防止“上火”

要避免“上火”现象，须注意以下几点：

做好充分准备。出发前对旅行的路线、乘车的时间、携带的物品都要做好充分准备。这样，无论遇到什么事情都能从容不迫、心境平和。

生活要有规律。旅游的日程安排最好按事前准备好的作息制度进行，不要随便打乱行程计划。按时起床、睡眠，定时定量进餐，不为赶时间放弃一顿，也不为一席佳肴而暴饮暴食。

多吃清火食物。新鲜绿叶蔬菜、水果与绿茶都具有良好的清火作用，要尽可能争取多吃多饮。

注意劳逸结合。安排各种活动需

适当而有节制，保证充足的睡眠，以免过度疲劳，抵抗力下降。

## 怎样预防旅游中脚磨伤

鞋袜要合适，鞋子不宜过高或过小，最好穿半新的胶鞋或布鞋，女同志不要穿高跟硬底皮鞋，鞋垫要平整。袜子无破损、无皱褶。鞋内进沙应及时清除，要保持鞋袜干燥。

徒步游览应循序渐进，先近后远，脚步要均匀，落地要稳，不可时快时慢。

临睡前要用热水烫脚，以促进局部血液循环，对足掌部位应用手按摩或用橄榄油在足底突出部位涂搽。此外，亦可用药物预防，川芎、细辛、防风、白芷各200克，加水2500毫升煎至1500毫升，徒步旅游前涂脚底，每日一次。

若脚起泡，治疗尚无良法，主要是将泡穿刺与引流。首先用热水烫脚5—10分钟，然后用碘酒或酒精对脚泡局部消毒，再用消毒的针刺破脚泡，使泡内液体流出，也可用消毒的马尾穿过脚泡引流。切忌剪去泡皮，以免感染。

## 旅途中如何预防腹泻

预防旅游腹泻应从旅游者个人生活及旅途环境卫生等方面加以注意。饭前便后一定要用肥皂洗手。不暴饮暴食，尽量不食凉拌菜，瓜果食品要洗干净再食用，最好削掉果皮。不喝生水及卫生状况不明的牛奶、啤酒等饮料，不吃腐烂变质或被污染的食品及生鱼、生肉、生贝壳等，不与患传染病的人共餐等，尽量选择卫生条件较好的餐馆进餐。要注意营养与休息，避免过度疲劳；要根据气候变化及时增减衣服，以增强身体的抗病能力。旅游者最好随身带点常用的肠道药物，如环丙沙星、氧氟沙星、颠茄片、口服补液盐等，同时可准备一些蒜，随饭一起食入。

## 旅途喝水的细节

旅途中喝水要少量多次。每小时喝水不宜超过1000毫升，每次以100—150毫升为宜。

饮水的温度要适宜。夏季旅游也不要喝5℃以下的饮料，喝10℃左右的凉开水最好，可达到降温解渴的目的。

补充适量的糖水。由于旅途中运动量较大，会消耗大量的热量，应及

时补充能量，而糖是最适宜的。因此，要适当喝些糖水，以满足运动的需要。

## 小窍门防晕车

要精神放松，不要总想着会晕车。最好找个人跟你聊天，分散注意力。

旅行前应有充足的睡眠。睡眠充足，精神就好，可进一步提高对行为刺激的抗衡能力。

乘坐交通工具不宜过饥或过饱。只吃七八分饱，尤其不要吃高蛋白和高脂肪的食物，否则容易出现恶心、呕吐等症状。

乘坐交通工具前半小时，口服晕车药。不要看窗外快速移动的景致，最好闭目养神。

## 坐飞机前的饮食禁忌

有些人在乘坐飞机时，往往会出现头晕、胸闷、恶心、胃肠胀气甚至呕吐等症状，这与乘机前饮食有很大关系。为此，乘机前要做到饮食方面的几个注意：

（1）忌大荤及高蛋白质食物。因为高脂肪、高蛋白食物在胃里停留时间长，难以消化，一般需要4—5个小时才能从胃中排空，加之人在空中消化液分泌量减少，胃肠消化功能减弱，更容易出现胃肠膨胀，腹部难受、胀气、打嗝儿等消化不良反应。因此，上飞机前应以吃清淡的食物为宜。

（2）忌进食大量的粗纤维食物。一个人在正常情况下，胃肠道内含有1000毫升气体，其中由口吞入的约占80%，消化食物时所产生的约占20%。随着飞行高度的上升，气压越来越低，胃肠道内的气体就会发生膨胀。若飞行到5000米高度时，胃肠道中的气体要比地面上的增加两到四倍，临行前如果吃了一些容易胀气的食物如汽水、啤酒、萝卜等，在飞机上就容易产生不适。

（3）忌进食过饱或空腹上机。因为飞机升到高空后，胃肠血液的供给相对减少，致使胃分泌减少，胃肠蠕动减弱，不利于食物的吸收。

如果上机前进食过饱，会因胃内空气增多而加重心脏的负担。相反，乘飞机前也不宜空腹，否则，会由于血糖消耗量增加而产生低血糖反应，出现头晕、恶心、呕吐等症状，或使原有的“晕机”症状加重，所以，上飞机前适当吃点东西，既不要吃得太饱，也不宜空腹上机。

为了适合空中旅行的生理特点，应进食一些产生热量高，含维生素丰富，容易消化的食物，以补充人体消耗所需要的能量。

## 旅游途中如何避免水土不服

在异地，水土中微量元素的分布、土壤的酸碱度及有机物含量，与原居住地相比都发生了较大变化，人的机体暂时不能适应气候、水质、饮食等生活环境的突然改变，就会产生一系列不适症状，比如，食物或水中的锌缺乏会影响食欲，铁过量会导致头晕乏力。另外，当地的水质及饮食结构还会改变人肠道内正常菌群的类别及数量，破坏肠道菌群原有的生态平衡，导致胃肠道紊乱，使人出现腹胀、腹泻等症状。

初到外地时，如果身体不适，不妨采取以下措施：

（1）睡前饮用蜂蜜。中医认为，水土不服的发生与脾胃虚弱有密切关系。蜂蜜不仅可以健脾和胃，还有镇静、安神的作用。因为蜂蜜中所含的葡萄糖、维生素以及磷、钙等物质能够调节神经系统功能紊乱，从而促进睡眠，而且对因环境改变引起的肠道菌群失调，甚至便秘的情况也有一定的缓减作用。

（2）常喝茶。茶叶中含有多种微量元素，可以及时补充当地食物、水中所含微量元素的不足；茶叶还具有提神利尿的作用，能加速血液循环，有利于致敏物质排出体外，减少荨麻疹的发生。

（3）品尝“风味特产”要适量多喝酸奶。酸奶中的乳酸菌有助于保持肠道菌群的平衡，能最大限度避免胃肠道紊乱诱发的腹痛、腹泻等不适。如果不慎出现了腹胀、腹泻的现象，必要时可服用吗丁啉或黄连素片，恶心呕吐者可服胃复安。

（4）应尽量保持原有的生活习惯。作息正常；选择与原来口味相近的食物；少食辛辣，多吃清淡的果蔬及粗纤维食物；多喝水。

## 春季踏青小心花毒

杜鹃花又叫映山红，在南方的一些山上，一到开春的时节，漫山遍野地开着红的、黄的杜鹃花。其中黄色杜鹃花中含有四环二萜类毒素，中毒后会引起呕吐，呼吸艰难，四肢麻痹等症状。

郁金香花中含有毒碱，人如果在花丛中待上两小时就会头昏脑涨，出现中毒症状，严重者还会导致毛发脱落。

一品红全株有毒。一品红中的白色乳汁一旦接触皮肤，会使皮肤产生红肿等过敏症状。如果误食茎、叶，就会引发中毒导致衰亡。

飞燕草全株有毒。其中以种子的

毒性最大，含有生物碱，误食后会引起神经中毒，产生痉挛，乃至因呼吸衰竭而导致衰亡。

另外，像马蹄莲、冬珊瑚、龟背竹、百合花等，都含有毒物质。鉴赏鲜花时务必弄清有关的特性和毒副作用，不要随意触摸，以防毒素入口。少数过敏体质的人对一些花散发出来的气息会产生过敏反应，这是旅游者应该注意的，一旦中毒可能产生不适，应当马上去临近病院治疗。

## 调整时差的方法

如果飞机是在早上抵达目的地，那么上飞机之后，所要做的事情就是大睡特睡。一般国际航班上都有好看的电视节目，但在这种情况下，就只能忍痛割爱。除了吃饭，在飞机上唯一要做的就是睡觉。在飞机降落前不久从梦中醒来，到洗手间去洗把脸，梳理一下——就像每天早晨起床时做的那样，那么当飞机落地时，你自然就能容光焕发地迎接“早晨”了。

如果是晚上到达目的地，那么在飞机上，你绝对不能睡大觉，哪怕你登机的时间是深夜。如果实在困乏，可以在登机后小睡一会儿，之后必须强迫自己醒来。这种情况一般会比较难熬，不妨带一本特别有趣的书到飞机上阅读；实在累了还可以看看飞机上的电视节目；再不行，就与同行的伙伴聊聊天。总之，不要让自己在飞机上睡着。到达目的地后，提行李、办证件、安排房间等事情进行完，当你躺到床上时，肯定能够很快入睡。甜蜜的梦乡过后，在第二天天亮时，你的时差也就调过来了。

## 出境游带钱的几种选择

携带现钞。携带现钞虽然使用起来最方便，但安全也是个问题。

旅行支票。旅行支票在很多场合可直接用来消费；面额较高，适合携带数量较大的金额；另外使用也是没有期限的。你只需在支票上签上你的名字，待在境外消费时，在支票的“复签”处再签一次名字即可成交。使用旅行支票消费和现金一样，还可以找零。旅行支票和现金最大的不同是，只要携带购买协议，它是可以挂失的。

国际信用卡。服务较全面，携带也比较安全，在境外消费可直接刷卡，还可以透支使用。无论在哪个国家消费或取现，银行都会按照国际信用卡组织公布的外汇买卖牌价，自动转换成为你所持有信用卡的币种进行结算，你不必顾及外币兑换的损失和麻烦。

## 旅游“急症”的自我救护方法

鼻孔出血。气候干燥时节出游，鼻黏膜容易出血。一旦发生，可选用下列方法止血：用浸有冷水（冰水更好）的毛巾、布块贴敷于前额部、鼻背部和颈部两侧；用干净的棉花、纱布或布条填入鼻内（如能蘸些云南白药则更佳），紧紧塞住鼻孔；用拇指和食指紧捏鼻孔（暂用口呼吸），稍用力，一般5—10分钟即可止血。

眼内进异物。当细小灰沙、尘粒吹进眼里，切莫用手去揉，以免引起结膜炎、角膜炎等疾病。可不时地转动眼球，或用拇指和食指做提起和放下上眼睑（俗称“上眼皮”）的动作，反复几次，一般的小沙粒或灰尘均会被眼泪冲出。若是煤渣、铁屑、小虫等进入眼内，要马上把眼睛闭上（不要转动眼球），请他人将上、下眼睑向外翻出（异物通常都粘在眼睑上），再用沾有冷水或温水的手帕、纸巾或棉花卷把异物拭去。若是灰沙嵌在黑眼珠上，则要尽快到医院处理。

足部扭伤。登山时发生脚扭伤，不要马上用手去揉搓，也不能用热水浸泡，以防加重病情。正确的方法是先用浸有冷水或冰水的毛巾或布块，敷贴在扭伤部；有条件者可向扭伤处喷解痉剂，使足部温度降低；24小时后再用热水浸泡。这样可减少组织液的浸出，避免过度肿胀，有利于尽快康复。

发生骨折。万一上肢或下肢发生骨折，不能盲目地转动骨折部位的肢体骨骼，应先用物件加以固定。可就地取材，用长的树枝或板条，以绳子或绷带将树枝或板条给骨折的肢体固定，防止移位致伤情更重，然后想办法送医院做进一步处理。

# 第十一章　金银首饰鉴别

## 白金与白银的鉴别

（1）比较法鉴别白金与白银。用肉眼来看，白银的颜色呈洁白色，而白金的颜色呈灰白色，白银的质地比较光润而细腻，其硬度也要比白金低很多。

（2）化学法鉴别白金与白银。将首饰磨在试金石上，然后滴上几滴盐酸和硝酸的混合溶液，若物质存在则说明是白金，若物质消失则说明是白银。

（3）印鉴法鉴别白金与白银。因为每一件首饰上面都有成分的印鉴，若印鉴刻印的是“Plat”或“Pt”则是白金，若刻的是“Si1ver”或“S”则是白银。

（4）火烧法鉴别白金与白银。白金经过火烧或加温冷却后，颜色不会变，而白银经过火烧或加温后，其颜色会呈黑红色或润红色，含银量越小，其黑红色就会越重。

（5）重量法鉴别白金与白银。同体积的白银，其重量只是白金的一半左右。

## 黄金的鉴别

黄金是“十赤九紫八黄七青”，意思是：赤色的含金100%，紫色的含金90%，黄色的含金80%，青色的含金70%。

（1）声音法鉴别黄金纯度。让首饰落在硬的地方，若声音沉闷，则说明其成色好；若声音清脆，则说明成色差。

（2）折弯法鉴别黄金真假。用手将饰品折弯，真金质软，容易折弯，但不容易折断；若是假的或是包金的，一般容易断，但不容易弯。

（3）划迹法鉴别黄金真假。在黄金表面用硬的针尖划一下，便会有非常明显的痕迹；若是假的，其痕迹会比较模糊。

（4）重量法鉴别黄金与铜。目前已知的物质中，比重最大的就是黄金，其比重为19.37g/cm$^3$，重量相同的赤铜、黄铜，其体积要比重量相同的赤金、黄金大得多。先看看颜色，然后再用手来掂掂它的重量，即可知道。

（5）火烧法鉴别黄金真假。用烈火烧黄金首饰，能耐久而不变色；若是假的，则不耐火，燃烧以后会失去光亮，且会变成黑褐色。

## 如何挑选黄金饰品

在购买黄金饰品的时候，首先要看它的工艺水平如何，也就是说其做工要好。可以根据以下几个方面来

挑选：

嵌在上面的花样要精细、清楚，其图案要清晰。

焊接上时，其焊点要光滑，没有假焊，若是项链，其焊接处要求活络。

从抛光上讲，饰品表面的平整度要好，没有雕琢的痕迹。

从镀金上讲，其镀层要均匀，无脱落，饰品镀上金后就是光彩夺目的。

从嵌宝石上讲，要求宝石嵌得非常牢，无松动，镶角要薄、圆润、短、小。在嵌宝石戒指的时候，还要求其齿口与宝石在高低比例对称上要非常和谐。

## 铂金与白色 K 金的鉴别

对它们的重量进行比较，是最直接的区别方法。即使是一枚用铂金制成的很简单的结婚戒指，也会比用白色 K 金所制成的要重。白色的铂金是天然的，而白色的 K 金只能通过把黄金和其他的金属熔合到一块才会有白色的外观。白色的 K 金，其颜色通常还利用了表层的镀金来增强。然而，这样的电镀会被磨损，从而在白色 K 金的表面会出现些暗淡的黄色。铂金的背后都会有一份保证，它是专门用来标志铂金的。在真正的铂金首饰上面，不管是挂件、戒指还是耳环，都会嵌一行很细小的标志 PT900 或 PT950。

## 如何选择戒指款式

在选择戒指的时候，手指比较短的，要避免复杂设计及底座比较厚实的扭饰型，建议佩戴 V 形等比较强调纵线设计的款式，且有一颗坠饰垂挂的设计，非常可爱，且又可以掩饰手指的粗短。

若是粗指，宝石太小或者指环过细，会让人感觉手指粗，稍有起伏设计或扭饰，会使手指看起来比较纤细，单一的宝石或者宝石较大的设计，也可以掩饰粗指。

若指关节粗大，适合带厚实的戒指，若环状部分太细或者宝石过大，看起来会不平衡，容易滑动。若是底座厚实、碎钻的宝石设计，指关节就不会那么明显，会相当适合。

## 如何选购宝石戒指

检查宝石是否有内包物或裂痕，越少越好。首先从颜色上来挑选，一般颜色浓“深”有透明感的为上品。在看颜色的时候，用自然光看为好。

挑选钻石戒指比较容易，要看其价值基准，即四“C”：净度、颜色、切磨、重量。其次，要看是否跟自己手指的粗细相符合。还要注意其框的加工精度，要求其选择配合要适宜。

要注意嵌入宝石的高度与宽度，太高了容易被撞坏，太小了又不好看，两者都要适中。

在尺寸上要适中，若手指的关节较粗，而后节又较细，在选择的时候，选戴后稍稍有空隙的最为合适。若是纺锤形的手指，应以戴上后脱落不下来为基础，稍稍紧些为好。

## 如何选购玉器

不要在强光下选购玉器，因为强光会使玉失去原色，掩饰一些瑕疵。假玉一般是塑料、云石甚至玻璃制造的或者进行电色的。塑料、云石的重量比玉石轻，硬度比玉石差，易于辨认。自然光下的着色玻璃会出现小气泡，也能辨认。但电色假玉则是经过电镀，把劣质玉石镀上一层翠绿色的外壳而成的，很难分别，有些内行也曾受骗。

选购时应留心选有称为蜘蛛爪的细微裂纹的玉，所以买玉应该到老字号去买。

另外，还要注意以下几点：选透明度比较高，外表有油脂光泽，敲击时发声清脆，在玻璃上可以留下划痕，本身无丝毫损失，做工精致的玉器。

## 如何识玉器真假

看玉器，选在明亮灯光下，这样会比较清楚地看见玉器上的裂纹、玉纹以及石花、脏点等瑕疵，但是灯光下玉器会显得更美，会提升玉的档次。尤其是紫罗兰色玉器，本来淡紫色的会变浓，而本来较浓的紫则会更加可爱。

一件好的玉器应具备鲜亮、色美、纯正、浓郁、柔正等特点，而我们常见的假玉，多以玻璃、塑胶、电色石、大理石等来假冒。可以用下面的方法来识别其真假：

（1）察裂纹：电色的假玉，是在其外表镀上了一层美丽的翠绿色，特别容易被人误认为是真玉。如果你仔细观察一下，就会发现上面会有些绿中带蓝的小裂纹。将其放在热油中，其电镀上的颜色即会消退掉，而原形毕露。

（2）光照射：着色的玻璃玉只要拿到日光或灯光下看一下，就会看到玻璃里面有很多气泡。

（3）看质地：塑胶的质地，比玉石要轻，其硬度也差，一般很容易辨认出来。

（4）看断口：真的玉器，其断口

会参差不齐，物质结构较细密。而假的玉器其断口整齐而发亮，属玻璃之类的东西，断口的物质结构粗糙，没有蜡状光泽，跟普通的石头一样。

## 鉴别玉器的方法

（1）手掂：把玉器放在手里面掂一掂，真的玉器会有沉重感，假的玉器掂起来手感比较轻飘。

（2）刀划：真的玉器较坚硬，用刀来划它，不会有痕迹。而假的玉器，一般都比较软，刀划过后都会有痕迹。

（3）敲击：将玉器腾空吊起来，然后再轻轻地敲击，真的玉器其声音舒扬致远、清脆悦耳。而假的玉器不会发出美妙的声音。

## 如何选购翡翠品

翡翠有红、绿、黄、紫、白等不同颜色，选购时，一是看色彩，优质翡翠显示明亮的鲜绿色；二是听响声，硬物碰击时发声清脆响亮者比较好；三是看透明度，真品可以在玻璃上划出一道印痕，伪品不能。

## 如何鉴别翡翠赝品

可以从以下四个方面鉴别：

（1）翡翠贴在脸上冰凉，塑料则无。

（2）塑料颜色均匀刻板，时间久会留硬伤、牛毛纹，翡翠不会。

（3）塑料比重小于翡翠。如果用小刀刻画翡翠，翡翠无损伤，小刀易打滑；塑料上能刻出伤痕来，小刀不打滑，划动时手感也不同。

（4）用火烧来鉴别，塑料会冒烟熔化，而翡翠无变化，其表面也许会熏出黑色烟雾，用软布擦仍完美如新。

## 鉴别翡翠的十字口诀

珠宝界常用浓、阴、老、邪、花、阳、俏、正、和、淡十字评价翡翠，称为“十字口诀”。浓，指颜色深绿不带黑；反为淡，指绿色浅而无力。阳，指颜色鲜艳明亮；反为阴，指绿色昏暗凝滞。俏，即绿色美丽晶莹；反为老，指绿色平淡呆滞。正，指绿色纯正；反之，绿中泛黄、灰、青、蓝、黑等色为邪，邪色价值降低，要注意细微邪色差别。和，指绿色均匀；如绿色呈条、点、散块状就是花，会影响玉料或者玉器的价值。

## 玛瑙的鉴别

（1）颜色：玛瑙没有气泡划痕、

凸凹和裂纹，透明度越高越好。首先，真玛瑙应该色泽鲜明、协调、纯正，没有裂纹，而假玛瑙色和光都较差。其次，真玛瑙的透明度不高，有些可以看见云彩或自然水线，但是人工合成的就像玻璃一样透明。

（2）硬度：假的玛瑙是用其他石料仿制的，特点是软而轻。真玛瑙可以在玻璃上划出痕迹；真玛瑙的首饰要比人工合成的重一些。

（3）温度：真的玛瑙冬暖夏凉，人工合成的玛瑙基本与外界温度一致，外界凉它就凉，外界热它就热。

（4）工艺：玛瑙要大小搭配得当；检验玛瑙项链，只要提起来看每个珠子是不是都垂在一条直线上就行，如果不是就说明有的珠子偏了，加工工艺不完善。选择玛瑙首饰的时候，还要注意每个珠子的颜色深浅是否一样，镶嵌是否牢固。

## 水晶与玻璃的鉴别

可以从以下三方面来鉴别：

（1）颜色：水晶明亮耀眼；玻璃在白色之中微泛出青色、黄色，明亮不足。

（2）硬度：水晶的硬度为7，而玻璃则在5.5左右。如果用天然水晶晶体棱角去刻划玻璃，玻璃会被划破。

（3）杂质：水晶是天然结晶，体内有绵纹；而玻璃是人工熔炼出来的，体内均匀无绵纹。玻璃内有小气泡，水晶则无，用舌舔水晶和玻璃，水晶凉，而玻璃温。

## 挑选什么样的钻石好

无色透明的钻石最好，从颜色上看，白晶色最好，其次是浅黄色，再次就是黄色。其颗粒越大就越有价值，其晶体的纯净度越高也就越好。白光角度的准确性越高，表明其质量越好。

钻石的价值取决于重量、净度、颜色与切工四个因素。

钻石是以单位克拉（1克拉=0.2克）进行计价的。钻石珍贵的原因之一就是少见，重量大者就更少见，1克拉以上属于名贵钻石。

净度：即透明度或纯度。净度高的钻石，由于无瑕疵、无杂质、完全无色透明，价值很高。

颜色：钻石颜色非常重要，颜色决定钻石是否名贵和价值高低。宝石级钻石颜色仅限于无色、接近无色、微黄色、浅淡黄色、浅黄色五种。除此以外，蓝色、绿色、粉红色、紫色和金黄色较少见，可做稀有珍品收藏。

一颗钻石切磨的工艺水平在于式样新潮与否、角度和比例正确与否、

琢磨精巧与否等因素。

## 如何识别天然珍珠与养殖珠

看光泽：养殖珠的包裹层比天然珠的包裹层要薄且要透明些，因此，在它的表面，一般都有一种蜡状的光泽，当外界的光线射到珍珠上时，养殖珠会因为层层的反射而形成晕彩，不如天然珠艳美。它的皮光也不如天然珠的光洁。也可以把珍珠放在强烈的光照下，然后再慢慢地转动珠子，只要是养殖珠，都会因珍珠母球的核心而反射闪光，一般360度左右就闪烁两次，这是一个识别养殖珠重要的方法之一。

看分界线：彻底清洗干净穿珍珠孔洞的穿绳，然后，再用强光来照射，用放大镜仔细地观察其孔内，只要是养殖珠，在它的外包裹层和内核之间都会有一条很明显的分界线。而对于天然珠，会有一条极细的生长线，且一直呈均匀状排列在中心，在接近中心的地方，其颜色较褐或较黄。

# 第十二章　家庭清洁妙招

## 巧去家具污痕

擦伤。擦伤但未触及漆膜下的木质，可用软布蘸少许溶化的蜡液，涂在漆膜擦伤处，覆盖伤痕。待蜡质变硬后，再涂一层，如此反复涂几次，即可将漆膜痕迹掩盖。

烧痕。灼烧，留下焦痕，而未烧焦漆膜下的木质，用一小块细纹硬布，包一根筷子头，轻轻擦抹灼热痕迹，然后，涂上一层薄蜡液即可。

水印。家具漆膜泛起“水印”时，可在水渍印痕盖上块干净湿布，然后小心地用熨斗压熨湿布，这样，聚集在水印里的水会被蒸发出来，水印也就消失了。

油污。家具漆膜被油类沾污，用软布蘸些温凉的浓茶水，反复擦洗几次即可。

## 如何去除玻璃杯上的茶渍

废旧牙刷 + 牙膏。用废旧的牙刷挤上牙膏刷玻璃杯，很快就可以把茶渍洗净！

海绵 + 盐水。用海绵蘸盐水摩擦玻璃杯，可轻易去掉茶渍。

碎鸡蛋壳。把碎的鸡蛋壳放到杯子里，使劲摇晃，然后再用清水冲洗，玻璃杯就会很干净。

## 巧除杯中咖啡污迹

除去杯中咖啡污迹的办法非常简单，可以取一团棉花蘸着醋擦洗，只需一会儿工夫便可以将咖啡污迹除去。用棉团蘸着煮沸过的浓盐液擦，效果也同样理想，这两种方法简单易行。

## 雪地靴的清洗方法

外面用海绵和牙膏清洗。将牙膏挤在雪地靴表面，然后用海绵轻轻擦洗。牙膏最好用白色的，以免有色牙膏中的色素沾染雪地靴表面，造成色花。

洗里面的绒毛，只需要把洗衣液倒进清水里面，接下来把脏的绒毛浸到水里清洗，用手轻轻地揉一揉，然后轻轻地拧掉水分。记得，千万不要用刷子刷，一定要用手搓，这样既干净也不会损伤绒毛。最后，再用一样秘密武器——电吹风一吹，靴子的绒毛就恢复原本的蓬松。

## 除厕臭三法

只要在厕所内放置 1 杯香醋，臭味便会消失。香醋的有效期一般为 6—7 天，也就是说，每隔一周左右要更换一次香醋。

清凉油除臭。将一盒清凉油打开盖放在卫生间角落低处，臭味即可清除。一盒清凉油可用2—3个月。

过磷酸钙除臭。经常在卫生间撒少许过磷酸钙，臭味就可消除。此法也适用于去除鸡笼中的臭味。

## 除锈小窍门

如果菜刀生了锈，用萝卜片或马铃薯加少许细沙末擦洗，或用软木擦拭，刀锈会立刻消除。在平时用完菜刀后，用布抹一点生油或用姜片揩一下，可防止生锈。

若是铁锅、铁锅铲、菜刀等生了锈，用淘米水浸泡数日后，便会恢复干净的表面，铁锈一丝都不见。

若怕铁栏生锈，防止的方法是用黑铅粉和松节油涂表面，其光泽将经久不变。

不锈钢餐具使用长久后，受硬水的影响，会产生白斑，可用食醋将其擦洗干净。

把生黑斑的铝制品泡在食用醋水混合液中，10分钟后取出清洗，便会光洁如新。

铜制品用旧后，用食醋涂擦，可以光亮如新，而且不伤制品。如铜火锅上的绿锈，若误食会导致人体中毒，这时可用布浸蘸食醋，再加点细盐擦拭，最后再用清水冲洗干净。

## 浓盐水可保持洗涤槽的清洁

厨房中的洗涤槽使用时间久了，排水管内积聚了脏物，产生了油渍，会散出一股不好闻的气味。将浓盐水倒入洗涤槽的排水管内，就可保持清洁，防止发臭和油渍堆积。浓盐水的浓度以水能全部溶解掉盐为度。

## 巧除脏衣物污渍

除墨渍。新渍先用温洗涤液洗，再用米饭粒涂于污处轻轻搓揉即可。陈渍也是先用温洗涤液洗一遍，再把酒精、肥皂、牙膏混合制成的糊状物涂在污处，双手反复揉搓亦能除去。

除漆渍。在刚沾上漆渍的衣服正反两面涂上清凉油，几分钟后，用棉花球顺着衣料的布纹擦几下，漆渍便可清除。除陈漆渍时，要多涂些清凉油，漆皮自行起皱后即可剥下。将衣服洗一遍，漆渍便会完全去掉。

除菜汤渍。刚沾上菜汤渍的可立即泡入冷水内约5—10分钟，在污渍处擦些肥皂轻轻揉搓即可。较陈旧的用小刷蘸汽油涂擦污处，去其油脂，然后把污渍浸泡在用1份氨水5份水

配成的溶液内轻轻搓揉。

除口红印。先用小刷蘸汽油轻轻刷拭，去掉油脂后，再用洗涤液洗除。严重的可先在汽油里浸泡揉洗，再用洗涤液洗除。

除柿子斑。由于陈渍很难清除，所以沾上柿子斑后，应立即用葡萄酒加些浓盐水一起揉搓，然后用温水洗涤液洗除。

除食醋、酱油渍。一般衣服上的食醋、酱油污渍，可用少量藕汁揉搓，再用清水洗净。

除茶水、咖啡渍。白衣服上的茶水、咖啡渍，可用漂白剂或酒精擦拭。

除圆珠笔油渍。用肥皂洗后，再用 95% 的酒精擦洗。

除汗渍。用少量冬瓜汁搓洗，可除掉白衣服上的汗渍。

除油渍。取一片萝卜擦拭油污处，然后再用热水洗净。

除果汁渍。棉毛织品上的果汁污渍，可用少量稀氨水搓揉，然后用清水洗净。

除污泥渍。用少量马铃薯汁先擦后清洗，可除掉衣服上的污泥渍。

除烟油渍。可用少量西瓜汁搓洗，效果明显。

除血渍。先用双氧水擦拭污渍，然后再用酒精或清水漂洗。

除鞋油渍。可用少许汽油擦洗衣服上的污处，然后用清水洗净即可。

除铁锈渍。用柠檬汁和食盐调成糊抹在污处，搓一搓，再用水洗两次，铁锈便可除掉。

除蓝墨水渍。先用洗衣粉洗，然后用 10% 的酒精溶液洗除。也可用少量浓牛奶搓揉后清洗。

## 消除地板上污痕的窍门

地板上的油腻可用洗衣粉和烟头一起放在水里，待溶解后，拿来擦洗。对于受污复合木地板的清理，我们为你提供这样两个小窍门：

第一，用抹布蘸取淘米水直接在地板上擦拭，或将淘米水均匀喷洒在木地板上（不宜太多），5 分钟后用干抹布擦拭，会取得相当满意的清洁效果。

第二，特殊污渍的清理——污迹类型：果汁、奶渍、葡萄酒等；清除方法：软抹布蘸少量温水轻轻一抹。污迹类型：口红、碳笔、鞋油、指甲油、烟渍等；清除方法：软抹布沾少许酒精轻轻一抹。

## 去除桃毛的简单方法

将桃子用水淋湿，先不要泡在水中，抓一撮细盐涂在桃子表面，轻轻搓几下，注意要将桃子整个搓，接着将沾着盐的桃子放进水中浸泡片刻，此时可随时翻动；最后用清水冲洗，桃毛即可全部去除。

## 五招清除农药残留

泡。如菠菜、白菜等，可以用清水浸泡除毒，也可以在清水中加入少量洗涤灵，浸泡半小时后再用清水洗净。

烫。如青椒、芹菜、豆角、西红柿等，在下锅前先烫5—10分钟，可清除部分残毒。

削。对茎类蔬菜如萝卜、胡萝卜、土豆以及瓜果蔬菜（如冬瓜、黄瓜、苦瓜、丝瓜等），最好削掉皮后再用清水漂洗一下。外表不平或多细毛的蔬果（如奇异果等），较易沾染农药，因此食用前，可去皮者，一定要去皮。

洗。对花类蔬菜如黄花菜、韭菜花等可放在水中漂洗，一边排水一边冲洗，然后在盐水中浸泡一下。

选。节日前后，应避免抢购蔬果；尽量选购当下盛产的蔬菜；选购信誉良好的蔬果加工品（如罐装及腌渍蔬果等）或冷冻蔬菜。

可选购含农药概率较少的蔬果，如具有特殊气味的洋葱、大蒜；对病虫害抵抗力较强的龙须菜等。应避免选购表面有药斑，或有不正常的、刺鼻的化学药剂味道的蔬菜。

## 轻松去除水壶水垢

家家用水壶，家家讨厌水垢。为此，我们向你推荐几种简便易行的去除水垢的方法，不妨试试。

（1）水壶煮山芋除垢。在新水壶内，放半水壶以上的山芋，加满水，将山芋煮熟，以后再烧水，就不会积水垢了。但要注意水壶煮山芋后，内壁不要擦洗，否则会失去除垢作用。对于已积满了水垢的旧水壶，用以上方法煮一两次后，不仅原来的水垢会逐渐脱落，还能防止水垢再积。

（2）小苏打除水垢。用结了水垢的铝制水壶烧水时，放1小匙小苏打，烧沸几分钟，水垢即除。

（3）煮鸡蛋除水垢。如用结水垢的水壶煮上两次鸡蛋，会收到理想的效果。

（4）土豆皮除水垢。铝壶或铝锅使用一段时间后，会结有薄层水垢。将土豆皮放在里面，加适量水，烧沸，煮10分钟左右即可除去。

（5）热胀冷缩除水垢。将空水壶放在炉上烧干水垢中的水分，烧至壶底有裂纹或烧至壶底有“嘭”响之时，将壶取下，迅速注入凉水，或用抹布

包上提手和壶嘴，两手握住，将烧干的水壶迅速坐在冷水中（不要让水注入壶内），重复2—3次，壶底水垢会因热胀冷缩而脱落。

（6）醋除水垢。如烧水壶有了水垢，可将几勺醋放入水中，烧1—2小时，水垢即除。如水垢中的主要成分是硫酸钙，则将纯碱溶液倒在水壶里烧煮，可去垢。

（7）口罩防积水垢。在烧水壶里放一个干净的口罩，烧水时，水垢会被口罩吸附。在壶中放一块磁铁，不仅不积垢，煮开的水被磁化，还具有防治便秘、咽喉炎的作用。

## 热水瓶除水垢三法

往瓶胆中倒点热醋，盖紧盖子，轻轻摇晃后，放置半小时，再用清水洗净，水垢即除。

瓶中加50克小苏打和一杯水，盖紧盖子，轻轻摇晃后，放置半小时，再用清水洗净即可。

将鸡蛋壳打碎装在水瓶里，再倒几滴洗涤剂和适量的水，加盖后，上下晃动，最后用清水冲洗干净即可。

## 如何去除冰箱异味

冰箱使用时间长又未做及时清理，就会出现难闻的气味，可在冰箱中放入柚子皮或橘子皮来去除异味。方法是将水果皮晾干，分别放置在冷藏室的各层上，每层100克左右，每半个月换一次。另外，泡过的茶叶沥干水分后，用小碟子盛着放在冰箱里，也可以吸收难闻的气味。或是使用活性炭吸附，但要每隔一周到两周更换一次，并在光照充足的地方曝晒一下，保证最好的吸附效果。

## 厨房油污巧清除

地面油污。在拖把上倒一点醋来回擦拭，即可去掉地面的油污。若水泥地面上的油污很难去除，可在头天晚上弄点干草木灰，用水调成糊状，将这糊状物均匀铺在有油污的水泥地面上，第二天早晨将铺在地面上的糊状物清理掉，再用清水反复冲洗，水泥地面便可焕然一新。

灶具油污。液化气灶具沾上油污后，可将黏稠的米汤涂在灶具上，待米汤结痂干燥后，用铁片轻刮，油污就会随米汤结痂一起除去。如用较稀的米汤、面汤直接清洗，或用乌鱼骨清洗，效果也不错。

厨房门窗油污。厨房门窗的玻璃由于油烟污染，往往附着许多又脏又黑的污垢，很难擦洗干净。如果用棉纱蘸些温热的食醋或酒精擦洗，便容易擦干净了。

玻璃油污。先用碱性去污粉擦拭，然后再将氢氧化钠或稀氨水溶液涂在玻璃上，半小时后用布擦洗，玻璃就会变得光洁明亮。

纱窗油污。先用笤帚扫去表面的粉尘，再用15克清洁精加水500毫升，搅拌均匀后用抹布两面均抹，即可除去油腻。或者在洗衣粉溶液中加少量牛奶，洗出的纱窗会和新的一样。

家具油污。在清水中加入适量醋，然后擦拭即可去除油污。或用漂白粉溶液浸泡一会儿再擦，去污效果也很不错。

## 搪瓷器皿巧除污

如搪瓷（陶瓷）器皿有了污垢，用鲜南瓜叶轻轻一擦，就可光洁如新。

用煤油清除浴缸、脸盆和自来水龙头上的污垢也很有效。

搪瓷制品的陈年积垢很不容易洗干净，若是用刷子蘸少许牙膏擦拭，即可去垢。

也可用榨去汁的柠檬皮，放入一小碗温水浸泡，一起倒入器皿中，放置4—5小时。用蜡和盐混合来洗也能洗得很干净。

## 餐具消毒的方法

煮沸消毒。把洗净的餐具放到开水中煮沸3—5分钟，这是一种简便、可靠的方法。据研究，当水温加热至80℃时，水中的一般细菌及肠道致病菌均可杀灭，故煮5分钟即可，但对肝炎病人用过的餐具，则应煮沸20分钟。

蒸气消毒。把洗净的餐具放到笼屉里蒸5—10分钟。肝炎病人用过的餐具则应蒸20—30分钟。

药物消毒。漂白粉在水中能水解成次氯酸，有很强的杀菌作用。

经过消毒的餐具，不要用不洁的抹布擦拭，也不要用不干净的手去摸，可让其自然干燥，并放在干净的地方，盖好，防止再次污染。

## 高效率高质量擦玻璃的窍门

用报纸擦玻璃。报纸上有油墨，所以用看过的，刚出版不久的报纸擦玻璃，可以很快除污去油渍。然后再用软纸或软布擦净即可。

用棉纱蘸温醋。用棉纱蘸上稍加温的醋擦玻璃，效率高，质量佳。

## 巧除地毯污迹

油烟迹。用刷子蘸取浓食盐水多刷洗几次即可；也可用棉纱取纯度较高的汽油除掉。

水果汁迹。用80%左右的氨水溶液浸湿污迹，再使用毛刷蘸取氨水液即可刷去。

墨水迹。可往污处撒些细盐粉末，然后用湿肥皂水液刷去；陈墨迹宜选用鲜奶浸润透，再使用毛刷蘸取鲜奶反复地擦洗。

果酒、啤酒迹。先用棉纱或软布条蘸取温洗衣粉溶液涂抹擦拭，然后再使用温水及少量食用醋溶液清洗干净。

动植物油迹。用棉纱蘸取纯度较高的汽油反复地擦拭；也可使用洗涤剂擦刷。

## 去除厨房用具油污小窍门

塑料篮、筐的网眼里积存了油污，可用旧牙刷蘸一点醋、肥皂水或洗涤剂，轻轻刷洗网眼，用水冲洗去除。注意不要用去污粉，会磨去表面光泽。

油腻的碗碟用具，用废茶叶擦洗，油腻可很快除去。用淘米水或煮面条剩下的汤洗涤，去油污效果也很不错，洗后只需要再用少量水一冲即可。

铝锅、铝盆等铝制品的油污，用乌贼鱼骨轻擦几下，便会去除，并且铝制品不会被损坏。还可用一小把鸡毛加上少许水擦拭，比用肥皂水洗刷还干净。

珐琅器具、玻璃制品及陶器上的油污，可用醋与少许食盐的混合液洗刷。

铜锅或铜壶上的油污，可用柠檬汁加少许细盐末擦拭干净。

精钢食具上的油污，可用醋擦一遍，干后用水洗就可以了。

手上有油污，若用碱水洗会伤皮肤，用肥皂水洗不易洗净，这时不妨先把手浸湿，然后取一小撮玉米粉放入手中，轻轻搓一分钟使玉米粉成糊状均匀分布在手上，随后用水一冲，就干净了。

## 如何清理家中掉落的毛发

毛发其实是居室中最容易被我们忽视的污染源。特别是在卫生间里洗澡、梳头时，脱落的头发常会在地漏口聚集。而且，毛发是最不容易腐烂的物质，即使掉到下水道中，也不会因为水的浸泡而腐烂，反而还会粘上很多杂物，造成下水道堵塞。而且随着人的走动以及空气流动，会使沾满灰尘的毛发上面一些肉眼看不到的细小颗粒物被人体吸入，引起过敏、上呼吸道疾病。因此，平时应该多清扫沙发下、衣柜下、床下等死角。

地板上的毛发。可以将一双旧丝袜套在扫帚上，扫地时，由于产生了静电，毛发、灰尘等会很容易吸附在丝袜上面。

布沙发、床单、毛衣上的发丝。可以截取一截宽胶带，在上面粘几下，就能轻松除去。

下水道的毛发。下水道里的头发比较隐蔽，不好清理，所以很多人认为用管道疏通剂就能搞定。其实不然，头发是由蛋白质组成的，本身就不好腐蚀，用一些酸碱溶剂非但不起作用，可能还会破坏管道。最好选用带有筛子的管道口，定时清理上面积攒的毛发。如果是弹跳式下水口，不妨试试为其量身定做的“下水道毛发清理器”，它是塑料质地，两边有齿轮，伸进管道后转一转，头发就被拉出来了。

最后提醒，尽量在固定的地方梳头。在家时，头发最好束起来，可以减少掉发的概率。

## 居家卫生死角清洁小技巧

小东西隐藏大量病菌。手机、电话、键盘、鼠标，这些我们每天都要打交道的小物件，最易传播病毒。擦拭不及时的桌面、窗台等，也容易积聚灰尘、滋生病菌。

对策：把抹布放在浓度为有效氯含量250—500毫克/升的溶液中浸泡20—30分钟，再用其擦拭物体表面。也可使用浓度为有效氯含量500—1000毫克/升的含氯消毒剂溶液，对物体表面进行浸泡或喷洒消毒。或者用消毒纸巾或酒精棉球擦拭上述地方。

# 第十三章　驱蚊除虫妙招

## 盆景防虫小窍门

随着健康理念深入人心，许多人愿意在屋内养绿色植物来净化空气、美化环境。将寓意不俗的盆景摆放在书斋的窗台或者书桌上，可以映衬主人的不凡个性。为了让盆景在给家庭增添意境的同时不带来蚊虫的烦恼，可以将打开的风油精小瓶放在盆景旁边，这样可以达到驱赶蚊虫的目的。如果不能接受风油精的味道，可以用葱、姜、辣子熬成水搅拌在泥土里，这样既不会影响植物生长，也可以达到驱虫的目的。

## 新房装修防白蚁

木门套、窗边线条

对全部使用木料的木门套、窗边线条喷施防蚁药液；对相应的门洞、窗边也要喷施防蚁药。

木墙裙、护墙板

（1）对相应的墙壁全面喷施防蚁药液。

（2）完成木枋架后，未安装夹板前，对木枋全面喷施防蚁药液。

（3）夹板在安装前，对其两面均全面喷施防蚁药液；安装完成后，未贴饰面前，再对其表面喷施药液。

木壁柜

（1）所使用的夹板和木枋均全面喷施防蚁药液。

（2）相应的墙面和地面全面喷施防蚁药液。

（3）壁柜完成后，在贴饰面前，对柜的内外各表面再次喷施防蚁药液，以防有空白点出现，确保防蚁效果。

木吊顶

（1）对所用的木枋，全面喷淋防蚁药液。

（2）对所用的夹板面全面喷淋防蚁药液。

（3）吊顶内的墙壁四周及天面全面喷施防蚁药液。

木地板

（1）待地面固定龙骨后，对木枋及地面全面喷施防蚁药液。

（2）对相应的墙壁四周20厘米高喷施防蚁药液。

（3）对所使用的夹板贴喷施防蚁药液。

## 如何防止蛀虫住进地毯

保持地毯的清洁、干燥。地毯使用一年后，应搬到室外，敲去灰尘，晾一晾，但不要曝晒。地毯再重新铺用时，应将地面清扫干净。

地毯铺用两三年后，要用化学药品清洗一次。洗干净后的地毯，如继续铺用，应擦净地板再铺。

木质地板最好打上蜡，过两三天后再往地板上撒一层卫生球面，然后铺地毯。

存放地毯时，应在地毯上均匀地撒些卫生球面，然后裹紧捆好放在通风处，最好放在离地面半米到一米高的地方。

按材质来分，地毯大体可分为羊毛地毯、聚丙烯仿羊毛地毯、化纤地毯与混纺地毯。化纤地毯，就是尼龙、丙纶、腈纶等材质，此类地毯不会受到蛀虫霉变等情况影响。

## 消灭臭虫的方法

烧烫。把开水来回多次浇进床板、床架、家具的缝隙里，衣服、被单浸泡在开水里，这样可以杀死臭虫的成虫和卵。

填塞缝隙。把倍硫磷调成糊状，填塞在床板、床架、家具以及墙壁、地板的缝隙内，填塞后要经常检查，一旦发现填塞的油灰脱落，就应立即补充。

曝晒。把被褥、凉席等放到太阳下面曝晒。曝晒的同时应拍打或翻动这些物品，把藏在里面的臭虫抖出来晒死或直接杀死。

药物杀灭。可以把50%马拉硫磷、50%倍硫磷用水稀释100倍，喷洒在墙壁或床板上，用量按每张单人床400毫升计算。用药一次效果能维持2—4个月。在家具的缝隙处和墙缝处，可以把药液进行线状喷洒。也可以把50%敌敌畏乳油用水稀释200倍，喷洒在臭虫活动、栖息的场所，用量是每平方米100毫升。也可以用刷子蘸药液抹进床板、床架、棕绷、家具的缝隙里。这种方法对成虫的杀灭效果比较好，但对虫卵效果比较差，所以，涂药后6—10天应当再涂一次。还可以用2.5%凯素灵可湿性粉剂加水稀释80—100倍，喷洒在床板或墙面上，药效可以维持两三个月。在集体单位，可以把家具的缝隙充分暴露，把衣服、被褥、席子等悬挂起来，然后紧闭门窗，用敌敌畏乳剂烟熏四小时。

## 跳蚤的控制和预防

彻底地用吸尘器打扫家居环境，尤其是宠物经常睡的地方。吸尘完毕以后，把吸尘器里的垃圾用塑料袋包好，立刻丢出房子。要坚持每天用吸尘器，尤其对宠物经常活动的地方。据研究，吸尘器可以清除掉50%的跳蚤卵。

使用杀成虫剂，比如地毯粉、喷雾剂等杀死残留在环境里的跳蚤。注意在看不见的死角处，如家具底下等处也要使用喷雾剂清除。选择产品时要考虑到家里的其他情况，比如是否有小孩、鱼或鸟，或家人是否对某种药物过敏。

为了防止跳蚤卵和幼虫等长成成虫，还需要使用含有防治幼虫生长成分的杀跳蚤的喷雾剂。有许多产品是两种功能都有的，既能杀死环境里残留的成虫，又能阻止幼虫的生长。

宠物窝内的垫料要一周一洗，宠物窝附近的地方也要喷洒用于环境处理的喷雾剂。

同时不要忘了处理一下你的汽车，宠物出门用的包箱，或是其他宠物常去的地方。

总之，处理跳蚤的关键是预防。如果你的宠物从来没有闹过跳蚤，也从来不出门，从不和外来的宠物接触，就没有必要做处理。但是一旦你的宠物感染过跳蚤，就有必要做个长期的计划了，关键就是处理环境里的成虫和卵，并且要知道在跳蚤消灭后的2—3个月内，跳蚤又重现是很正常的情况。所以对于宠物和环境有必要根据你所选择的产品，进行每月一次或每两月一次的处理，并重复处理2—3次。如果你的宠物经常出门，就有必要进行全年预防。

## 常见衣服蛀虫的防治措施

凡经雨淋的贵重衣服和暂不穿着的衣服，需经阳光曝晒后，再拍打，入橱、入箱存放。同时，橱、箱内要存放樟脑丸。樟脑丸有驱虫作用，可用清洁纸张包装后放入，以免樟脑丸的沉淀物污染衣服。

俗语说，“杨柳花开，不宜晒衣”，收藏衣服最好能避开这个“危险期”。可在大伏天，将衣服经日光曝晒后，再入箱收藏。

贵重衣服不穿时，要养成随时入衣橱或挂衣架的习惯；衣橱和衣箱上面不要随意存放杂物、食品等，免得招虫入内。另外，梅雨季节不要随意打开衣箱，以防衣服受潮，便于害虫生长和发育。衣箱和衣橱要每年检查，并经常保持干燥和清洁。

一旦发现衣服上出现蛀孔，要立即寻找害虫和虫窝。能用水洗的衣服，尽可能水洗一次，经阳光曝晒后，用熨斗熨平，将隐藏在衣服缝隙内的虫卵彻底清除。不能用水清洗的，则可送洗染店干洗或熏蒸。如果衣服受蛀严重，衣箱或衣橱也发现害虫时，则在弄清害虫种类后，用0.6%氯菊酯或敌敌畏，按不同虫种及不同虫龄酌

情用药。

## 羽绒服如何防虫蛀

羽绒衣物保存一段时间后，可拿出来检查是否被虫蛀。将羽绒衣、羽绒被的角朝下，由下而上拍打十几次，再用手摸羽绒衣物角尖有无粉屑。如发现增多，说明已被蛀蚀，应立即放入清水中浸泡15分钟，再放到30℃的中性皂液中，浸泡几分钟，取出铺平拉直，用软毛刷轻轻刷洗，然后用清水漂洗干净，压挤水分后晒干，防止蛀虫增多。如果蛀蚀严重，则要请专业商店用药物熏蒸。

处理完蛀蚀或羽绒服洗净晾晒干后，应吊挂或平展地放入干燥洁净的柜橱内，另用小布袋装入樟脑丸放在衣柜中，以防再被虫蛀。为保持羽绒服上金属电镀纽扣的光泽，可涂一层蜡，然后拉上拉链。羽绒服在暖和的季节不穿时，应经常取出晾晒。

## 新大米怎么防蛀虫

米具要洁净、严实。最好将米放在缸、坛、桶中，并备有严实的盖。如果用布袋装米，要在布袋外面套一塑料袋，扎紧袋口。

将海带和大米按重量1∶100的比例混放，每周取出海带晒去潮气，便能保持大米干燥不霉变，并能杀死米虫。

在米桶里放几枚螃蟹壳、甲鱼壳或大葱头，同样可以达到防止虫蛀的目的。

## 常见家庭粮虫虫害的防治方法

隔离法。应本着先购粮先吃，后买粮后吃的原则，尽量减少粮食贮存期，使害虫减少繁殖的机会。若先购粮出现害虫多，而粮食又尚未吃完的情况，则应另找盛器存放，与后购粮分别贮存。

做好贮粮场所的清洁工作。米缸等盛器应置于通风及便于打扫的墙边，并须经常保持米缸和地面的清洁和干燥，杜绝害虫的滋生或扩散。

高温法。陈米多，并且虫子密度高时，则可将米倒在水泥地上经阳光曝晒，并筛选后再贮存。

缸坛装米可用花椒防虫。方法简便：用一个小布袋，内装7—10克花椒，放在装米的坛内。若是用缸、箱装米，可多放一袋，用盖盖好，能有效地防止外界害虫感染。如果大米已经有虫，可将花椒袋放在下部，由花椒释放出来的气味，可刺激驱赶米蛀虫。

粉质粮食（如面粉、糯米粉等）处理。粉质粮食应放入无漏洞的食品袋或塑料袋扎口后，再放入桶、罐贮存。一旦发现有虫，可用绢筛或铜筛筛选，然后再装入食品袋里。

豆类处理。家庭贮存的豆类，可经阳光曝晒后放入食品袋或塑料袋扎口后再放入桶、罐等盛器进行双密封贮存。

对少量的蚕豆、豌豆等，可以采用浸烫方法杀灭害虫。具体做法是，烧一锅开水，用箩筐盛6—10公斤豆类，放进开水锅内浸烫，蚕豆30秒，豌豆26秒，取出后立即摊薄晒干，可以杀灭豆内的全部蛀虫。此法操作要求水温必须保持沸点，时间掌握要准确，并要使豆子受热均匀。

一旦发现豆粒轻度受害，能吃的迅速吃掉，一时吃不完的可放在冰箱等低温环境下暂时保存，限制害虫的发育。

## 竹制家具怎么防蛀虫

蛀虫和白蚁是竹制家具最危险的敌人。

因为竹子富含纤维素、半纤维素、木质素及糖、脂肪、蛋白质等，这些成分是蛀虫及白蚁等昆虫的营养品。所以，使用竹制家具时，我们应采取一定的措施来防止虫蛀，以增加竹制家具的使用寿命。

新购制的中小型竹器如篮子、凉席等制品，最好经高温密封蒸汽重蒸处理。蒸2—3小时，就可彻底将竹器中隐藏的昆虫、微生物杀灭。用开水加一定数量的食盐将竹器浸泡1—2天，也能防止发生虫蛀。

一般竹制家具应置于干燥、通风的地方。若经常放在潮湿、阴暗的地方，则会因湿度对微生物繁殖有利，容易发生霉蛀。橱柜、书架、躺椅等大件竹器，平时要剔除缝隙中的脏物，并用清水冲洗干净、晒干，特别是对暂时不用的竹制器具，更应洗净、晾干，然后搁置干燥、透风处保存。

一般竹制家具最好涂上清漆、熟桐油，这样既能防蛀，又能经久耐用并使其美观，是一举多得的好办法。

发现虫蛀，可以采用以下方法除虫：一是将适量尖辣椒或花椒，捣碎成末，塞入蛀孔，并用开水冲注。二是用煤油和微量敌敌畏调匀，滴入蛀孔中。但此法不宜用于篮子、橱柜等存放食物的竹器，以防发生意外。

## 书籍如何防虫

书籍上有时会生长小虫子，严重危害书的使用寿命。防止书生虫的方

法是：

（1）藏书的地方要清洁干燥，通风良好；书架、墙壁或地板上都不要有裂缝。

（2）藏书的地方温度应该经常保持在6℃—20℃，湿度应该经常保持在50%—60%之间。

（3）收藏的书籍要经常挪动一下，即使是不常用的书籍，也应该定期翻动。

（4）在书架上或书柜中，可以放些包好的卫生球。

## 六种安全驱蚊方法

休息时最好用蚊帐或纱窗把蚊子隔绝在外，因为蚊帐既能避蚊防风，还可吸附飘落的尘埃、过滤空气，尤其适合儿童，而纱窗可以让新鲜空气进入室内，同时让有害的烟雾流到室外去。

使用蚊香、杀虫剂等驱蚊灭蚊，最好选择在室内无人时进行，防止中毒。

可在卧室内放置几盒揭盖的清凉油和风油精，或摆放一两盆盛开的夜来香、茉莉花、米兰、薄荷或玫瑰等，蚊子会因不堪忍受它们的气味而躲避。

生吃大蒜、口服维生素B，通过人体生理代谢后从汗液排出体外，也会产生一种让蚊子不敢接近的气味。

可把蚊子滋生和繁殖的地方打扫干净。一般来说，静水和阻塞的水槽都是蚊子繁殖的地方，蚊虫会在静水中产卵并很快孵化成幼虫，因此，清除房前屋后及室内的积水，可有效防止蚊虫的滋生。

最好使用“电蚊拍”等安全无毒副作用的灭蚊产品，避免蚊香中毒。如果选用蚊香、杀虫剂、驱避剂等，应尽量选用低毒产品，把危害降到最低。

## 蚊虫叮咬五招快速止痒

用西瓜皮反复擦拭蚊虫叮咬处，即可止痒。

取少量藿香正气水，涂抹于被叮咬处，半小时左右，瘙痒既可减轻或消除。

取少许牙膏，或碾碎的薄荷敷在被叮咬处，立刻会感到清凉惬意，痒意顿消。

取一两片阿司匹林，碾成粉末，用凉水调成糊状，涂抹于患处，也可减轻或消除瘙痒。

喝粥的时候，不妨等上几分钟，等粥的表面凝成一层薄膜后，将其涂在蚊虫叮咬处，亦可止痒。

上述方法中的前三种，适用于蚊虫叮咬等急性瘙痒。西瓜等蔬菜瓜果的汁液、藿香正气水里的乙醇蒸发时能够带走热量，可以收缩被叮咬处的毛细血管，减少炎症的面积，达到止痒的目的。此外，牙膏里含有薄荷成分，而薄荷里的龙脑本身就具有清凉止痒的功效。

阿司匹林和粥膜中的维生素有助于止痒。有些阿司匹林里含有维生素C，粥膜里含有维生素 $B_1$、$B_2$、$B_6$，B族维生素和维生素C一般用于治疗皮肤病，因此也适用于蚊虫叮咬。

# 第十四章　宠物喂养

## 宠物绝育宜早不宜迟

如果你决定要给自己家的宠物做绝育，那么越早越好。早做绝育不仅不会伤害宠物的身体健康，还可以帮助它们预防乳腺癌、睾丸癌等疾病。

早期做绝育手术更容易操作。这个时候雌性犬或猫的卵巢还没有发育完全，容易摘除。幼年时期宠物的肌肉和血管尚未发育完全，通常不会出现失血过多的情况，而且它们的再生能力强，伤口愈合快，也会更美观。

绝育手术是在麻醉状态下进行的，宠物在手术中不会感到疼痛。从麻醉到实施完手术需要1—2个小时，雄性在术后几小时就可以自理，雌性在术后一到两天也可以自理，完全恢复需要一周左右。所以主人只需提前预约，利用周末带宠物去做绝育手术就可以了。

## 走出宠物绝育的误区

（1）绝育是违反自然的。自然界的动物处在食物链中，它们尽可能多地繁殖，为的是不被天敌所消灭。家养的狗狗和猫咪在某种程度上已经脱离了自然，没有天敌的威胁，成了人类社会的一员。面对狗狗和猫咪数量过剩的问题，人们应该本着对它们负责的态度，控制生育。

（2）买避孕药给狗狗或猫咪吃。目前还没有专门为狗狗或猫咪研制的避孕类药物，绝育是多年来全世界一致推荐的最佳办法。给狗狗或猫咪喂食人类的避孕药是非常不科学的，药物中激素类的成分会大大干扰动物体内的激素平衡，经常服用会造成很严重的不良影响，甚至引起肿瘤。

（3）绝育后宠物会发胖。肥胖在未绝育的家养狗狗或猫咪身上也是很常见的现象。缺乏运动及进食过多是宠物发胖的原因。有些宠物在绝育手术后略有增重，是因为它们的运动量减少了，应该增加它们散步的次数，多玩耍，少吃脂肪类食物，这些都有助于它们保持健康的体重。

## 小心你的宠物也会抑郁

如果发现你心爱的狗狗整天没事都要叫唤两声，心爱的猫猫不知何故死活吃不下饭，或者它们对你的爱抚没有回应，很是冷漠。在这种情况下，它们也许是得了抑郁症。造成宠物抑郁的原因可能来自宠物本身、外界环

境以及宠物主人三个方面。

（1）宠物本身。不同的宠物得抑郁症的原因可能大不相同。如果家里的宠物胆子太小，看见什么不熟悉的人或者物都会害怕好半天，这样的宠物更容易产生抑郁症；如果宠物本身不够健康，缺乏一些微量元素，或者长期患有其他的身体疾病，也很容易导致心理上的抑郁症。

解决方案：宠物主人应该对宠物多加呵护和照顾，避免其受到惊吓，并且主人应该帮助宠物先治疗好身体方面的疾病。

（2）外界环境。第一，生活环境突然变化。如果生活环境突然发生变化，比如说，被送到主人朋友家里寄养，或者主人搬迁到了一个新房子，宠物一般会表现出不适应，觉得自己无所适从。宠物主人可以提前带宠物去感受新环境，并且在新环境里为它们准备更好的物质条件，如更加温馨的小窝，更加美味的食物，更加可爱的玩具，让它们在心情紧张时能有躲避之处。

第二，新成员的加入。如果家里新来了别的宠物或者朋友，抑或是出现了一个新生婴儿，它们都会感到自己受到冷落，从而显得郁郁寡欢。

宠物主人必须事先做好充分的准备，使新成员的到来成为让家里宠物感到快乐的事情。比如说，可以刻意在没有别的宠物的时候对它们表现出一丝冷淡，在别的宠物来到的时候却体现出对它们格外关心和爱护，这样它们就会变得期待别的宠物到来。如果即将有新生婴儿，可以试着在婴儿出生之前就让宠物慢慢熟悉一些婴儿用品的味道。

另外，与主人分离也会让它们郁郁寡欢。猫、狗、兔子、小鸟以及乌龟等小动物在主人离开家却不带它们时都会感到非常不安、紧张甚至郁闷。

主人在离家前不妨留下一些美味的点心给爱宠享用，最好是一些它们从未享受过的好滋味。当爱宠忙于享受美食时，也就可以减轻思念的痛苦。

（3）宠物主人。宠物主人对宠物的态度是很关键的因素。如果宠物主人每天都早出晚归，没有时间陪伴小家伙，也没有时间带它们出去遛弯儿，这些经常不被顾及并且出不了家门的宠物会很容易产生抑郁和焦虑，甚至会自残以发泄心中的烦闷。宠物主人应该花更多的时间照顾宠物，或者给它们找一些伙伴，以免它们的生活太过孤独和单调。

如果宠物主人的家庭气氛比较紧张，时不时地爆发家庭战争，唇枪舌剑不绝于耳，宠物的日子自然也不会好过。在这种环境里，宠物很容易出现恐惧不安的情绪，久而久之就会产生抑郁。在这种情况下，要改变宠物的抑郁自然应该先给它们换个轻松点的环境。

## 孩子被宠物咬伤的处理措施

孩子被宠物咬伤后，要及时注射狂犬疫苗，能行之有效地预防发病。使用狂犬疫苗要注意以下几点：

（1）正确处理伤口。伤口的正确处理是防止发病的关键，越早越好。最好能取得医生的帮助，当然亦可自行处理，其方法是先将伤口挤压出血，并用浓肥皂水反复冲洗伤口，再用大量清水冲洗，擦干后用5%碘酒烧灼伤口，以清除或杀灭污染伤口的狂犬病毒。

只要未伤及大血管，一般无须包扎或缝合。若条件许可，可在伤口周围注射狂犬病血清和破伤风抗霉素。

（2）尽快注射狂犬疫苗。被动物咬伤后应尽早注射狂犬疫苗，越早越好。首次注射疫苗的最佳时间是被咬伤后的48小时内。具体注射时间是：分别于第0、3、7、14、30天各注射1支（2毫升）疫苗，“0”是指注射第一支的当天（其余以此类推）。

如果因诸多因素而未能及时注射疫苗，应本着“早注射比迟注射好，迟注射比不注射好”的原则使用狂犬疫苗。

（3）被可疑狂犬病毒感染的动物咬伤亦应注射疫苗。动物之间由于互相打斗嬉咬，可相互传染狂犬病病毒，故人被其他动物咬后同样可能感染狂犬病。为保险起见，凡被犬咬伤或其他动物咬伤，都要按被狂犬咬伤处理，及时注射狂犬疫苗。

在注射疫苗期间，应注意不要让孩子喝浓茶、咖啡，也不要吃有刺激性的食物，诸如辣椒、葱、大蒜等；同时要避免孩子受凉、剧烈运动或过度疲劳，防止感冒。

## 宠物老了也需要关爱

和人一样，宠物在年迈的时候特别需要关怀。给予其比平时更多的关怀，老朋友陪伴我们的时间也许就因此得以延长。对所有主人来说，面对宠物的老去、离开都是一件极为残忍的事情，有时让人难以面对。但是，在我们力所能及的范围以内，我们还

是可以让它们在走到生命尽头的时候，依然喜悦祥和。这里有一些小贴士，可帮助你照顾好老年宠物。

（1）如果你的狗狗有关节炎，在门槛或者楼梯附近安装一些能够帮助它们轻松跨越或者行走的装置，有助于保护它们脆弱的关节。将食盆垫高一些，这样，在进食的时候它们不必弯太低就能够得到食物，饮水器也是同样。一张柔软干净的小床，也能让它们感到舒适。

（2）给它们喂食老年犬粮，保证它们得到这个年纪身体所需要的所有营养。它们也许还需要其他的特别的配方餐单，在选择狗粮或者食物的时候，高纤维而低脂肪的材料永远是你的首选。

（3）年老的宠物免疫力降低，患病的概率增加，要定时带它们去宠物医院检查身体。

（4）不能想当然地忽视狗狗身体出现的哪怕最轻微的变化，例如体重减轻。

（5）你还可以给它们喂食适合的维生素片或者其他的营养片，当然，这些都必须是适合宠物服用的产品。

## 怎样为宠物清除跳蚤

用齿密的梳子梳理猫狗的皮毛时，可能会有跳蚤卡在梳齿里。这时不要把它碾死，而要粘在胶条上或是放到溶有洗涤剂的水里杀死。碾死的话，跳蚤体内的条虫卵就会飞出来，可能会被猫狗舔食到体内。

家中进行彻底清洁，漏网的跳蚤或掉到床上的跳蚤要用吸尘器彻底清除。特别是屋子里的角落，木地板的边缘，地毯、毛毯的毛间等要细心清理。这样还清除不尽的话，就在屋里挂杀虫板或者放杀虫剂到地毯和毛毯下。不过，杀虫板不仅是跳蚤的克星，对人和猫狗都有害，所以必须是家里跳蚤泛滥，万不得已时，暂时用一下。有小孩、猫和狗宝宝的家庭还是不用为好。

消灭跳蚤的对策是保持猫狗身体的清洁，专门用于杀跳蚤的洗发剂和护理液是用来对付那些用梳子也清理不净的跳蚤的。洗的时候，从头开始一点一点地洗起，让跳蚤无路可逃。

不喜欢洗澡的猫咪，给它们用跳蚤粉。猫、犬两用的跳蚤粉可能含有对狗无害却对猫有害的成分，所以要用猫咪专用的。分开可能有跳蚤的耳后、腹部腿根处的毛，把手插进去撒上跳蚤粉，然后用毛刷梳理。隔 2—3 天撒一次，不能每天都撒。

可取 250 克新鲜的柑橘皮，用刀将其切成碎末，用纱布包起来挤出带有酸苦味的汁液。将汁液用 500 克开水稀释并搅匀，待凉后喷洒在猫狗身上，或用毛巾在柑橘稀释液中浸湿后裹在猫狗身上，一小时后，猫狗身上的跳蚤就会全部死掉！

# 第十五章　社交礼仪

## 手姿礼仪

谈话时，手势不宜过多，动作不宜过大，更不能手舞足蹈。传达信息时，手应保持静态，给人稳重之感。拍拍打打、推推搡搡，抚摸对方或勾肩搭背，依偎在别人的身体上等行为，会让别人反感，也是不符合礼仪的行为。

不能用食指指点别人，更不要用拇指指自己。一般认为，掌心向上的手势有一种诚恳、尊重他人的含义；掌心向下的手势意味着不够坦率、缺乏诚意等；攥紧拳头暗示进攻和自卫，也表示愤怒；伸出手指来指点，是要引起他人的注意，含有教训人的意味。因此，在引路、指示方向等时，应注意手指自然并拢。掌心向上，以肘关节为支点，指示目标。切忌伸出食指来指点。在谈话中说到自己时，可以把手掌放在胸口上；说到别人时，一般应用掌心向上，手指并拢伸展开进行表示。

接物时，两臂适当内合，自然将手伸出，两手持物，五指并拢，将东西拿稳，同时点头致意或道声谢谢。递物时，双手拿物品在胸前递出，并使物体的正面对着接物的一方，递笔、刀、剪之类尖利的物品时需将尖头朝向自己，摆在手中，而不要指向对方。不可单手递物。

## 站姿礼仪

站姿的基本要领是两脚跟相靠，脚尖分开45°—60°，身体重心放在两脚上。两脚并拢立直，腰背挺直，挺胸收腹。抬头挺直脖颈，双目向前平视，嘴唇微闭，面带微笑，微收下颌。站立时要注意端正直立，不要无精打采、耸肩勾背、东倒西歪，不要倚靠在墙上或椅子上。在正式场合，不要将手插在裤带里或交叉在胸前，不抖腿，不摇晃身体，不东歪西靠，不要挺肚子，以免形体不雅观。

站姿可以随着场合进行调整。同别人交谈时，如果空着手，可双手在体后交叉，右手放在左手上。若身上背着背包，可利用背包摆出优雅的站姿。向长辈、朋友、同事问候或做介绍时，无论握手或鞠躬，双足应当并立，相距约10厘米，膝盖要挺直。等车或等人时，两足的位置可一前一后，保持45°，肌肉放松而自然，并保持身体的挺直。如果站立时间过久，可以将左脚或右脚交替后撤一步，将身体重心置于另一只脚上。但是上身仍需挺直，脚不可伸得太远，双腿不可叉开过大，尤其女性应当谨记，变换也不可过于频繁。双腿交叉，即

别腿，也不美观。总之，站的姿势应该是自然、轻松、优美的，不论站立时摆何种姿势，只有脚的姿势及角度和手的位置在变，而身体一定要保持挺直。

## 坐姿礼仪

坐姿的基本要领是，入座时走到座位前，转身后把右脚向后撤半步，轻稳坐下，然后把右脚与左脚并齐，坐在椅子上，上身自然挺直，头正，表情自然亲切，目光柔和平视，嘴微闭，两肩平正放松，两臂自然弯曲放在膝上，也可以放在椅子或沙发扶手上，掌心向下，两腿自然弯曲，两脚平落地面，起立时右脚先向后收半步然后站起。

一般来说，在正式社交场合，要求男性两腿之间可有一拳的距离，女性两腿并拢无空隙。两腿自然弯曲，两脚平落地面，不宜前伸。在日常交往场合，男性可以跷腿，但不可跷得过高或抖动；女性双腿并拢，小腿交叉，但不宜向前伸直。

就座时，亦能体现出落座者有无修养。若走向他人对面的座椅落座，可以用后退法接近属于自己的座椅，尽量不要背对自己将要与之交谈的人。为使坐姿更加正确优美，应当注意，入座要轻柔和缓，起立要端庄稳重，不可弄得座椅乱响，就座时不可以扭扭歪歪，两腿过于叉开，不可以高跷起二郎腿。若跷腿时，悬空的脚尖应向下，切忌脚尖朝天。坐下后不要随意挪动椅子，腿脚禁止不停地抖动。女士着裙装入座时，应用手将裙装稍稍拢一下，不要坐下后再站起来整理衣服。正式场合与人会面交谈时，身子要适当前倾，10 分钟左右不可松懈，不可以一开始就全身靠在椅背上，显得体态松弛。就座时，不可坐满椅子，但也不要为了表示谦虚，故意坐在边沿上。坐势的深浅应根据腿的长短和椅子的高矮来决定，一般不应坐满椅面的 2/3 以上。当然，去拜访长辈、上司、贵宾时，自然不宜在落座后坐满座位。若只坐座椅的 1/2，那么对对方的敬意无形中尽显出来。这是利用坐姿来表示对他人敬意的重要做法。坐沙发时，因座位较低，亦要注意两只脚摆放的姿势，双脚侧放或稍加叠放较为合适。避免一直前伸，要控制住自己的身体，否则身体下滑形成斜身埋在沙发里，显得懒散。更不宜把头仰到沙发背后去，把小腹挺起来。这种坐相显得很放肆，又极不雅观。坐在椅子上同左或右方客人谈话时不要只扭头，这时尽量侧坐，上体与腿同时协调地转向客人一侧。

端坐时应注意，双手不宜插进两腿间或两腿下，而“4”字形的叠腿方式，或是用手把叠起的腿扣住的方式，则是绝对禁止的。有失优雅风度的坐姿，如把脚藏在座椅下，甚至用脚勾着座椅的腿，这都是非常不礼貌的举动，均属避免之列。

## 行走礼仪

基本要领是双目向前平视，面带微笑收下颌。上身挺直，头正，挺胸收腹，重心稍前倾。手臂伸直放松，手指自然弯曲，摆动时要以肩关节为轴，上臂带动前臂向前，手臂要摆直线，肘关节略屈，前臂不要向上甩动，向后摆动时手臂外开不超过 30°，前后摆动的幅度为 30—40 厘米。

走路时姿势美不美，是由步度和步位决定的。步度，是指行走时两腿之间的距离。步度一般标准是一脚踩出落地后，脚跟离未踩出一脚脚尖的距离恰好等于自己的脚长。身高超过 1.75 米的人的步度约是一脚半长。步位，是指你的脚下落到地上时的位置。走路时最好的步位是两只脚所踩的是一条直线而不是两条平行线。

走路时应注意，最忌内八字和外八字；不要弯腰驼背、歪肩晃膀；步子不要太大或太碎；走路时不要甩手，扭腰摆臀，左顾右盼；上楼不宜低头翘臀，下楼不宜连蹦带跳；不要双腿过于弯曲，走路不成直线；不要脚蹭地面；不要双手插裤兜；多人一起行走不要排成横队；有急事要超过前面的行人，不得跑步，可以快步超过并转向被超越者致意道歉。

## 避免不礼貌的举止

抖动腿脚。抖动腿脚能消除紧张情绪，也适合办公室一族锻炼腿部，但在社交场合却是一种很不文明的举止，是缺乏自信心的下意识举动，而且，抖动腿脚还会带动座椅摇动影响他人，让人反感。

挠头摸脑。在交谈中下意识地挠头摸脑也是一种不文明的举止。这个举动经常被人忽视，这种不自然的动作既不卫生，又显示出你的拘束与怯场，会造成他人对你的轻视，认为你社交经验少。

揉鼻挖耳。在公开场合，揉鼻挖耳是不文明的举止，它不但容易给人带来感官上的刺激，还会让人感到你很傲慢、不懂礼貌。

## 保持适当的交谈距离

与人交谈时要注意双方的距离，距离过近或过远都会有失礼貌。距离过远，会使交谈者误认为不愿与之接近，有拒人千里之外的感觉；距离过近，稍有不慎就会把唾沫溅到别人脸上，或者口中或身上的异味被别人闻到，令人生厌。如果对方是异性，对距离的保持不适当，还会使之戒备或者被他人误会，特别是未婚男性与未婚女性之间。如果男性有吸烟史或口臭等口腔之疾，更要注意自己的形象，不要忘乎所以地谈论，要考虑别人的感受。那么，与人交谈时，到底保持怎样的距离才算合适呢？这要根据具体情况而定，一般0—45厘米为亲密距离，45—120厘米为熟人距离，120—300厘米为社交距离，360—800厘米为公众距离。

## 打招呼的礼仪

打招呼是熟人相遇的一种简单见面礼节。在餐厅、剧场等公共场所遇到熟人，应当主动向对方示意、打个招呼，这也是一种有礼貌的表示，显示出友好和善意，也是对别人的尊重。

但是在公共场合打招呼应该注意的是，如果两人近距离相遇，可以微笑地寒暄一下，问候一声“最近好吗”。如果离得很远，双方又都看到彼此时，打招呼不要老远就喊别人名字，这样其实挺不礼貌的，既影响其他人，也会弄得对方很尴尬，反而失礼了。这种情况下，不如就隔着人群以微笑点头向对方示意，相信对方也一样可以感受到你的善意和礼貌，并同样报以微笑。

彼此见面时应该打招呼，而离开时打招呼也是同样重要的礼仪。在离开聚会时，应该向组织者打招呼；在离开办公室时，应该向你的老板打招呼；在离开公务活动时，应该向邀请者打招呼；在离开朋友家时，要向主人打招呼；即使在集体聚餐的餐桌上暂时离开打电话或者去洗手间，也应该向旁边的人打招呼。不声不响地离开和见面不理不睬都是非常失礼的行为。

## 名片交换礼仪

首先要把自己的名片准备好，整齐地放在名片夹、盒或口袋中，要放在易于掏出的口袋或皮包里，以免用时手忙脚乱。

递交名片要用双手或右手，用双手时，须拇指和食指执名片两角，让文字正面朝向对方，递交时要目光注视对方，微笑致意，也可顺带一句“请多多关照”。

接名片时要用双手，并向对方道谢或者点头致意，然后要认真地看一看，再将名片放在自己包里，不要随意乱塞，更不要拿在手中玩弄，或者随意放在桌面上。

出席社交活动、参加会议，应该在活动、会议之前或之后交换名片，不要在会议、活动期间与别人交换名片。

处在一群彼此不认识的人当中，名片的发送可在刚见面或告别时，但如果自己即将发表意见，则在说话之前发名片给周围的人，可帮助他们认识你。

不要在一群陌生人中到处传发自己的名片，这会让人误以为你想推销什么物品，反而不受重视。

除非对方要求，否则不要在年长的主管面前主动出示名片。

参加餐宴活动时，名片不能在用餐时发送，因为此时只宜从事社交而非商业性的活动。

## 了解握手的次序

在正式场合握手时，伸手的先后次序主要取决于职位、身份。在社交、休闲场合，则主要取决于年纪、性别、婚否。

（1）职位、身份高者与职位、身份低者握手，应由职位、身份高者首先伸出手来。

（2）女士与男士握手，应由女士首先伸出手来。

（3）已婚者与未婚者握手，应由已婚者首先伸出手来。

（4）年长者与年幼者握手，应由年长者首先伸出手来。

（5）长辈与晚辈握手，应由长辈首先伸出手来。

（6）社交场合的先至者与后来者握手，应由先至者首先伸出手来。

（7）主人应先伸出手来，与到访的客人相握。

（8）客人告辞时，应首先伸出手来与主人相握。

以上是提醒你握手时最重要的是要知道应当由谁先伸出手来。

## 了解握手的禁忌

握手时，另外一只手不要拿着报纸、公文包等东西不放，也不要插在口袋里。

不要在握手时争先恐后，应当依照顺序依次而行。

女士在社交场合戴着薄纱手套与人握手被允许，而男士无论何时都不

能在握手时戴着手套。

除患有眼疾或眼部有缺陷者外，不允许握手时戴着墨镜。

不要拒绝与他人握手，也不要用左手与他人握手。

与基督教徒交往时，两人握手时不要与另外两人相握的手形成交叉状。这种形状类似十字架，在他们看来是很不吉利的。

握手时不要把对方的手拉过来、推过去，或者上下左右抖个不停。

握手时，不要长篇大论，点头哈腰，滥用热情，显得过分客套。

握手时不要仅仅握住对方的手指尖，也不要只递给对方一截冷冰冰的手指尖。不要用很脏的手与他人相握，也不能在人与人握手之后，立即揩手。

## 送客的礼仪和艺术

客人告辞时，如果正到进餐时间，应挽留客人与家人一起进餐，若客人执意离开，则应该告诉家人，并一起热情相送。切不要自己坐着不动，或只欠欠身子，或叫妻子（丈夫）及无关者代送，这样会使客人觉得你摆架子。

送客最好送到门口，且送客人远去，然后轻轻关上门。切忌不等客人刚走几步就“砰”地关上门，让客人误解主人对此行不满。不应该在客人没走开或没走远时，就和别人议论客人，无论内容是好是坏。分别时，应和客人说“再见”“谢谢你的光临”之类的话语，以表示自己的热情。

如果需要送客人到车站机场等，不应把客人撂在那里就回去，而应将客人一直送上车或飞机，并目送车或飞机离去再离开车站机场。送客也要适度，不要送了一程又一程，反过来让客人再送你。要选择适宜的分手场合，不失时机地道出“欢迎再来做客”的话语，表示自己送到此地为止。

## 鼓掌的礼节

鼓掌的方式有许多种。举臂过顶，是表示强烈的欢迎；掌声热烈密集，是表达激动的心情，有时还伴随着兴奋的欢呼；正襟危坐，鼓掌的声音亢奋但有节制，是威严的；面带微笑，轻轻地拍手掌，这时的掌声并没有什么重要的含义，而重要的是表示自己对别人祝贺的心意。

在正式场合鼓掌，通常有一定的规范。一般两臂自然抬起，手掌放在齐胸高的位置，张开左掌，用合拢的右手四指（拇指除外）轻拍左掌手掌中部。鼓掌节奏要平稳，频率要一致。鼓掌的同时，最好以微笑相衬。

在重大仪式上鼓掌，鼓掌的姿态还应当端正。鼓掌的时候要用掌心互相拍击，这样声音才大才响。鼓掌节奏要稳，但频率得快。

每逢大规模的庆典，譬如工程奠基仪式，某人的庆功表彰大会，响成一片的掌声会增加会场内的热烈气氛，让人感到一种集体的凝聚力量。

观看文艺演出，在其中一幕或全场结束时，观众均应鼓掌。这既是对演出表示的赞许和感谢，也是对演员的辛劳表示的慰问，但不应分散演员的注意力，也不能妨碍观众欣赏。

如果听报告，报告人讲话之前和讲话之后，听众都要报以掌声。听讲中发现精辟的话语，听众也要适当鼓掌，时间不宜太长。

遇到演出或讲演中出现一些意外时，应当表示宽容和理解，不鼓倒掌。这是对演员的尊重，否则是极不礼貌的。

## 用餐时的礼仪细节

用餐时要注意以下的礼仪小细节：

（1）进入餐厅不应将手插在衣裤兜里。

（2）女士的手提袋不要放在餐桌上。

（3）就餐时，不要站起来取菜。

（4）餐桌上讲话要轻，尽量少用手势，以免碰撞到其他客人或碰撞到餐具。

（5）嘴里有食物时尽量不要说话，待食物咽下之后再说，以免将食物喷出影响他人进食。

（6）不要张开嘴大嚼，以免别人看见满嘴的食物。

（7）喝茶、饮酒或吃面条、汤、粥类食品时，都不应发出声音。

（8）自助餐会上一般应按顺时针方向取食，一次取食物不可多，宁可多取几次，吃不完剩在盘子里是最不礼貌的。

## 敬酒的礼仪

在正式宴会上，由男主人向来宾提议，提出某个事由而饮酒。在饮酒时，通常要讲一些祝愿、祝福类的话甚至主人和主宾还要发表一篇专门的祝酒词。祝酒词内容越短越好。

敬酒可以随时在饮酒的过程中进行。要是致正式祝酒词，就应在特定的时间进行，并不能因此影响来宾的用餐。祝酒词适合在宾主入座后、用

餐前开始，也可以在吃过主菜后、甜品上桌前进行。

在饮酒特别是祝酒、敬酒时进行干杯，需要有人率先提议。可以是主人、主宾，也可以是在场的人。提议干杯时，应起身站立，右手端起酒杯，或者用右手拿起酒杯后，再以左手托扶杯底，面带微笑，目视他人特别是自己的祝酒对象，同时嘴里说着祝福的话。

有人提议干杯后，要手拿酒杯起身站立。即使是滴酒不沾，也要拿起杯子做做样子。将酒杯举到眼睛高度，说完“干杯”后，将酒一饮而尽或喝适量。然后，还要手拿酒杯与提议者对视一下，这个过程才算结束。

在中餐里，干杯前，可以象征性地和对方碰一下酒杯。碰杯的时候，应该让自己的酒杯低于对方的酒杯，表示你对对方的尊敬。用酒杯杯底轻碰桌面，也可以表示和对方碰杯。当你离对方比较远时，完全可以用这种方式代劳。如果主人亲自敬酒干杯后，要求回敬主人，和他再干一杯。

一般情况下，敬酒应以年龄大小、职位高低、宾主身份为先后顺序，一定要充分考虑好敬酒的顺序，分明主次。即使和不熟悉的人在一起喝酒，也要先打听一下身份或是留意一下别人对他的称号，避免出现尴尬或伤感情。即使你有求于席上的某位客人，对他倍加恭敬，但如果在场有更高身份或年长的人，也要先给尊长者敬酒，不然会使大家很难为情。

如果因为生活习惯或健康等原因不适合饮酒，也可以委托亲友、部下、晚辈代喝或者以饮料、茶水代替。作为敬酒人，应充分体谅对方，在对方请人代酒或用饮料代替时，不要非让对方喝酒不可，也不应该好奇地“打破砂锅问到底”。要知道，别人没主动说明原因就表示对方认为这是他的隐私。

## 舞会礼仪知识

如何邀请女方。舞曲奏响以后，男方要大方地走到女方面前邀请。如果女方的家人同在，则应先向女方的亲属点头致意，并征得他们的同意后，走到女方面前立正，微欠身致意说：“小姐，可以请你跳舞吗？”有时还要向陪伴女方的男士征求说：“先生，我可以请这位小姐共舞吗？”得到允许后，再与女方走进舞池共舞。

一般情况下，女士是不用主动邀请男士的，但特殊情况下，需要请长者或者贵宾时，则可以不失身份地表达“先生，请你赏光”，或“我能有幸请你吗”。

女士面对两位或者两位以上的邀请者，最能顾全他们面子的做法，是全部委婉地谢绝。要是两位男士一前一后走过来邀请，则可以“先来后到”为顺序接受先到者的邀请，同时诚恳地对后面的人说：“很抱歉，下一次吧。”并要尽量兑现自己的承诺。

总和一个人跳吗？依照正规的讲究，结伴而来的一对男女，只要一同跳第一支舞曲就可以了。从第二支曲子开始，大家应该有意识地交换舞伴，认识更多的朋友。

不要轻易拒绝邀请。舞会是通过跳舞交友、会友的场合，所以在舞会上女士不能轻易拒绝他人的邀请。女士可以拒绝个别“感觉不佳”的男士的邀请，但要注意分寸和礼貌用语，要委婉地表达。

男士的绅士风度。在舞会上最能体现一个人的绅士风度。例如，跳舞中要保持一定的距离，左手轻扶舞伴的后腰（略高于腰部），右手轻托舞伴的右掌，尤其在旋转的时候，男士一定要舞步稳健，动作协调，同舞伴一起享受华尔兹的优美。万一发现女士晕眩，男士一定要做好“护花使者”，护送回原位。在一支曲子结束后，要礼貌地将女士送回原座位，道谢后，再去邀请另一位女士。

何时离开舞会。无论是参加朋友的私人舞会，还是正式的大型舞会，遵守时间是首要的礼仪，要准时到达。至于什么时间离开舞会较为合适，朋友的私人舞会最好坚持到舞会结束后再离去，也是对朋友的支持。至于其他的舞会，只要不是只跳了一支曲子显得应酬的色彩过浓就可以了。

## 主持人口才技巧

工于开场。良好的开场白，是主持好一场节目的关键，它可以确定基调、营造气氛、表明主旨、沟通感情，使全场情绪高涨起来，注意力集中起来，造成一种全场和鸣共振的态势，从而保证活动的顺利开展。

连接巧妙。主持一场晚会或活动，一般都要在其间进行搭桥连接，起到承上启下的作用，便于主持的内容顺畅进行下去，使整个活动连接成一个有机的整体。这就要求主持人必须事先做好充分准备，了解并熟悉主持的内容，有序掌控节目的进行。

随机应变。一个成功的主持人最大的特点恐怕就是遇惊不乱，随机应变；能左右逢源，灵巧变通；能快捷思考，准确判断，巧妙地调整表达方式。

自然亲切。主持人是活动的指挥者和组织者，是联系说话者、表

演者与听众、观众的纽带，与受众的关系，不是领导和下级，不是长辈和晚辈，也不是教师和学生之间的关系，而是知心朋友的关系。因此，主持人要以民主、平等的态度来主持节目，不但要口语化、大众化，而且要生活化，要像“拉家常”一样与受众亲切交谈。

富有个性。不同的活动和内容，必须采用不同的主持语言形式和语言风格，这是活动内容本身的个性决定的。主持庆典、仪式等较严肃的内容，语言要平稳、庄重；主持体育方面的内容要激越铿锵、有力度，速度要快一些，尤其是现场解说要更快；主持少儿方面的活动要亲切感人，声音可带有几分稚嫩；主持日常生活方面的内容要轻松自然，像聊家常那样亲切、热情。除了节目本身的内容限制主持人的语言风格外，每个节目主持人由于气质、性格、文化素养、兴趣爱好等各不相同，主持的风格和语言表述也有很大差异。正是有了这些个性化的表现，才能塑造出与众不同、个性鲜明的主持形象。

收放自如。内容进入尾声，虽然就要结束，但仍要讲究主持技巧，切忌草率急躁，匆匆收场。要收放自如，巧于终结，再展高潮。

## 舞台主持技巧

舞台主持直接面对广大观众，主持人与观众可以说是零距离接触，主持人任何一个动作、一句话语都能给观众留下深刻的印象。要想出色地主持好舞台节目，就应该把握好舞台主持的特点和要求。

（1）主持人形象得体。舞台主持人的形象要得体，即主持人形象和气质要与观众的审美取向和观赏心理相投合，不是刻意加工的矜持、娇嗔。当主持人一走上舞台，还未说话时，观众就先被主持人优美的形态和端庄得体的仪态而吸引，这样的舞台主持才是出色的。

因此，当主持人表述和串联活动内容时，应当事先考虑好以什么样的举止来配合自己的外形，这是主持人能否赢得观众信任、打动观众的第一步。主持人在很大程度上是要靠自己鲜明的个性形成自己独特的风格去征服观众的。

（2）语言精练准确。语言是表达感情的最好工具，是舞台节目的基础，也是渲染气氛和调动观众、控制活动节奏的关键。当主持人面对话筒、面对观众进行串联活动时，语言就是主持人魅力的灵魂。语言的表述、停顿、节奏和音色展示着舞台主持独有的魅力。

舞台主持人常常追求散文化和诗化的语言，或机智幽默给人以娱乐消遣之趣，感情起伏较大，语气更委婉，语调抑扬顿挫，语速有快有慢，故音色一定要优美，发音以悦耳的中音区为多。

（3）表演到位。舞台主持与其他节目主持人不一样，最重要的一点是舞台主持人的表演成分更重要。

文艺活动是对生活的再加工、再创造，主持人对自己的定位，就是在确定所要扮演的角色。因此美丽的女主持人都会精心打扮自己，或活泼大方、清纯靓丽，或亲切温柔、韵味十足，形成独具魅力的形象艺术，与舞台融为一体。男主持人一般也都英俊潇洒、落落大方，成为大众喜爱的形象；如果是丑星形象，则多以诙谐、机智、幽默见长。

主持人的表演，最重要的是要有本人的真情实感，以自己的真实个性作为表演的出发点来真切感受活动内容与现场气氛，这同中国戏曲表演“当众自如”的所谓“真情体验，理智把握”有异曲同工之妙。

## 庆典主持技巧

庆典是各种庆祝仪式的总称。庆典主持人只有灵活运用主持的技巧，才能为庆典活动增光添彩。一般情况下，应做好以下准备：

（1）语言的运用。庆典礼仪讲究的是一个热烈欢乐的气氛，但主持人不能只顾追求热烈气氛而使用华丽的辞藻。言过其实，让人听了有些失真，会影响来宾的情绪。台词要合乎会场的气氛，尽量使用通俗易懂的语言，发自内心地述说，让来宾更容易接受。

（2）对己方单位人员进行礼仪教育。主持人能否成功地主持好庆典，与本单位的全体员工有直接关系。为了让庆典仪式顺利进行，在举行庆祝仪式之前，主持人应当对本单位的全体员工进行必要的礼仪教育，对于本单位出席庆典的人员，必须规定好有关的注意事项，并要求大家在临场时，务必严格遵守。

（3）举止端正。在庆典举行期间，主持人不得嬉皮笑脸、嘻嘻哈哈，或是愁眉苦脸、一脸晦气、唉声叹气，否则会给来宾留下很不好的印象。

（4）礼让待客。遇到了来宾，要主动热情地问好。对来宾提出的问题，要立即予以友善的答复。不要围观来宾、指点来宾，或是对来宾持有敌意。当来宾在庆典上发表贺词时，或是随后进行参观时，要主动鼓掌表示欢迎或感谢。

（5）言简意赅。首先是上下场时要沉着冷静。走向讲台时，应不慌不忙，不要急奔过去，或是慢吞吞地“起驾”。在开口讲话前，应平心静气，不要气喘吁吁、面红耳赤、满脸是汗、急得讲不出话来。其次是要讲究礼貌。在发言开始时，不要忘记说一句“大家好”或“各位好”。在提及感谢对象时，应目视对方。在表示感谢时，应郑重地欠身施礼。对于大家的鼓掌，则应以自己的掌声来回礼。在讲话末了，应当说一声“谢谢大家”。最后是发言一定要在规定的时间内结束，而且宁短勿长，不要随意发挥，信口开河。

（6）礼貌送客。会议结束后，主持人不要以为会议开完后自己就算完成任务了，悄悄地离开会场去休息，这是很不礼貌的。当来宾纷纷起身告辞时，主持人应该和东道主一起，像迎接来宾那样热情饱满地把客人送走。

## 宴会主持技巧

一般来说，宴会的主持人就是宴会的主人。相对来说，宴会的主持与其他会议主持的程序差不多。要主持好一个宴会，以下几个方面是关键，为此主持人应着重进行准备：

（1）欢迎词。欢迎词是写给宾客的，由主持人（即主人）向客人表示热烈欢迎的讲话。欢迎词应该由主持人自己来写，唯有如此，才能把主持人对宾客的最真实的情感抒发出来，让客人感到主人的感情是发自内心的，这样可以加强宾主双方的理解和交流，为以后顺利开展工作打下坚实的基础。

（2）祝酒词。祝酒词是在酒宴开始时，主客双方为了拉近彼此间的心灵距离，有感而发的礼仪性的讲话。祝酒词可以加深主宾双方的感情，达到以后能更好交往的目的。成功的宴会离不开好的祝酒词，而好的祝酒词会让整个宴会锦上添花。

（3）祝福词。宴会中的举杯祝福是宴会的重头戏，宴会是否成功也在于此。举杯祝福是宴会的精彩片段，一般来说，可由宴会主持人（或主人），也可由领导或者亲属带头祝福。举杯祝福是一个人智慧、艺术、天赋、技巧的综合体现，也是一种重要的商业工具。知道如何举杯祝福，就是知道如何为宴会建立友好轻松的氛围，把宴会气氛提升到高潮，让宾客在愉悦欢快的祝福声中感到此次宴会不枉此行，并留下美好的回忆，从而增进彼此间的感情，为以后的友好往来打下坚实的基础。

## 婚宴主持技巧

每一位新郎、新娘都希望婚礼既温馨浪漫，又热烈喜庆。婚礼能否圆满成功，固然与环境、各方面准备等因素有关，但主要因素之一，就是看有没有一个善于随机应变、口才出众的婚礼司仪。一般来说，婚礼主持应做到以下几点：

（1）营造浓烈的喜庆氛围。婚礼开场白的主要功能是宣布婚礼开始，将新郎、新娘及来宾引入婚礼过程之中。主持人需要随机应变、临场发挥，善于运用语言来调动各种情境因素，创造婚礼氛围。

（2）婚礼中的即兴主持。即兴主持最能体现婚礼主持人的水平。在婚礼进行中，主持人需要灵活穿插于婚礼的各个环节之中，同时又适时推动婚礼的进程。主要方法有以下两种：一是解说式即兴主持法。主持人要以现场介绍、解说的方式插话，进行即兴主持，活跃婚礼气氛，创造理想的婚礼效果。这时，主持人已从自己的角色转换为“解说员”的角色，通过解说来实现婚礼主持的功能。二是采访式主持法。主持人通过对新郎新娘或来宾进行简短的现场采访的方式来即兴主持，在这种情况下，主持人的角色又转换为“记者”的角色，通过采访来实现婚礼主持的功能。

（3）表达美好祝愿。婚礼结束的主持话语，即婚礼结束词，是整个婚礼演讲的有机组成部分，主持人通常是以简洁的语言宣布婚礼结束，并再次表示美好的祝愿。如果婚礼之后还有婚宴，就要在宣布婚礼结束的同时，说明新郎、新娘的感谢之心，宣布婚宴开始，并请各位来宾入席，尽情畅饮。

## 洽谈会的主持技巧

在准备主持洽谈时以及在洽谈进行之中，要发挥自己的主观能动性。要相信自己、依靠自己、鼓励自己、鞭策自己，在合乎规范与惯例的前提下，力争“以我为中心”，以此来更好地为洽谈服务。

在洽谈过程中，在不损害自身根本利益的前提下，应当尽可能地替洽谈双方着想，主动为双方保留一定的利益，力争和谐融洽。

有经验的主持人都清楚，最理想的洽谈结果，应当是有关各方的利益和要求都得到一定程度的照顾，即达成妥协。在洽谈中，对任何一方都应留有余地，不搞“赶尽杀绝”，这样不但有助于保持双方的正常关系，而且会使他们对主持者刮目相看。

## 展览会的主持技巧

在展览会上，展览主持的技巧主要是解说技巧。由于展览会展现的是展览品，因此，展览会的主持技巧主要是指参展单位的主持人在向观众介绍或说明展品时，所应当掌握的基本方法和技能。

具体来讲，在宣传性展览会与销售性展览会上，主持人的解说技巧既有共性可循，又有各自的不同之处。其共性在于以下几个方面：

（1）要善于因人而异，使解说具有针对性。与此同时，要突出自己展品的特色。

（2）主持人可以安排观众观看与展品相关的影视片，并向其提供说明材料与单位名片。

（3）主持人要善于与观众进行沟通，增强互动效果。

## 茶话会的主持技巧

一般来说，茶话会主持人有的是由组织茶话会的主人来担当，也有聘请专职主持人来主持的。茶话会主持人不必像其他会议主持人那样，具备伶俐的口才、专业的知识。但是，一个成功的茶话会主持人，要做到以下几点：

（1）要具有亲和力。茶话会是社交色彩最浓的会议，社会交往中，亲和力至关重要。

（2）要了解座次安排的特点。同其他正式的工作会、报告会、纪念会、庆祝会、表彰会、代表会相比，茶话会的座次安排具有自身的鲜明特点，即随意但不乱规矩。

（3）要具备调节会议气氛的能力。茶话会上，与会者的现场发言踊跃与否关键要看主持人的主持功夫高低。

## 签约仪式中的主持技巧

签约主持人在其间起着穿针引线的作用，应做到以下四点：

（1）庄重，严肃，认真。签约仪式是一件很重要的事情，主持签约仪式也应严肃认真，与仪式气氛相一致。因此，在主持过程中不能调侃、嬉笑，更不能插科打诨，话语应该简单明了，清晰明快。

（2）事先要熟悉待签的合同文本。依照商界的习惯，主持人在正式签署合同之前，要负责准备待签合同仪式的文本。

举行签字仪式是一桩严肃而庄重的大事，因此，主持人要高度重视起来，不能在临近签字时，有关双方还有尚待解决的事情；还要确保待签合同的文本是正规的。在决定正式签署合同时，应已拟定了合同的最终文本，它应当是正式的、不再进行任何更改的标准文本。主持人作为负责为签字仪式提供待签合同文本的主方，应与有关各方一道指定专人，共同负责合同的定稿、校对、印刷与装订。按常规，应该为在合同上正式签字的有关各方，均提供一份待签的合同文本，必要时，还可再向各方提供一份副本。

（3）服饰要正规。为了使签署仪式正规，不仅签字人、助签人以及随员的服饰要严肃、庄重，主持人在主持签字仪式时，也应当穿着具有礼服性质的深色西装套装、中山装套装或西装套裙，并且配以白色衬衫与深色皮鞋。男士还必须系上单色领带，以示正规。

另外，在签字仪式上露面的礼仪人员、接待人员的服装也要正规，男士可以穿自己的工作制服，女士穿旗袍一类的礼仪性服装。

（4）讲究礼节。在签约仪式上，讲究礼节十分重要。主持人要做到尊重别人，以礼相称。在签约仪式上，不管对方是高官，还是职位低的职员，主持人都要采用礼貌称呼，一律平等对待，该说的话要说得恰如其分，不该说的尽量不说。

## 开业仪式中的主持技巧

开业仪式是指公司、企业、宾馆、商店、银行正式营业之前，或是各类商品的展示会、博览会、订货会正式开始之前，所举行的相关仪式。

对于主持人来说，开业仪式的主要程序共有六项：

（1）宣布仪式开始，全体肃立，介绍来宾。

（2）邀请专人揭幕或剪彩。

（3）请主人亲自引导全体到场者依次进入幕门。

（4）请主人致辞答谢。

（5）请来宾代表发言祝贺。

（6）请主人陪同来宾进行参观，开始正式接待顾客或观众，宣告对外营业或对外展览开始。

## 剪彩仪式中的主持技巧

剪彩主持人在剪彩仪式上的话并不多，但要说得恰到好处，这就要求剪彩主持人做到以下几点：

（1）语言精练、准确。剪彩仪式讲究喜盈盈的气氛，气氛需要主持人用语言来烘托，因此，主持人的主持词要精练、准确，用寥寥数语来制造仪式的欢乐气氛。

（2）举止有礼。剪彩仪式是一项

颇为隆重的活动，主持人面对的是东道主的贵宾和现场观看的顾客，不管是来宾还是顾客，主持人都要彬彬有礼地招待，不能厚此薄彼。

（3）要注意引导剪彩过程中的礼节工作。剪彩人的做法必须标准无误。剪彩者在进行正式剪彩时，主持人要帮助剪彩者与助剪者做好合乎剪彩礼仪规范的姿势，具体做法必须合乎规范，否则就会使剪彩仪式的效果大受影响。

# 第十六章　留学移民常识

## 出国留学要有什么心理准备

总的来说，适合出国留学的人没有出生年代之分。适合出国留学的人需要的品质包括：

（1）能独立生活，很好地照顾自己，包括从生病去医院到洗衣做饭。

（2）有足够的适应力，能很快地变换思维去适应国外的生活，能用外国的思维写出满意的论文，能和同学、导师相处。一般来说，只会背书、考试是不够的。有自己的思想和创意的人更适合国外的环境。

（3）感情上你要学会忍受一切思念、孤独，以及学会处理和朋友、爱人、亲人的关系。

（4）语言能力要过关，而且要能顺畅交流。

（5）经济上没有问题，无论是靠家庭还是靠奖学金。

到了国外，你需要具备的心理素质包括：

（1）要抱着破釜沉舟的打算，不要沦落到花了家里的钱又没学好的下场。

（2）不要老和中国人待在一起，那会让你的外语进步太慢，一定要交些外国朋友，尽量去他们的圈子里活动。

（3）要时时记得父母赚钱的不易。如果有机会赚点外快，只要不影响学业，不妨试试。因为除了贴补开销外，你可以从中增加你对国外的语言和文化的适应，也能让你更直观地感觉到赚钱的不易。

（4）要培养必要的几个素质，比如，直截了当的沟通、积极自信的作风，这些都是独自在国外生活所必备的要素。不要做个害羞不说话的人，要学着表现自己。

## 申请出国留学的程序

世界各个国家申请留学的程序不尽相同，但总的来说，有以下程序：

（1）查询学校资料（inquiry）。可以通过各种途径如写信或上网来查询学校的资料。

（2）提出书面申请（application）。写信向自己选择的学校索要入学简章、入学申请表、奖学金申请表等各种入学材料。申请人一般应在开学前10个月与自己选定的学校联系，这样，可以使各大学有足够的时间来处理入学申请和仔细研究各种证明文件。

（3）填写申请表（application form）。在填写申请表之前，最好先复印一份以供填写练习，等到填写无误后再填在正式申请入学表上。填写前，要先仔细阅读说明，以免遗漏某些重要内容。填写申请表要整齐清楚。每个问题要尽量回答完整。

（4）提供考试成绩（score report of standard tests）。提供TOEFL、GRE、GMAT或IELTS等成绩。申请到美国留学必须提供TOEFL成绩，美国大学对申请入学者并无统一TOEFL录取分数线。

（5）提供大学成绩单（transcript）。申请读研究生必须附上大学成绩单。申请大学本科要附高中成绩单，除了中、英文成绩单外，还要有成绩公证书。成绩单上要有修读课程名称、学分、成绩及班上排名。

（6）学历和学位的复印件及公证书（copies and notarization of graduation and degree certificates）。出国留学一般要提供毕业证书和学位证书的中、英文复印件及其公证书。

（7）准备推荐信（letters of recommendation）。大多数学校要求申请人提供2—3封推荐信。推荐信要说明被推荐人的基本情况、成绩，包括学术论文、科研成果、获得奖励、所具备的能力等。有力的推荐信对申请入学帮助极大，因此要找了解自己特长、优点的人士提供。推荐人必须具备高级学术职称，好的推荐者包括申请人所在大学的教授、系主任、专业导师、同事及在工作上非常了解申请人的上司。

（8）写好个人陈述（personal-statement）。个人陈述对是否获得奖学金尤其重要。

（9）经济担保证明（affidavit of support）。出具相关银行存款或亲友经济资助证明，如学校提供全额奖学金，可不提供此证明。如亲友担保，需由担保人填写有关表格，并附上有关证明。

（10）体检表或健康证明（health form or certificate）。一般学校都要求申请人提供体检表，这种表格由学校提供，要申请人找医生填写并签字。有的要附上防疫注射记录，也有的学校不需要体检表，但要求健康证明书。

（11）食宿申请表（application for accommodation）。有些大学规定新生一律住校，也有的自由选择。如果打算住校要及早申请，有的学校要求预付押金才能保证预留宿舍房间。

（12）正式提出申请（official application）。将所有申请材料连同申请费一起提交所选定的学校。

（13）录取（admission）。如果申请入学获得批准，申请人会收到学校的入学通知和用于申请签证的学校入学许可，如英国的IM2A申请表、澳大利亚的157W申请表、美国的I-20表（非移民身份证明，适用于外国留

学生）和IAP-66表（交换访问学者的身份证明，适用于交换访问学者）。

（14）获得录取后，就是申请护照和签证。

护照办理比较简单，准备好户口簿、照片、身份证等到公安局出入境管理处办理，具体办理要求可以在网上查看所在地公安部门的要求。

留学除了获得学校录取，签证是另一决定因素。签证一般由各国使领馆签发，申请签证的材料和要求可以网上查找。但是签证的申请不像护照那么简单，材料的制作和申请都有技巧，拒签是常事。

自费留学，从申请学校到签证，都可以委托经验丰富的留学中介办理，成功率相对较高。

## 申请自费出国留学需要提供哪些材料和证明

申请自费出国留学的目的地国家和院校不同，要求提供的材料与证明也不尽相同。去发达国家留学要求提供的材料、证明繁杂，而到非发达国家即发展中国家留学要求则简单许多。到发达国家留学，主要应提供以下材料：

（1）最高学历证明书及其公证。

（2）学习成绩及其公证书。

（3）TOFEL、IELTS、GRE、GMAT考试成绩，或其他外语学习证明。

（4）出生公证书。

（5）婚姻公证书。

（6）无犯罪记录公证书。

（7）教师推荐信。

（8）资金、财产担保公证书。

（9）工作证明（若有）。

（10）彩色证件照片及身份证复印件。

到非发达国家留学，需要提供的材料主要有：

（1）学历证明。

（2）学习成绩证明。

（3）彩色照片及身份证复印件。

## 已被国外学校录取是否等于能出国留学了

这是不少初办自费出国留学申请者及他们家长容易产生的错觉之一。申请自费出国留学，首先必须有国外院校或培训机构接收并发出入学录取通知书，但这并不等于就能成功地出国留学了。这只是必备条件之一，申请者同时还要申请到出国护照和接收院校所在国驻华使领馆的学生签证。申请出国护照，只要申请人出具国外院校入学录取通知书和相关文件、资料，一般在国内大部分城市都能够成功，而申请留学签证却不一定能顺利取得，有关使馆的签证工作人员还要审查申请者的许多证明材料，当其确信申请者的真正留学目的和具备充分的留学条件才会签发留学签证。只有得到了留学签证，才等于能出国留学了。

## 高中毕业留学需要关注的细节问题

高考分数依然重要。高考分数对留学选择很重要，尤其是那些希望到国外读名校的学生。一般来说，在国内高考线上二本的学生，就能申请到国外的名校。此外，想到国外读理工科专业，需要你的高考分数高一些。如果是文科，去俄罗斯等国可以重新学新的语言，即使高考分数不理想，只要把握机会，也可以完成国外学业，拿到国家承认的学历证书。

专业上不要跟风。选择适合的专业也很重要。由于中西方教育体制及理念不同，很多专业在国内读完之后，到西方国家无法直接进入硕士课程学习，若有出国深造的规划，就要做长远打算。注意专业选择，千万不要跟风，如果学生只是盲目选择当前的热门专业，几年后回国就业前景未必乐观。

低龄留学要能自立。随着中国与世界开放度越来越高，留学意识在很多家长和学生中越来越强。选择在高中毕业后出国留学还是大学毕业后出国留学，要看孩子的自立能力。如果自立能力很好，能早出去留学未尝不可，从培养学生的综合能力及就业竞争力来看，出国留学的经历对就业还是颇具优势的。

尽量别选新办分校。选择合办大学时应把握以下原则：尽量不选新办分校，应选择开办时间相对较长、有一定规模的境外分校。另外，一定要充分考虑学校的要求和学生本身的条件。很多大学的分校入学条件和学习难度都相对较高，毕业难度也非常大，有些学生只能被迫中途转学。

## 投资移民

投资移民是指具有一定资产，并且符合其他一些限制性条件的投资者（不同国家有不同的附加限制条件），采取投资的方式取得投资国永久居留权的行为。申请人可以投资于目标国政府批准的投资基金或合适的商业项目，投资基金一般都有最短时间限制。该类申请人必须愿意将资金投资于目标移民国家，以促进目标移民国家经

济发展、增加就业机会及丰富文化生活。而获得的回报是主申请人和全家可以获得投资国身份，从而享受等同于投资国国民的福利和保险待遇，进而子女也可享受免费或优惠教育的权利，以及全家自由进出该国的便利条件。

## 投资移民的办理流程

申请赴有关国家投资移民一般应按下列程序办理：

（1）了解投资移民的条件。即了解移民接受国接纳投资移民的具体规定，如投资数额。了解清楚后便于结合自己的实际经济实力做出抉择，同时选择公安部门认可的专业中介机构支持，以便解决不同财务制度和经商环境的对接问题。

（2）索取有关投资移民的文件资料。申请者可通过专业中介机构索取，也可直接到有关国家驻华使馆索取。

（3）准备投资移民的证件材料。这些材料一般包括申请人的身份证明、国籍证明、财产证明、健康状况证明、无刑事制裁证明等。

（4）将证件材料及填写的表格等递交给有关国家驻华使馆等候批准。

（5）有关国家驻华使馆对申请人的证件资料进行审核无误后报回其国内待批。

（6）投资移民目的国移民机关通过对材料的审查后，决定是否接纳申请者的申请并将结果通知其驻华使馆及申请人。

（7）申请人接到批准通知书后即可办理申领护照和签证手续并踏上投资移民之路。

（8）登陆移民目的国前应当了解清楚当地的消费状况，住房情况，学校情况以及交通情况等，以便做出合理的安排。

移民后子女在当地享受当地国民同等的待遇，可享受适龄的免费教育及正常教育收费，而无须支付高额的留学费用，并且还有优先选择学校的权利，总体算下来移民的花费也只比留学多一点点，但对于孩子将来的发展却大有不同。例如，一般留学生毕业后只能选择回国，想留在海外或当地发展很难，因为当地首先考虑的是如何解决当地居民的就业问题；另外，如果是移民身份将来回国创业还会享受众多的外商特殊待遇，如税收方面的三免两减半等，所以，综合考虑移民比留学更划算。

## 技术移民的申请条件

第一，要对自身的专业技术情况

进行综合分析和评估（如专业特长、研究成果、独到技术、外语水平、年龄等）。

第二，对申请前往国家的国情和接纳专业技术移民的法律法规进行研究和分析（如哪些专业技术人员短缺、哪些科研项目需要引进人才、哪些地区和机构需要补充人员等）。

第三，通过拟前往国驻华使领馆或该国的引进人才部门和移民机关等索取有关专业技术移民的资料表格。

第四，准备专业技术移民所需的所有材料（包括学历学位证明、科研成果资料、专业技术职称证件、学业成绩、年龄证明、国籍证明、身体检查证明等）并经过公证机关公证。

第五，将填写好的表格及相应的证件资料等一并交给有关驻华使领馆或移民机关等部门。

第六，等待批准，待接到正式书面通知后再前往面试或开始办理申办护照及签证手续。

# 第十七章　投资理财

## 树立正确的理财观

理财是一个长期过程，需要时间和耐心，不可能一夜暴富。

家庭不是企业，资产的安全性应放在第一位，盈利性放在第二位。

树立风险意识，投资是有风险的。低风险的投资品种，如银行存款、国债等，难以产生高回报；高风险的投资品种，如股票、实业投资，有产生高回报的可能，但也可能导致巨额亏损。

要保证良好的资产流动性，保持富余的支付能力，不要将资金链绷得太紧。

保险是重要的保障手段之一，是家庭资产的重要组成部分，一份保险也是一份对家人的关爱。

要根据自己的实际情况及风险承受能力选择理财品种，不要随波逐流。

不要过度消费，尤其是贷款消费，如房贷、汽车贷款等。尽量减少家庭的债务负担。

股票是一种最好的长期投资工具，是使家庭资产大幅增值的较为有效的投资方式，但如果投资操作不当，会导致巨额亏损，造成家庭财务危机。一定不能用借来的钱炒股票。

要将生活保障（现金、债券、住房、汽车、保险、教育）与投资增值（股票、实业、不动产）合理分开。投资增值是一种长期行为，目的是使生活质量更高，不要因为投资而降低目前的生活质量。投资资金应该是正常生活消费以外的资金，用这样的闲钱投资，投资人才能保持一个良好的心态。

要学习理财知识，要能同专业理财人员交流，要有一定的分辨能力，因为钱是你自己的。

可以委托理财，但要慎选受托人。

要编制家庭财务报表，包括资产负债表和现金流量表，做到收支有数，心中有底。

要制定量化的、合理的理财目标，针对理财目标配置资产。做到有的放矢。

抵制过高投资回报率的诱惑，任何投资回报率过高的项目都是值得怀疑的。

投资一个项目，先考虑风险，再考虑收益。不能合理控制风险，收益无从谈起。

## 适合上班族的理财法则

准备3~6个月的急用金。就一般理财规划来说，最好以相当于一个月生活所需费用的3~6倍金额，作为失业、事故等意外或突发状况的应急资金。

减少负债，提升净值。小两口的家庭财务应变的实力尤其重要，也就是净值（等于资产减负债）必须进一步提升。而提升净值最直接的方法就是减少负债，国内负债形态包括房屋贷款、汽车贷款、信用卡与消费性贷款等。基本上，个人或家庭可承担的负债水准，应该是先扣除每月固定支出及储蓄所需后，剩下的可支配所得部分。至于偿债的原则，则应优先偿还利息较高的贷款。

把钱花得更聪明。如果开源的工作有困难，那么应从节流做起，有计划地消费。选对时节购物、货比三家、克制购物欲望，以及避免滥刷信用卡、举债度日等，都是可以掌握的原则。在方法上可针对每月、每季、每年可能的花费编列预算，据此再决定收入分配在各项支出上的比例，避免将手边的现金漫无目的地花掉。最好养成记账的习惯，定期检查自己的收支情况，并适时调整。

养成强迫储蓄的习惯。“万丈高楼平地起”，所有人理财的第一步就是储蓄，要先存下一笔钱，作为投资的本钱，接下来才谈加速资产累积。若想要强迫自己储蓄，最好是一领到薪水，就先抽出20%存起来；无论是选择保守的零存整付银行定存，还是积极的定期定额共同基金，长期下来，都可以发挥积少成多的复利效果。

加强保值性投资。股、汇市表现不佳，银行定存利率也频频往下调，现阶段理财除谨守只用闲钱投资的原则以外，资产保值相当重要，可通过增加固定收益工具如银行定存、债券和债券基金的投资比例来达到目的。其中，债券基金因为具有投资金额较低、专业经理人管理操作及节税等好处，较之直接从事债券投资，门槛降低许多，加上目前实质收益率也可维持在银行定存之上，所以成为目前最热门的投资工具之一。不过由于国内外债券基金种类繁多，应先了解其投资范围、特性与适合的用途，配合自己的期望报酬与承担风险来选择。至于银行定存，在利率持续调降的趋势下，最好选择固定利率进行存款。

## 选择哪种储蓄收益最大

既然选择储蓄作为一种投资工具，就要考虑以最小投入，换取最大收益。那么选择什么储种，才能获取最大的利息收入呢？如果你有一笔钱，又在一段时期内肯定不用，这时可以考虑以下几种方法：

（1）选择同期大额可转让定期存单，因为此储种要在同期定期储蓄利率基础上上浮5%。但此储种一般未到期不能提前支取，到期后又不加计利息，流动性较差。

（2）选择整存整取定期储蓄，并且期限越长越好，因为期限越长，年利率越高。

（3）选择自己想存的年限而定期储蓄上又有的年限直接存入，利息最高。比如，你想存8年，就直接选择定期储蓄8年期，这样收益最高。

（4）如想存的年限，存款年限上又没有，就要选择两年存期差距越大的定期储蓄。比如，你想存一个7年期的定期储蓄，选择一个5年期和两个1年期定期，比选择两个3年期和一个1年期定期利息要高。

（5）选择“复合存款法”，即两种以上储种套存，要比单一存款利息高。比如某人在过去将1万元存入5年期进行存本取息储蓄，再将每月利息60元即时转存零存整取储蓄，5年后利息收入是5011.26元，而5年期同金额整存整取利息是4500元，前者比后者利息多511.26元。

## 如何减少利息损失

将日常生活中积攒下的钱存入银行，一直是工薪阶层首选的投资方式。但现金存入银行后，如果处理不当，会造成利息损失，因此必须慎重对待。

（1）存款到期及时转存。按银行现行规定，定期存款到期后按活期计息，而活期存款利息只有定期存款利息的1/3，因此储户要注意存款到期时间，一旦到期要及时转存定期。

（2）12张存单循环法。按目前的存款利息及人们日常生活需要，存一年定期是较好的储蓄方式，但如果同时全部存一年定期，又不便于急用。储户可根据实际情况，每月将家中余钱存一年定期，一年下来，手中正好有12张存单，这样不管哪个月急需用钱都可取出当月到期的存款，若不需用钱，可将到期的存款利息连同手头的余钱继续转存一年定期，如此反复，银行存款就会如滚雪球般上升。

（3）办定期一本通。目前许多城市的银行开办了定期一本通业务，可将多次定期存款合并在一本存折上，使用起来和活期存折一样方便。而且可挂失，便于保存，不会遗漏，到期可自动转存，避免了利息损失。

（4）申请存单到期抵押贷款。银行规定定期存款提前支取时利息按活期存款计算，如果存单尚未到期而又急需用钱，可以用存单作抵押贷款，存单到期后再归还贷款，减少利息损失。

（5）定活两便通知存款。目前许多银行都开办有定活两便通知存款，

所分存款档次较多，储户需提前支取时只需提前通知银行，即可按已存时间所在档次计算定期利息，可有效避免利息损失。

## 基金投资的四个“价值点”

基金转换投资中的“价值点”。投资者在进行基金投资时，应时刻关注基金净值随证券市场变动的关系，并捕捉基金净值变动中的“价值点”，进行基金产品的巧转换。如当证券市场处于短期高点时（从技术形态上判断），投资者就可以进行基金转换，将股票型基金份额赎回，转换成货币市场基金，从而实现基金的获利过程。

基金申购、赎回费率上的“价值点”。投资者在选择基金产品时，应当就不同的基金产品，针对不同的申购、赎回费率而采取不同的策略，切不能忽略不计。除此之外，在了解各基金产品的费率特点后，应通过基金产品之间的转换而起到巧省费率的目的。

场内交易和场外申购、赎回基金产品中的“价值点”。有些开放式基金产品是不可上市交易型的。投资者投资基金只能依照基金净值进行，而且在时点的把握上和资金的使用上，都受到场外交易条件的限制，即使进行一定的套利操作，也是一种估计。但上市开放型交易基金克服了这一弊端。投资者完全可以通过上市型交易开放式基金的二级市场价格和基金净值的变动实现套利计划，这为那些进行短线操作基金的投资者提供了基金投资的机会。

基金资产配置和投资组合中的“价值点”。一只基金运作是不是稳健，投资品种是不是具有成长性，观察和了解基金的投资组合是非常重要的。通过基金的资产配置状况预测基金未来的净值状况，将为基金的未来投资提供较大的帮助。

## 买基金就选“三好”基金

第一，要看好公司和团队。所谓“三好”基金，首先是好公司和好团队。考察一家公司首先要看基金公司的股东背景、公司实力、公司文化以及市场形象，同时还要进一步考察公司治理结构、内部风险控制、信息披露制度，是否注重投资者教育等。其次要考察管理团队，主要看团队中人员的素质、投资团队实力以及投资绩效。

第二，要看好业绩。市场上表现优秀的基金公司，有着在各种市场环境下都能保持长期而稳定的盈利的能力。好业绩也是判断一家公司优劣的重要标准。首先要看公司是否有成熟的投资理念，是否契合自己的投资理念，投资流程是否科学和完善，是否有专业化的研究方法、风险管理及控制，公司产品线构筑情况是否合理等。当然，还要看公司的历史业绩。虽然历史投资业绩并不表明其未来也能简单复制，但至少能反映出公司的整体投资能力和研究水准。此外选择基金时还要关注那些风格、收益率水平比较稳定，持股集中度和换手率较合理的产品。

第三，要看好服务。正如你在商场、酒店等场所消费时应该享受相应的服务一样，作为代客理财的中介服务机构，基金公司的重要职责之一就是提供优质的理财服务。从交易操作咨询、公司产品介绍到专家市场观点、理财顾问服务等，服务质量的高低也是投资者在选择基金时不容忽视的指标。

## 如何选购股票

选择股票，可以从以下几个方面考虑：

（1）把握好大盘运行趋势。对于炒股新手，在开始的时候一般人都会建议多看少买。应该看什么呢？在准备买入股票之前，首先应对大盘的运行趋势有个明确的判断。一般来说，绝大多数股票都随大盘趋势运行，大盘处于上升趋势时买入股票较易获利，而在顶部买入则好比虎口拔牙，下跌趋势中买入难有生还，盘局中买入机会不多。还要根据自己的资金实力制定投资策略，是准备中长线投资还是短线投机，以明确自己的操作行为，做到有的放矢。所选股票也应是处于上升趋势的强势股。

（2）分批买入，降低风险。在没有十足把握的情况下，投资者可采取分批买入和分散买入的方法。这样可以大大降低买入的风险。但分散买入的股票种类不要太多，一般以在五只以内为宜。另外，分批买入应根据自己的投资策略和资金情况有计划地实施。

（3）选择热门股。什么是热门股？热门股是指交易量大、流通性强、股价变动幅度较大的股票，即成交量最多的股项就是当天的热门股。因其交易活跃，所以买卖容易，尤其在做短线时获利机会较大，抛售变现能力也较强。

（4）选择好买入时机。中长线买入股票的最佳时机应在底部区域或股价刚突破底部上涨的初期，这是风险最小的时候。而短线操作虽然天天都有机会，也要尽量考虑到短期底部和

短期趋势的变化，并要快进快出，同时投入的资金量不要太大。

（5）强势原则。“强者恒强，弱者恒弱”，这是股票投资市场的一条重要规律。这一规律在买入股票时会对我们有所指导。遵照这一原则，我们应多参与强势市场而少投入或不投入弱势市场，在同板块或同价位或已选择买入的股票之间，应买入强势股和领涨股，而非弱势股或认为将补涨而价位低的股票。

## 股票怎样买卖

有些股票是不能直接进入证券交易所买卖的，只能通过证券交易所的会员买卖，所谓证交所的会员就是通常的证券经营机构，即券商。你可以向券商下达买进或卖出股票的指令，这被称为委托。委托时必须凭交易密码或证券账户进行。这里需要指出的是，在我国证券交易中的合法委托是当日有效的委托。这是指股民向证券商下达的委托指令必须指明买进或卖出股票的名称（或代码）、数量、价格，并且这一委托只在下达委托的当日有效。委托的内容包括你要买卖股票的简称（代码）、数量及买进或卖出股票的价格。股票的简称通常为3—4个汉字，股票的代码一般为六位数，委托买卖时股票的代码和简称一定要一致。同时，买卖股票的数量也有一定的规定。即委托买入股票的数量必须是100的整倍，但委托卖出股票的数量则可以不是100的整倍。

委托的方式有四种：柜台递单委托、电话自动委托、电脑自动委托和远程终端委托。

（1）柜台递单委托。就是你带上自己的身份证和账户卡，到你开设资金账户的证券营业部柜台填写买进或卖出股票的委托书，然后由柜台的工作人员审核后执行。

（2）电话自动委托。就是用电话拨通你开设资金账户的证券营业部柜台的电话自动委托系统，用电话上的数字和符号键输入你想买进或卖出股票的代码、数量和价格从而完成委托。

（3）电脑自动委托。就是你在证券营业部大厅里的电脑上亲自输入买进或卖出股票的代码、数量和价格，由电脑来执行你的委托指令。

（4）远程终端委托。就是你通过与证券柜台电脑系统联网的远程终端或互联网下达买进或卖出指令。

除了柜台递单委托方式是由柜台的工作人员确认你的身份外，其余三种委托方式则是通过你的交易密码来确认你的身份，所以一定要好好保管你的交易密码，以免泄露，给你带来不必要的损失。当确认你的身份后，便将委托传送到交易所电脑交易的撮合主机。交易所的撮合主机对接收到的委托进行合法性的检测，然后按竞价规则，确定成交价，自动撮合成交，并立刻将结果传送给证券商，这样你就能知道你的委托是否已经成交。不能成交的委托按“价格优先，时间优先”的原则排队，等候与其后进来的委托成交。当天不能成交的委托自动失效，第二天用以上的方式重新委托。

## 债券投资时机的选择

机会选择得当，就能提高投资收益率；反之，投资效果就差一些。债券投资时机的选择原则有以下几种：

（1）在投资群体集中到来之前投资。在社会和经济活动中，存在着一种从众行为，即某一个体的活动总是要趋同大多数人的行为，从而得到大多数人的认可。这反映在投资活动中就是资金往往总是比较集中地进入债市或流入某一品种。一旦确认大量的资金进入市场，债券的价格就已经抬高了。所以精明的投资者就要抢先一步，在投资群体集中到来之前投资。

（2）追涨杀跌。债券价格的运动都存在着惯性，即不论是涨或跌都将有一段持续时间，所以投资者可以顺势投资，即当整个债券市场行情即将启动时可买进债券，而当市场开始盘整将选择向下突破时，可卖出债券。追涨杀跌的关键是要能及早确认趋势，如果走势很明显已到回头边缘再作决策，就会适得其反。

（3）在银行利率调高后或调低前投资。债券作为标准的利息商品，其市场价格极易受银行利率的影响，当银行利率上升时，大量资金就会纷纷流向储蓄存款，债券价格就会下降，反之亦然。因此，投资者想要获得较高的投资效益就应该密切注意投资环境中货币政策的变化，努力分析和发现利率变动信号，争取在银行即将调低利率前及时购入或在银行利率调高一段时间后买入债券，这样就能获得更大的收益。

（4）在消费市场价格上涨后投资。物价因素影响着债券价格，当物价上涨时，人们发现货币购买力下降便会抛售债券，转而购买房地产、金银首饰等保值物品，从而引起债券价格的下跌。当物价上涨的趋势转缓后，债券价格的下跌也会停止。如果投资者能够有确切的信息或对市场前景有科学的预测，就可在人们纷纷折价抛售债券时投资购入，并耐心等待价格的回升，则投资收益将会是非常可观的。

（5）新券上市时投资。债券市场

与股票市场不一样，债券市场的价格体系一般是较为稳定的，往往在某一债券新发行或上市后才出现一次波动，因为为了吸引投资者，新发行或新上市的债券的年收益率总比已上市的债券要略高一些，这样债券市场价格就要做一次调整。一般是新上市的债券价格逐渐上升，收益逐渐下降。而已上市的债券价格维持不动或下跌，收益率上升，债券市场价格达到新的平衡，而此时的市场价格比调整前的市场价格要高。因此，在债券新发行或新上市时购买，然后等待一段时期，在价格上升时再卖出，投资者将会有所收益。

## 债券投资的策略与技巧

利用时间差提高资金利用率。一般债券发行都有一个发行期，如半个月的时间。如在此段时期内都可买进时，则最好在最后一天购买；同样，在到期兑付时也有一个兑付期，则最好在兑付的第一天去兑现。这样，可减少资金占用的时间，相对提高债券投资的收益率。

利用市场差和地域差赚取差价。通过不同地方的交易所进行交易的同品种国债，它们之间是有价差的。利用市场差，有可能赚取差价。同时，可利用各地区之间的地域差，进行贩买贩卖，也可能赚取差价。

卖旧换新技巧。在新国债发行时，提前卖出旧国债，再连本带利买入新国债，所得收益可能比旧国债到期才兑付的收益高。这种方式有个条件，必须比较卖出前后的利率高低，估算是否合算。

选择高收益债券。债券的收益是介于储蓄和股票、基金之间的一种投资工具，相对安全性比较高。所以，在债券投资的选择上，不妨大胆地选购一些收益较高的债券，如企业债券、可转让债券等。特别是风险承受力比较高的家庭，更不要只盯着国债。

购买国债。如果在同期限情况下（如3年、5年），可选择储蓄或国债时，最好购买国债。

## 住房投资的六种模式

一般来说，目前有以下几种住房投资模式：

（1）直接购房模式。住房实物投资是直接投资，即投资者用现款或分期付款的方式直接向房主或房地产开发商购买住房，并适当装修、装饰后，或出售，或出租，以获取投资回报。这是一种传统的投资方式，也是住房投资者目前最常用的一种方式。

（2）合建分成。合建分成就是寻找旧房，拆旧建新，共售分成。这种操作手法要求投资者对房地产整套业务相当精通。目前不少房地产开发公司也采用这种方式开发房地产，只是规模较大，另外在合建方式上也存在多样性。

（3）以旧翻新。即把旧楼买来或租来，然后投入一笔钱进行装修，以提高该楼的附加值，再将装修一新的楼宇出售或转租，从中赚取利润。采用这种方式投资商品房时应注意尽可能选地段好、易租售的旧楼，如在学校、单位附近的单身公寓。

（4）以租养租。以租养租就是以长期租赁低价楼宇，然后不断提升租金标准的方式分期转租，从中赚取租金差价。以租养租这种操作手法又叫当“二房东”。有些投资人，将租来的房产转租获利相当丰厚。如果投资者刚开始做房地产生意，资金严重不足，这种投资方式比较合适。

（5）以房换房。以房换房就是以洞察先机为前提，看准一处极具升值潜力的房产，在别人尚未意识到之前，以优厚条件采取以房换房的方式获取房产，待时机成熟再予以转售或出租，从中牟利。

（6）以租代购模式。所谓以租代购是指开发商将空置待售的商品房出租并与租户签订购租合同。若租户在合同约定的期限内购买该房，开发商即以出租时所定的房价将该房出售给租户，所付租金可充抵部分购房款，待租户交足余额后，即可获得该房的完全产权。这种方式发源于广州、上海等经济发达地区，虽然是房地产商出售商品房的一种变通方式，但对消费者来说，也不失为一种当家理财的好方法。

## 理财还贷，不做“房奴”

背负房贷重担的置业者，贷款利率比存款利率高得多，而且贷款利息也是硬性支出，因此“负翁”们更需要理财。如果能合理支出，“房奴”也能翻身做主人，减轻压力。购房还款可以通过以下方式：

（1）选择还款方式。选择适合的还款方式也可以让借款人达到省钱的目的。目前市面上比较普遍的还款方式有等额本息、等额本金、双周供等。从节省利息的角度来看，依次为双周供＞等额本金＞等额本息。借款人可根据自身实际情况进行选择。

（2）选准银行。跟其他金融产品相比，房屋抵押贷款风险小，利润高，目前已成为各大银行的“必争之地”。

各家银行之间，为争夺房贷客户，常常推出一系列优惠措施，以此来吸引人的眼球。

值得一提的是，目前市场上的房贷产品个体差异较大，置业者可根据自身需求来选择银行及其房贷产品，以减轻还贷压力。

（3）巧用公积金。对于有足月缴纳公积金的借款人来说，建议尽量使用公积金贷款。

（4）抵押购房。对于想达到省钱目的的借款人，还可以选择抵押消费贷款。建议使用抵押房产再购房的借款人，尽量不要选择抵押后再贷款的形式购房，因为这样要支付抵押贷款和商业贷款两部分的月供，且商业贷款部分的利率可能会按上浮 1.1 倍来执行，对于借款人会形成较大的还款压力。

（5）出租房屋减轻压力。购房本是件令人愉快的事，但如果它让你的生活质量下降、居住空间浪费、职业发展受限，不妨选择将房屋出租转移压力。倘若自住房的资金明显高过普通住宅的租金，可以考虑将房子出租，以暂时的牺牲为未来的生活换得更为广大的空间。

另外，考虑到小家庭以后还需要“添丁进口”，将不堪重负的大房子出售，再购买一个适合自己的小户型居住，未尝不是一个实用的办法。

（6）通过提前还款来缩短期限。提前还贷可以减少偿还利息，可以让自己摆脱“挣钱给银行”的心理矛盾。但是，不是所有的提前还贷都能省钱的，因此提前还贷之前要算好账。比如，还贷年限已经超过一半，月还款额中本金大于利息，那么提前还款的意义就不大。

此外，如果选择部分提前还贷，剩下的贷款应尽量选择缩短贷款期限，而不是减少每月还款额。因为，银行收取利息主要是按照贷款金额占据银行的时间成本来计算的，因此选择缩短贷款期限就可以有效减少利息的支出。假如贷款期限缩短后正好能归入更低利率的期限档次，省息的效果就更明显了。而且，如果碰到降息通道，往往短期贷款利率下降的幅度会更大。

## 黄金投资的两种方式

目前国内黄金投资主要分为实物黄金交易和纸黄金交易（黄金现货延迟交易）两类。

（1）实物黄金交易。所谓实物黄金交易，是指可以提取实物黄金的交易方式。如果出于个人收藏或者馈赠亲友的目的，投资者可选择实物黄金交易，但如果期望通过黄金投资获得交易赢利，那么纸黄金交易无疑是最佳选择。

（2）纸黄金交易。纸黄金交易只能通过账面反映买卖状况，不能提取实物黄金。与实物黄金交易相比，纸黄金交易不存在仓储费、运输费和鉴定费等额外的交易费用。投资成本较低，同时也不会遇到实物黄金交易通常存在的“买易卖难”的窘境。

## 买保险的“六要”“六不要”

要放下成见，不要偏听偏信。保险公司是经营风险的金融企业，《保险法》规定，保险公司可以采取股份有限公司和国有独资公司两种形式，除了分立、合并外，都不允许解散。所以，大可放下门第之见买入保险，但重点要看公司的条款是否更适合自己，售后服务是否更值得信赖。

要比较险种，不要盲目购买。每个人在购买贵重商品时，都会货比三家，买保险也应如此。尽管各家保险公司的条款和费率都是经过中国人民银行批准的，但比较一下却有所不同。如领取生存养老金，有的是月领取，有的是定额领取；同是大病医疗保险，有的是包括10种大病，有的只防7种。这些一定要搞清楚、弄明白，针对个人情况，自己拿主意。

要研究条款，不要光听介绍。保险不是无所不保，对于投保人来说，应该先研究条款中的保险责任和责任免除这两部分，以明确这些保险单能为你提供什么样的保障，再和你的保险需求相对照，要严防个别营销员的误导。没根没据的承诺或解释是没有任何法律效力的。

要确定需要，不要心血来潮。买保险首先考虑自己或家庭的需求是什么，比如担心患病时医疗费负担太重而难以承受的人，可以考虑购买医疗保险；为年老退休后生活担忧的人可以选择养老金保险；希望为儿女准备教育金、婚嫁金的父母，可投保少儿保险或教育金保险等。所以，弄清保险需要再去投保是非常重要的。

要考虑保障，不要考虑人情。保险是一种特殊商品。一件衣服或一套家具买来了，如果不喜欢可以不穿不用，也可以送人，而保险则不能转送。有些人买保险，只因营销员是熟人或亲友，本不想买，但出于情面，还没搞清条款，就硬着头皮买下，以后发现买到的保险是不完全适合自己需要的险种，结果是不退难受，退了经济受损失也难受。

要考虑责任，不要只图便宜。俗话说，“一分钱一分货”，保险也是如此，不能光看买一份保险花了多少钱，而要搞清楚这一份保险的保险金是多少，保障范围有多大，要全方位地考虑保险责任。

# 第十八章　孕产育儿

## 怀孕的最佳时机

怀孕最佳时间通常在下午的5—7时，这段时间内精子的数量和质量变化最大，而且也最容易受孕，所以这段时间就是最佳的。

怀孕的最佳时间与受孕的生理过程有着很大的关系。受孕必须具备下列条件：卵巢排出正常的卵子，精液中含有正常活动的精子，卵子和精子能够在输卵管内相遇并结合成为受精卵，受精卵能被输送到子宫腔中，子宫内膜发育必须适合孕卵着床。这些条件只要有一个不正常，便会阻碍怀孕。

卵子从卵巢排出后，多长时间受孕是最佳时间呢？临床实验发现，卵子从卵巢排出后15—18个小时受精最好，是怀孕的最佳时间，如果24小时之内未受精则开始变性，失去受精能力。精子一般在女性生殖道中可存活3—5天，所以在排卵前2—3天或排卵后24小时之内，也就是下次月经前的12—19天房事，是孕育的最佳时间，受孕的机会最高。

女性性兴奋时，也是怀孕的最佳时间，因为，此时女性的阴道中有血液里的氨基酸糖分的渗入，使阴道中精子的运动能力增强；同时，小阴唇充血膨胀，阴道口变紧，阴道深部皱褶伸展变宽，便于储存精液；平时坚硬闭锁的子宫颈口也松弛张开，使精子容易进入。数千万个精子经过激烈竞争，强壮而优秀的精子与卵子结合，会孕育出高素质的后代。

## 怀孕初期的症状

容易疲劳。在怀孕前期，很多女性感到疲劳，没有力气，想睡觉。不过这个时期不会太长，很快就可以过去。大致说来，有足够性生活的女性，在月经周期一周以后仍不来潮，应去医院检查小便，检查自己是否怀孕了。

胃口不好。有些女性在月经过去不久的时候（1—2周）就最先发生胃口的转移。平常最爱吃的东西，此刻不爱吃了，吃过一次的食品第二次就不爱吃了，有些人简直不想吃甚至要呕吐，有些人很想吃些酸味的东西。一般经过半个月至一个月，这方面症状就会自然地消失。

乳房变化。在雌激素和孕激素的共同刺激下，怀孕伊始，乳房逐渐胀大，乳头和乳晕部颜色加深，乳头周围有深褐色结节等现象，12周以后还会有少许清水样乳汁分泌。

月经停止。这是一般人最常注意到的怀孕征兆，只要是一般正值生育年龄的女性，月经正常，在性行为后超过正常经期两周不来月经，就有可能是怀孕了。但并不是月经没有来就是怀孕了。月经没有来的原因有很多，卵巢机能不佳，荷尔蒙分泌不正常，工作忙碌，考试紧张等，都会引起月经迟来的现象。所以最好还是要经过医师的诊断，才是最安全的。

皮肤颜色有变化。怀孕初期可能会出现皮肤色素沉淀或腹壁产生妊娠纹的现象，怀孕后期尤为明显。

尿频尿急。怀孕第三个月时，因为膀胱受到日益扩大的子宫的压迫，使得膀胱的容量变小，常会有尿频尿急的现象发生。

阴道黏膜变色。怀孕初期，阴道黏膜可能会因充血而呈现出较深的颜色，这些可由医师做判断。

## 孕早期的注意事项

预防感冒。普通感冒和流行性感冒都是由病毒引起的呼吸道感染，虽然普通感冒对胎儿影响不大，但如果体温较长时间维持在39℃左右，也有可能造成胚胎畸形。特别是流行性感冒，不仅病毒具有能使胚胎或胎儿发生畸形的作用，高热和病毒的毒性还会刺激子宫收缩，引起流产。因此，孕早期要避免去公共场所，尤其在感冒流行季节，同时在生活中要避免接触感冒患者。倘若患了感冒别在家硬挺，虽然怀孕早期用药不当容易引起胚胎组织畸形，但一旦患了感冒还是要赶快去看医生。

避免劳累。在孕早期，准妈妈的肚子不是很明显，很多幸运的准妈妈甚至没有孕吐的困扰，所以，可能很多准妈妈会掉以轻心，熬夜、出差、加班……维持着孕前一样的生活。专家提醒各位准妈妈，不管是上班还是在家里，尽量不要太累，每天一定要保证8小时睡眠，外出坐车要注意安全，不要太颠簸。

尽量避免辐射和接触化学物质。前三个月要特别注意，尽量少用电脑、少看电视，孕妇看电视应距荧屏2米以上，而且不宜收看惊险电视节目，尽量不用吹风机吹头发。清洁剂会通过手部皮肤渗透到孕妇体内，所以尽量减少洗碗、洗衣服的次数，洗时要带好橡胶手套。

注意饮食均衡。肉、蛋、禽、鱼，以及水果蔬菜每周尽量都吃些。前三个月每天要补充叶酸，一天0.4毫克。尽量不要吃螃蟹、甲鱼、贝类，这些都是寒凉的食物，会对孕妇和胎儿有影响。

不要登高做事，防止滑倒。健康的孕妇可以照常工作和劳动，但要避免剧烈运动和重体力劳动。在怀孕后，

最好不要登高打扫卫生、搬动沉重的物品，这些动作有一定危险性。在家要注意防滑，特别是厕所等比较潮湿的地方，最好准备防滑垫，以防摔倒。

保持心情愉悦。关键要保证情绪稳定，不要紧张，更不要生气。丈夫尤其要会关心体贴妻子，避免妻子情绪激动。心情不愉快会对胎儿的大脑发育产生不良影响，每天都开开心心的，宝宝的智商就会很高。

## 可能导致畸形儿的情况

除了近亲婚配或有家族遗传性基因缺陷外，还有些情况可能导致胎儿畸形。

（1）孕妇在妊娠早期招致病毒感染。

（2）孕妇接触了有毒物品或受到过辐射。

（3）孕妇服过不良药物。任何药物都有其副作用，就看怎样选择，孕妇应该恪守这样一个原则，尽量少用药，最好不用药，任何用药都要在医生的指导下进行。

（4）家里饲养家猫。猫是弓形虫体病的传染源，孕妇感染此病后生下的婴儿可能患有先天性失明、脑积水等。

（5）孕妇经常化浓妆。化妆品中含有铅、汞等有毒物质，这些物质被孕妇的皮肤吸收后，可透过血胎屏障进入血液循环，进而影响胎儿发育。

（6）孕妇经常情绪不好。人的情绪变化与肾上腺皮质激素的多少有关。当孕妇出现忧虑、焦急、暴躁、恐惧等不良情绪时，肾上腺皮质激素可能阻碍胚胎某些组织的交融作用，造成胎儿唇裂或腭裂等。

（7）孕妇妊娠早期洗澡过热。有些孕妇在怀孕初期常进行热水浴或蒸气浴，过高的温度与闷热的浴室空气很容易影响胎儿大脑和脊髓的发育。

如有上述情况发生，孕妇应该去医院做产前诊断，如发现胎儿畸形或有遗传病，则应及早施行选择性流产。不过预防胜于治疗，孕妇最好是避免发生这些情况，生出健康的宝宝。

## 如何计算预产期

预产期，即孕妇预计生产的日期。预产期不是精确的分娩日期，科学家们统计过只有53%左右的妇女在预产期那一天分娩。由于每一位孕妇都难以准确地判断受孕的时间，所以，医学上规定，以末次月经的第一天起计算预产期，其整个孕期共为280天，10个妊娠月（每个妊娠月为28天）。

（1）根据末次月经计算。末次月

经日期的月份加 9 或减 3，为预产期月份数；天数加 7，为预产期日。例如，最后一次月经是 1985 年 2 月 1 日，月份 2+9，日期 1+7，预产期是 11 月 8 日。

（2）根据胎动日期计算。如你记不清末次月经日期，可以依据胎动日期来进行推算。一般胎动开始于怀孕后的 18—20 周。计算方法为：初产妇是胎动日加 20 周；经产妇是胎动日加 22 周。

（3）根据基础体温曲线计算。将基础体温曲线的低温段的最后一天作为排卵日，从排卵日向后推算 264—268 天，或加 38 周。

（4）根据 B 超检查推算。医生做 B 超时测得胎头双顶径、头臀长度及股骨长度即可估算出胎龄，并推算出预产期（此方法大多作为医生 B 超检查诊断应用）。

（5）从孕吐开始的时间推算。孕吐反应一般出现在怀孕 6 周末，就是末次月经后 42 天，由此向后推算至 280 天即为预产期。

（6）根据子宫底高度大致估计。如果末次月经日期记不清，可以按子宫底高度大致估计预产期。妊娠四月末，子宫高度在肚脐与耻骨上缘当中（耻骨上 10 厘米）；妊娠五月末，子宫底在脐下两横指（耻骨上 16—17 厘米）；妊娠六月末，子宫底平肚脐（耻骨上 19—20 厘米）；妊娠七月末，子宫底在脐上三横指（耻骨上 22—23 厘米）；妊娠八个月末，子宫底在剑突与脐之间（耻骨上 24—25 厘米）；妊娠九月末，子宫底在剑突下两横指（耻骨上 28—30 厘米）；妊娠十个月末，子宫底高度又恢复到八个月时的高度，但腹围比八个月时大。

预产期可以提醒你胎儿安全出生的时间范围，但不要把预产期这一天看得那么精确。

到了孕 37 周应随时做好分娩的准备，但不要过于焦虑，听其自然，如果到了孕 41 周还没有分娩征兆出现，有条件的应住院观察或适时引产。

## 六种优质胎教法让胎儿更聪明

音乐胎教。妇产科专家表示，令人不愉快、高频率的噪音，会影响胎儿的神经发育，但是，令人愉悦的、和缓的、较低频率的音乐，却可促进胎儿的发育。一般而言，胎儿在 20 周时，中耳、内耳开始发育，24 周便开始有听力，32 周开始对外界声音有反应，因此音乐是很好的胎教。

触摸胎教。不论什么时间、什么地点，都可以隔着孕妈妈肚皮轻轻抚摸肚子里的婴儿，将触摸信息传给胎

儿，刺激胎儿大脑发育。此外，孕妈妈可摸着肚子轻微晃动一下，或是发现胎儿有胎动或胎儿某部位隆起凸出肚皮时，就可以去触摸它，或碰一碰或动几下，来回应胎动，能提早增进亲密的亲子关系。

言语胎教。不论是准妈妈还是准爸爸，每天都可抽出一些时间与胎儿对话。透过与子宫内胎儿对话的方式，可以适当刺激胎儿的听觉，而且准爸妈稳定、温柔、清楚的声音，对胎儿有稳定的作用。

心情胎教。一般来说，人类在开心和紧张时，会分泌两类荷尔蒙，而且这些荷尔蒙会经由孕妇影响胎儿，所以孕妈妈们不可不注意自己的情绪起伏。

艺术胎教。孕妈妈进行一些艺术欣赏与练习，除了可陶冶性情、提高文化素养之外，还能给胎儿一个更安宁的环境。

光照胎教。胎儿的视觉发育比其他感觉功能缓慢，大约怀孕 27 周之后，胎儿的大脑才能感受到外界的视觉刺激；到怀孕 36 周之后，胎儿才对光照刺激产生反应。因此，有人建议可从怀孕 27 周开始，在胎儿醒着有胎动的时候，用手电筒照射孕妈妈肚皮（胎头的方向），连续开、关手电筒数次，可以让胎儿感受到光亮的变化，进而刺激胎儿的脑部及视觉发育。

## 准妈妈选食哪些食物助优生

补钙宜多吃花生、菠菜、大豆、鱼、海带、骨头汤、核桃、虾、海藻等食物。

补铜宜多吃糙米、芝麻、柿子、动物肝脏、猪肉、蛤喇、菠菜、大豆等食物。

补碘宜多吃海带、紫菜、海鱼、海虾等。

补磷宜多吃蛋黄、南瓜子、葡萄、谷类、花生、虾、栗子、杏等。

补锌宜多吃粗面粉、大豆制品、牛肉、羊肉、鱼、瘦肉、花生、芝麻、奶制品、可可等食物。

补锰宜多食粗面粉、大豆、胡桃、扁豆、腰子、香菜等。

补铁宜多食芝麻、黑木耳、黄花菜、动物肝脏、油菜、蘑菇等。

补镁宜多食香蕉、香菜、小麦、菠萝、花生、杏仁、扁豆、蜂蜜等。

## 准妈妈不宜吃的五种食品

怀孕初期的妈妈要注意避免吃一些对胎儿发育不利的食品，主要有以下五种。

（1）含咖啡因的饮料和食品。孕

妇大量饮用后，会出现恶心、呕吐、头痛、心跳加快等症状。咖啡因还会通过胎盘进入胎儿体内，影响胎儿发育。

（2）辛辣食物。辣椒、胡椒、花椒等调味品刺激性强，多食可引起正常人的便秘。若打算怀孕或已经怀孕的女性大量食用这类食品，同样会出现消化功能的障碍。

（3）糖。糖在人体内的代谢会大量消耗钙，孕期钙的缺乏，会影响胎儿牙齿、骨骼的发育。

（4）味精。进食过多味精可影响锌的吸收，不利于胎儿神经系统的发育。

（5）人参、桂圆。中医认为，孕妇多数阴血偏虚，食用人参会引起气盛阴耗，加重早孕反应、水肿和高血压等；桂圆性温助阳，孕妇食用后易动血动胎。

## 孕妈妈补钙法

从第五个孕月起，胎儿牙齿开始钙化，恒牙牙胚开始发育，建造骨骼也需大量的钙。因此，孕妇对钙的需求量很大，每天应摄取1000—1200毫克钙。如果发生缺钙，除了常感腰酸、腿痛、手脚发麻、腿抽筋外，婴儿在出生后牙齿容易坏掉，严重时可能导致先天性佝偻病。并且，孕妇易发妊娠高血压综合征，引发母婴不良的后果。

（1）每天有意安排自己多晒太阳，特别是冬春季怀孕的妈妈。这样，会使身体摄取充足的维生素D，让胎儿的骨骼和牙齿发育得更结实。这是消除先天佝偻病和龋齿的要素。要记住这是必须做的事，其他方法无法替代，如果在晒太阳时做一些适度运动效果将会更好。

（2）食补是一条最为可靠、有效的补钙途径。从第5个孕月起，孕妈妈必须每天喝250毫升的牛奶、配方奶或酸奶，同时在饮食上注意摄取富钙食物，使摄钙量至少达到800毫克。

（3）不足部分可考虑从钙剂中补充。第4个孕月后在医生指导下每天服用钙剂，直至第9个孕月，特别是有缺钙症状的孕妈妈。以肠道吸收率高、服用方便、价格低廉的钙剂为好。

## 孕妇患病的十种情况

孕妇如果出现了以下十种情况，则提示妊娠可能有不正常情况存在。这十种信号为：

（1）阴道出血，小腹阵痛。

（2）小便发红，面色苍黄。

（3）胎动过于剧烈或过少。

（4）头晕眼花，视物不清。

（5）胸闷恶心，烦躁不宁。

（6）下肢浮肿，晨起不消。

（7）腹部过大，形若悬垂。

（8）腹部过小，胎儿难保。

（9）分娩伊始，出血不止。

（10）分娩未至，阴道流水。

孕妇一旦出现上述十种信号中任何一种时，应引起高度警惕，立即去医院做产科检查，争取早期诊断、早期处理，预防意外情况发生。

## 孕妇分娩前的信号

子宫底下降。初产妇到了临产前两周左右，子宫底会下降，这时会觉得上腹部轻松起来，呼吸会变得比前一阵子舒畅，胃部受压的不适感减轻了许多，饭量也会随之增加一些。

下腹部有一种受压迫的感觉。由于下降，分娩时胎儿即将先露出的部分，已经降到骨盆入口处，因此会出现下腹部坠胀，并且出现压迫膀胱的现象。这时你会感到腰酸腿痛，走路不方便，出现尿频。

见红。妊娠最后几周，子宫颈分泌物增加，自觉白带增多。正常子宫颈的分泌物为黏稠的液体，平时在宫颈形成黏液栓，能防止细菌侵入子宫腔内，妊娠期这种分泌物更多，而且更黏稠。随着子宫有规律地收缩，这种黏液栓会随着分娩开始的宫缩而排出；又由于子宫内口胎膜与宫壁的分离，有少量出血。这种出血与子宫黏液栓混合，自阴道排出，称为见红。见红是分娩即将开始比较可靠的征兆。如果出血量大于平时的量，就应当考虑是否有异常情况，可能是胎盘早剥，需要立即到医院检查。

腹部有规律的阵痛。一般疼痛持续 30 秒，间隔 10 分钟。以后疼痛时间逐渐延长，间隔时间缩短，称为规律阵痛。

破水。阴道流出羊水，俗称“破水”。因为子宫强而有力的收缩，子宫腔内的压力逐渐增加，子宫口开大，胎儿头部下降，引起胎膜破裂，从阴道流出羊水，这时胎儿离降生已经不远了。

## “坐月子”四种食物碰不得

茶。茶叶中含有的鞣酸会影响肠道对铁的吸收，容易引起产后贫血；茶水中还含有咖啡因，饮用茶水后会难以入睡，影响新妈妈的体力恢复。而且茶水通过乳汁进入宝宝体内后，会让他肠胃痉挛，烦躁大哭。

巧克力。巧克力会影响食欲，不想正常进餐，造成身体所需的其他营养供给不足。同时因为新妈妈的运动量不大，贪吃巧克力还会造成多余热量聚集，形成脂肪。

乌梅。梅子类的小零食是很多月子妈妈的最爱，但是这种酸涩食品会阻滞血液的正常流动，不利于恶露的顺利排出。

冰品。不利于消化系统的恢复和血液的循环，还会给新妈妈的牙齿带来不良影响。

## 怎样“坐月子”才科学

月子里妈妈全身各系统都会发生明显的生理变化，应格外注意保健。按照老习惯，妇女“坐月子”不许洗头洗澡，不许刷牙漱口，不许梳头剪指甲等，这些是不科学的。那么怎样“坐月子”对妈妈的身体恢复最有利呢？

（1）产妇和宝宝的居室应清洁、明亮、通风好，温度和湿度适中。

（2）营养合理、平衡，不要专吃高蛋白、高脂肪食品，要搭配蔬菜、水果等。为增加乳汁应多吃流食或半流食。

（3）注意个人卫生。产褥期出汗多，应常洗澡，但要避免盆浴，常换内衣。饭后要刷牙漱口，防止口腔感染。洗头洗澡用温水也不会落下产后病。指甲要定期修剪，以免划伤婴儿幼嫩的皮肤。

（4）产后恶露多，要注意常换卫生巾，会阴要用温水冲洗，洗时注意要从前（会阴）向后（肛门）洗，以免将肛门的细菌带到会阴伤口和阴道内。

（5）适当运动，不要从早到晚躺在床上。分娩次日就可以在床上翻身，半坐位与卧式交替休息，以后可在床边和房间内走动。并练习产后体操，以便尽早恢复体形，同时也可减少便秘。

（6）适当休息。母乳喂养的妈妈要与婴儿同步，宝宝休息时应抓紧时间休息。这样既可减轻自身疲劳，又可保证足够乳汁。

## 新生儿喂养的八个不当

（1）产妇奶没下来，让宝宝吃奶粉。婴儿出生半小时即可进行哺乳，每次可持续半小时，即使没有乳汁也应哺乳。产后宜母婴同室，多让宝宝吸吮乳头，这不仅可增进感情，也会因宝宝的吸吮而促进乳汁分泌。乳汁的分泌受多种因素影响。多食用一些稀汁类，如鸡汤、鱼汤、排骨汤等，有一定增乳作用。同时，母亲应保持良好的精神状态，情绪稳定，精神愉

快，切忌忧思恼怒，还要有胜任哺乳婴儿的信心和热情，因为情绪不良可能导致泌乳减少，甚至乳汁不下，带来更多的麻烦。

（2）把刚分泌的乳汁挤出去。初乳是产妇分娩后一周内分泌的乳汁，颜色淡黄，黏稠（其实不是脏），量很少，非常珍贵。初乳营养丰富，能增加宝宝的抗病能力，能保护婴儿健康成长。初乳还能帮助宝宝排出体内的胎粪、清洁肠道。因此，即使母乳再少或者准备不喂奶的母亲也一定要把初乳喂给宝宝。

（3）躺着喂奶舒服。产后疲乏，加上白天不断地给宝宝喂奶、换尿布，到了夜里母亲就非常困。夜间遇到宝宝哭闹，母亲会觉得很烦，有时把奶头往宝宝的嘴里一送，宝宝吃到奶也就不哭了，母亲可能又睡着了，这是十分危险的。因为宝宝吃奶时与母亲靠得很近，熟睡的母亲很容易压住宝宝的鼻孔，这样悲剧就有可能发生。为避免这种事情的发生，母亲夜间喂奶时最好能坐起。

（4）为了宝宝吃得饱，调浓奶粉。食物在肠道吸收，如果食物的渗透压过高（奶调得浓），会引起呕吐、腹胀、腹泻、脱水等现象。同时大部分代谢废物要经过肾脏排出体外，而婴幼儿期肾脏的发育和功能尚不成熟，对营养物质代谢的调节能力有限，奶冲配太浓，会使肾脏负担加重。

（5）喂完奶马上把宝宝放在床上。给宝宝喂完奶后不要马上放在床上，而要把宝宝竖直抱起让宝宝的头靠在母亲肩上，也可以让宝宝坐在母亲腿上，以一只手托住宝宝枕部和颈背部，另一只手弯曲，在宝宝背部轻拍，使吞入胃里的空气吐出，防止溢奶。在哺喂母乳过后，爸爸也可以接过宝宝，为宝宝拍嗝。

（6）不采用母乳喂养。女性在妊娠时期乳房仍继续发育，乳房胀大后如果护理不好是极易松弛的。因此孕妈妈应从怀孕后就开始注意乳房的护理，使用宽带乳罩支撑乳房，同时注意按摩或局部使用特殊油脂增加皮肤及皮下组织的弹性，这样就会减少发生乳房下垂的可能，哺乳后乳房是否下垂与哺乳前乳房的情况有关。只要产后加强乳房护理，母乳喂养是不会影响你的乳房发育的。

（7）喂完奶后，用香皂清洗乳房及周围的皮肤。哺乳期妈妈经常使用香皂擦洗乳房，不仅对乳房保健无益，反而会因乳房局部防御能力下降，乳头容易干裂而招致细菌感染。因此，要想充分保持哺乳期乳房局部的卫生，让你的小宝宝有足够的母乳，最好还是用温开水清洗，尽量不用香皂，更不要用酒精之类的化学性刺激物质。

（8）纯母乳喂养，不给宝宝喝水。虽然有些观点认为4—6个月内的宝宝只需母乳，不必加喂水，但要视情况而定。北方的冬天天气干燥，如果室内温度过高，新生儿容易缺水。再者，天气太热或出现腹泻时宝宝体内也会缺水。缺水时宝宝的嘴唇看上去干燥起皮，情绪不安，爱哭闹。

建议最好控制室内温度在20℃—25℃之间。北方冬天室内要使用加湿器，保持空气湿润。看到嘴唇干燥可以用小勺给宝宝喂几口白开水。

## 怎样正确地为婴儿挑选奶嘴

挑选奶嘴之前，首先要先认识奶瓶用奶嘴的规格和种类。奶瓶用奶嘴依照奶洞的大小，一般分S、M、L三个规格。

S号适合0—3个月内的宝宝。M号适合3—6个月内的宝宝。L号适合6个月以上的宝宝。

此外，奶嘴洞的设计还有所不同，如圆孔、十字孔、Y字孔。圆孔是比较常用的设计。即便宝宝只是含住奶嘴而没有吸吮，奶嘴还是会慢慢地滴出奶水，通常建议给吸吮动作较差的宝宝使用这种奶嘴。十字孔、Y字孔，这两种奶嘴可以借由宝宝吸吮的力道来控制流出多少奶量。如果宝宝没有做吸吮动作，奶水就不会自动流出，适合3个月以上的宝宝使用。

## 避免宝宝吐奶有高招

喂养方法得当可以避免宝宝吐奶，现在把避免宝宝吐奶的高招提供给大家。

（1）要采取合适的喂奶姿势。尽量抱起宝宝喂奶，让宝宝的身体处于45度左右的倾斜状态。

（2）在哺乳后将宝宝竖直抱起，并轻拍后背，让宝宝通过打嗝的方式排出吸奶时一并吸入的空气。

（3）哺乳后不宜马上让宝宝仰卧，而是应当侧卧一会儿，然后再改为仰卧，如果仰卧也要保持上身较高的位置。

（4）每次的哺乳量不宜过多，间隔时间不宜过短。宝宝发生吐奶，如果没有其他异常，一般不会影响宝宝的生长发育。所吐的奶如果是豆腐渣状，属于奶与胃酸起作用的结果，为正常现象。假如宝宝吐奶频繁，且吐出呈黄绿色、咖啡色液体，或伴有发烧、腹泻等症状，则属于病态，应及时到医院就诊。

## 新生儿配奶粉不宜过浓

新生儿问世后，很多妈妈母乳尚未分泌或母乳不足，更不知道如何给小宝宝配奶粉，此时，专家建议可选用全脂牛（羊）奶粉喂哺，但不要配得太浓。

目前全脂奶粉或强化奶粉均含有较多钠离子，如不适当稀释，会使钠摄入量增高，增加血管负担，血压上升，引起毛细血管破裂出血、抽风、昏迷等危险症状。强化奶粉还补充了加工过程中损失的维生素与牛奶中容易缺少的元素，更应加以稀释，才能适用于新生儿。

此外，奶粉中的蛋白质，虽经过高温凝固，较牛奶蛋白质相对好消化，但新生儿的消化能力差，奶粉如过浓，仍不好消化，故必须稀释才可代替母乳。

将奶粉按重量以 1 ∶ 8，按容量以 1 ∶ 4 的比例稀释，则得到的为全奶成分。按重量较为精确；按容量"虚"与"实"差别很大，不好掌握。

调制的具体方法是先将所需奶粉放入锅内，把计划好所需水的一小部分先倒入，调成糊状，再倒入全部的水，搅匀，即为所需全奶。然后根据新生儿周龄，适当加水稀释。煮沸消毒后，加入 5%—8% 的糖，待温度适宜即可喂哺。

## 吃哪五种抗菌药应停止哺乳

目前普遍推崇母乳喂养，但有些抗菌药能通过母乳危害宝宝健康。乳儿最怕的常用抗菌药有以下五种：

（1）氯霉素。氯霉素可抑制骨髓造血细胞的功能，引起宝宝红细胞、白细胞、血小板减少，贫血。另外，由于乳儿的肝、肾功能发育不完全，从乳汁中摄入的氯霉素不能很好地经肝脏代谢、肾脏排泄，因而导致中毒，可引起婴儿拒食、呕吐、呼吸不规则、皮肤青紫（灰婴综合征）等。

（2）磺胺。经乳汁进入宝宝体内的磺胺类药可引起高胆红素血症，胆红素能影响脑组织而造成脑核黄疸。另外，磺胺类药物还可能使婴儿产生过敏反应。

（3）呋喃妥因。呋喃妥因类药物常用于治疗泌尿系统感染，含呋喃妥因的乳汁可使缺乏 G6PD 的乳儿发生溶血性贫血。

（4）异烟肼。异烟肼的乳汁浓度与血浆浓度相等。乳汁中的异烟肼进入乳儿体内后与维生素 B 结合而从尿液中排出，可造成乳儿缺乏维生素 B。

（5）甲硝唑。甲硝唑的乳汁浓度与血浆浓度相等。甲硝唑使乳汁产生金属味而使乳儿食量减少、拒乳。此外甲硝唑可引起白细胞减少及产生中枢神经的不良反应。为了确保乳儿的健康，母亲因病必须用以上抗菌药期间，应停止母乳喂养。

# 第十九章　紧急自救

## 遇到空难怎么办

现代客机都比较安全，但由于飞机在空中高速飞行，一旦出现故障或其他原因，不能像其他交通工具那样随时停下来修理，因而势必要在飞行中采取紧急安全措施。

万一遇到飞机遇险的情况千万不能惊慌失措，要信任机上工作人员，服从命令听指挥，并积极配合其进行救护工作。

当出现飞机迫降的可能时，应立即取下身上的锐利物品，穿上所有的衣服，戴上手套和帽子，脱下高跟鞋，将杂物放入座椅后面的口袋里，扶直椅背，收好小桌，系好安全带，用毛毯、枕头垫好腹部，以防冲击时锐利物品的伤害。

飞机有关失事警报发出后，准备一块毛巾或布，浸湿，在飞机内有毒烟雾时掩口、鼻，能起到一定的“过滤作用”。

飞机迫降时，一般采用前倾后屈的姿势，即头低下，两腿分开，两手用力抓住双脚。身长、肥胖者，孕妇或老人，可以挺直上身，两手用力抓住座椅扶手，或用两手夹住头部。飞机未触地前，不必过分紧张，以免耗费体力。

当听到机长发出最后指示时，旅客应按上述动作，做好冲撞的准备。在飞机触地前一瞬间，应全身紧迫用力，憋住气，使全身肌肉处于紧张对抗外力的状态，以防猛烈的冲击。

从遇险飞机脱出时，应根据机长指示和周围情况选定紧急出口。陆地迫降，一般在风上侧；在水上迫降，一般在风下侧。待飞机停稳后，立即解除安全带，然后在机务人员指挥下，依次从紧急出口逃出。如果在水面上脱出，应将救生衣先充一半气，待急救船与机体连接好后再下，防止掉入水中。

脱险后，应听从机务人员指挥，在指定地点集合。

## 怎样从泥石流中脱险

泥石流是山区沟谷中，由暴雨、冰雪融水等水源激发的，含有大量的泥沙、石块的特殊洪流。其特征是往往突然暴发，浑浊的流体沿着陡峻的山沟前推后拥，奔腾咆哮而下，地面为之震动，山谷犹如雷鸣。

泥石流在很短时间内将大量泥沙、石块冲出沟外，在宽阔的堆积区横冲直撞、漫流堆积，常常给人类生命财产造成重大危害。其发生往往是突然性的，让人措手不及，出现混乱的局面，盲目地逃生可能导致更大的

伤亡。以下有几点预防泥石流及逃生的知识。

（1）沿山谷徒步时，一旦遭遇大雨，要迅速转移到安全的高地，不要在谷底过多停留。

（2）注意观察周围环境，特别留意是否听到远处山谷传来打雷般声响，如听到要高度警惕，这很可能是泥石流将至的征兆。

（3）要选择平整的高地作为营地，尽可能避开有滚石和大量堆积物的山坡下面，不要在山谷和河沟底部扎营。

（4）发现泥石流后，要马上与泥石流呈垂直方向向两边的山坡上面爬，爬得越高越好，跑得越快越好，绝对不能往泥石流的下游走。

## 房屋倒塌人被压住怎么办

被埋压人员要坚定自己的求生意志，消除恐惧心理。能自己离开险境的，应尽快想办法脱离险境。

被埋压人员不能自我脱险时，应设法先将手脚挣脱出来，清除压在自己身上的特别是腹部以上的物体，等待救援。可用毛巾、衣服等捂住口、鼻，防止因吸入烟尘而引起窒息。

被埋压人员要头脑清醒，不可大声呼救，尽量减少体力消耗，等待救援。应尽一切可能与外界联系，如用砖石敲击物体，或在听到外面有人时再呼救。

被埋压人员应设法支撑可能坠落的重物，确保安全的生存空间，最好向有光线和空气流通的方向转移。若无力脱险，就在可活动的空间里，设法寻找食品、水或代用品，创造生存条件，耐心等待营救。

## 船只失事如何逃生

在船员的指挥下，穿上救生衣，按老弱病残和妇女儿童优先的顺序上救生船，避免混乱时的意外事故。

合适的跳水时机是既不被别人跳下时砸到，也不要砸到别人。

合适的跳水地点是船的上风舷，即迎着风向跳，以免下水后遭随风漂移船只的撞击。当船左右倾斜时，应从船首和船尾跳下。

跳前要注意寻找漂浮物，跳水时尽量靠近漂浮物，靠它逃生。

跳水后，尽量离船远一些，以免船沉时被吸入海底。

## 被洪水包围怎么办

要保持冷静，就近迅速向山坡、高地、楼房、避洪台等地转移，或爬上屋顶、楼房高层、大树、高墙等高的地方暂避。

充分利用救生器材逃生，或者迅速找一些门板、桌椅、木床、大块的泡沫塑料等能漂浮的材料扎成筏逃生。

设法尽快与当地政府防汛部门取得联系，报告自己的方位和险情，积极寻求救援。如已被卷入洪水中，一定要尽可能抓住固定的或能漂浮的东西，寻找机会逃生。

发现高压线铁塔倾斜或者电线断头下垂时，一定要迅速远避，防止直接触电或因地面“跨步电压”触电。

山洪暴发时，千万不要轻易涉水过河，不要沿着行洪道方向跑，而要向两侧快速躲避。

## 汽车翻车后如何逃生

由于与障碍物撞击，导致汽车翻车后，应采取正确的逃生方法：

（1）熄火。这是最首要的操作。

（2）调整身体。不急于解开安全带，应先调整身姿。具体姿势是双手先撑住车顶，双脚蹬住车两边，确定身体固定后，一手解开安全带，慢慢把身子放下来，转身打开车门。

（3）观察。确定车外没有危险后，再逃出去，避免汽车停在危险地带而遇险，或被旁边疾驰的车辆撞伤。

（4）逃生先后。如果前排乘坐了两个人，应副驾人员先出，因为副驾位置没有方向盘，空间较大，易逃出。

（5）敲碎车窗。如果车门因变形或其他原因无法打开，应考虑从车窗逃生。如果车窗是封闭状态，应尽快敲碎玻璃。由于前挡风玻璃的构造是双层玻璃间含有树脂，不易敲碎，而前后车窗则是网状构造的强化玻璃，敲碎一点，整块玻璃就会碎，因此应该用专业锤在车窗玻璃一角的位置敲打。

## 车辆落水怎么办

保持清醒的头脑。汽车刚落水时，千万不要惊慌，应迅速辨明自己所处的位置，确定逃生的路线方案。

汽车入水过程中，由于车头较沉，所以应尽量从车后座逃生。

如果车门不能打开，手摇的机械式车窗可摇下时从车窗逃生。

如果入水后车窗与车门都无法打开，这时要保持头脑清醒，将面部尽量贴近车顶上部，以保证足够空气，等待水从车的缝隙中慢慢涌入，车内外的水压保持平衡后，车门即可打开逃生。

如果车门和车窗确实无法打开的话，也可以采用砸窗的办法，工具应

选用尖嘴榔或类似物品，猛砸车辆侧窗。应注意两点:（1）挡风玻璃是砸不穿的;（2）侧窗破碎时碎玻璃会连水冲入车内，注意避免划伤。离开车的时候，尽量保持面朝上，这样通常比较顺利。如果汽车有天窗的话，也可以选择砸碎或推开天窗逃生，特别是在车辆未沉没的时候，从天窗逃生是最好的路径。

离车后应尽快浮上水面——如果你不会游泳的话，离车前应在车内找一些能浮的物件抓住。如果有条件，可找大塑料袋套在头上，在脖子附近扎紧，塑料袋内的空气可以提供你上浮时所需的氧气。

## 电梯出故障怎样自救

电梯故障，停止运行时，可采取以下措施进行自救：

（1)冷静。不要采取过激的行为，如乱蹦乱跳等，应调整呼吸，尽量平稳，缓慢地吸气与呼气。

（2）求救。用电梯内的电话或对讲机与外界联系，还可按下标盘上的警铃报警。如果手机有信号，被困者可拨打维修电话或119求助。此外，也可拍门叫喊或脱下鞋子用力拍门，以便及时传递求救信号。

（3）等候救援。在专业人员前来进行救援时，一定要听从救援人员的指挥，配合救援行动，以保证安全。

电梯运行速度突然加快时，可采取以下措施进行自救：

（1）按下每层楼的按键。把每层楼的按键都按下，如果有应急电源，可立即按下，在应急电源启动后，电梯可马上终止下落。

（2）自我保护。将整个背部与头部紧贴梯箱内壁，用电梯壁保护脊椎。同时下肢呈弯曲状，脚尖点地、脚跟提起以减缓冲力，用力抱肩，避免脖子受伤。

乘电梯时应注意的事项有：

（1）发现电梯运转异常或电梯内有焦煳味，应停用并告诉维保人员。

（2）不乘坐超龄和不符合使用标准的电梯。

（3）家长应教育孩子如何正确乘坐电梯，以及发生电梯事故时如何应对。

（4）不要在电梯内蹦跳，上下电梯不要相互推挤。

## 小飞虫钻进了耳道怎么办

小飞虫突然钻进耳道后，千万不要用手指或其他东西去掏，以免小飞虫越钻越深，万一钻破鼓膜，会引起听力下降。正确的做法是利用某些小虫向光性的生物特性，在黑暗处将患耳对着蜡烛或手电筒，用光亮诱虫出耳；也可向耳内滴进一两滴植物油、醋、白酒或一些温水、冷开水等（鼓膜已穿孔者不宜用此法），过2—3分钟把头部歪向一侧，让有虫的耳朵朝下，虫会随液体流出。要是小虫不能自行流出，不要乱掏耳朵，以免损伤鼓膜，应及时去医院请医生取出。

## 鱼骨卡喉怎么办

鱼骨卡喉后，应立即停止进食，张大嘴发“啊”的声音，让家属借助光线或手电筒，看清鱼骨所在部位，再用镊子夹出。若未发现鱼骨，则鱼骨可能卡在更深的喉咽部，应去医院就诊。鱼骨取出后，在短时间内咽喉部仍然会有异物感，这是局部黏膜擦伤的缘故，不必介意。不少人喜欢采用吞咽大的干饭团的方法来对付鱼骨卡喉，该方法对小的鱼骨可能有效，但对稍大一些的鱼骨则无效，有时反而会因挤压而让鱼骨刺得更深。还有些人认为，一旦鱼骨卡喉，可少量多次吞服食用醋使鱼骨软化。其实，食醋在咽喉部停留的时间很短，根本不可能软化鱼骨。

## 突遇公交车自燃如何自救

由于燃油公交车失火后，火势蔓延有一定的时间，乘客基本上只要选择避开火势就能安全逃生。切记不要盲目拥挤、乱冲乱撞。

实际上，如果遇到公交车着火，乘客要特别留心注意以下四个要点：

（1）如果发动机着火，乘客应迅速开启车门下车。

（2）如果火焰封住车门，就用衣服蒙住头部，从车门冲下。

（3）如果车门线路被烧坏，无法开启，应用坚硬物品砸开就近车窗翻身下车，利用窗户逃离现场。

（4）扑火时，应重点保护驾驶室和油箱部位。

（5）如果衣服着火，迅速脱下衣服，或请他人协助压灭火苗。

## 遇到龙卷风该怎么办

遇到龙卷风很危险，一定要积极想办法躲避，切莫惊慌失措。

（1）在野外遭遇龙卷风时，记住要快跑，但不要乱跑，应以最快的速度朝与龙卷风前进路线垂直的方向逃离。来不及逃离的，要迅速找一个低洼地趴下，正确的姿势是脸朝下，闭上嘴巴和眼睛，用双手、双臂保护住

头部。

（2）遇到龙卷风时，一定要远离大树、电线杆、简易房等，以免被砸、被压或触电。

（3）在电线杆或房屋已倒塌的紧急情况下，要尽可能切断电源，以防触电或引起火灾。

（4）躲避龙卷风最安全的地方是混凝土建筑的地下室或半地下室，简易住房很不安全。注意：千万不要待在楼顶上。

（5）如果人在室内，要避开窗户、门和房子的外墙，躲到与龙卷风方向相反的小房间内抱头蹲下。同时，用厚实的床垫或毯子罩在身上，以防被掉落的东西砸伤。

## 沙漠遇险如何逃生

能否在沙漠中生存下来，取决于三个相互依赖的因素：周围的温度、活动量及饮水的储存量。

形形色色的仙人掌是天然的水库，许多人恰恰是在仙人掌的阴影下与生存失之交臂，被活活渴死的。另外，还有很多动物的血，昆虫的汁液都可以用来止渴。

在沙漠中求生有六个原则：

（1）喝足水、带足水、学会找水。

（2）要夜行晓宿，千万不可在烈日下行动。

（3）动身前一定要通告自己的前进路线，抵达的日期。

（4）前进过程中留下记号，以便救援人员寻找。

（5）学会寻找食物的方法。

（6）学会发出求救信号的各种方法。

## 如何躲开户外雷击

雷雨天气时不要停留在高楼平台上，在户外空旷处不宜进入孤立的棚屋、岗亭等。

远离建筑物外露的水管、煤气管等金属物体及电力设备。

不宜在大树下躲避雷雨，如万不得已，则须与树干保持3米距离，下蹲并双腿靠拢。

如果在雷电交加时，头、颈、手处有蚂蚁爬走感，头发竖起，说明将发生雷击，应赶紧趴在地上，这样可以减少遭雷击的危险，并除去身上佩戴的金属饰品和发卡、项链等。

如果在户外遭遇雷雨，来不及离开高大的物体时，应马上找些干燥的绝缘物放在地上，并将双脚合拢坐在上面，切勿将脚放在绝缘物以外的地面上，因为水能导电。

在户外躲避雷雨时，应注意不要

用手撑地，要双手抱膝，胸口紧贴膝盖，尽量低下头。因为头部较之身体其他部位更易遭到雷击。

当在户外看见闪电几秒钟内就听见雷声时，说明正处于近雷暴的危险环境，此时应停止行走，两脚并拢并立即下蹲，不要与人拉在一起，最好使用塑料雨具、雨衣等。

在雷雨天气里，不宜在旷野中打伞，或高举羽毛球拍、高尔夫球棍、锄头等；不宜进行户外球类运动，雷暴天气进行高尔夫球、足球等运动是非常危险的；不宜在水面和水边停留；不宜在河边洗衣服、钓鱼、游泳、玩耍。

在雷雨天气中，不宜快速开摩托、快速骑自行车和在雨中狂奔，因为身体的跨步越大，电压就越大，也越容易受雷击。

如果在户外看到高压线遭雷击断裂，此时应提高警惕，因为高压线断点附近存在跨步电压，身处附近的人此时千万不要跑动，而应单脚或双脚并拢，跳离现场。

## 在楼房内如何避震

躲进“安全岛”。房屋倒塌后形成的三角空间，往往是人们得以幸存的相对安全的避震空间（即大块倒塌体与支撑物构成的空间），比如墙角处，承重墙较多、开间小的房间、卫生间，结实、能掩护身体的物体下（旁）等。

身体应采取的姿势。蹲下或坐下，尽量蜷曲身体，降低身体重心，同时抓住桌腿等身边牢固的物体，以免震动时摔倒或因身体失控移位而受伤。注意保护颈、眼睛，掩住口鼻。

卫生间优于厨房。同样属于小开间，厨房因有燃气管道、燃气灶和微波炉等家用电器，其安全性不如卫生间。提醒一句，地震发生时，一定要立即关闭正在使用的取暖炉、燃气灶等，万一失火，应立即灭火。

如果是在北方，可以教孩子避震时蹲在暖气片旁。暖气片的承载力较大，金属管道的网络性结构和弹性不易被撕裂，即使在大幅度晃动时也不易被甩出去；暖气管道通气性好，不容易造成窒息；管道内的存水还可延长存活期。更重要的一点是，被困时可采用击打暖气管道的方式向外界传递信息。

不要钻进柜子或箱子里。因为人一旦钻进去后便立刻丧失了机动性，视野受阻，四肢被缚，不仅会错过逃生机会还不利于被救。这一点小朋友们要特别注意。

靠外不靠内。不要选择建筑物的内侧位置，尽量靠近外墙，但不要躲

在窗户下面。

## 走在路上如何避震

当心高空坠物。高层建筑物的玻璃碎片和大楼外侧的混凝土碎块、高耸或悬挂物（变压器、电线杆、路灯、广告牌）等，可能掉下伤人，应立即将身边的包或柔软物品顶在头上，或用手护头，迅速跑开。

跑向开阔地。要镇静，不要乱跑乱挤，避开人流，迅速离开高层建筑物、电线杆和围墙，跑向比较开阔的地区，蹲下或趴下。

## 在行驶的车辆中如何避震

团身抱头，抓牢扶手。如果地震发生时爸爸（或妈妈）正驾驶着汽车，应尽快减速，逐步刹闸。注意不可急刹车，特别是在高速公路上，而孩子应立即团身抱头，并用一只手牢牢抓住扶手。

尽快离车躲避。停车后应尽快离开汽车，跑向开阔地。

在公共汽车、火车和地铁等交通工具上，避震方法大致相同。

## 地震废墟之下如何进行自救

如果震后被埋压在废墟中，一定要沉住气，树立生存的信心。要相信一定会有人来救你，要千方百计坚持下去，等待救援。

保护自己不受新的伤害。震后，余震还会不断发生，周围环境还可能进一步恶化，救援需要一定的时间，因此，你要尽量改善自己所处的环境，稳定下来，设法脱险。被埋压在废墟下，即使身体未受伤，也还有被烟尘呛闷窒息的危险，因此要注意用手巾、衣服或手捂住口鼻，避免意外事故的发生。另外，要想办法将手、头、脚挣脱开来，并利用双手和可能活动的其他部位清除压在身上的各种物体。用砖头、木头等支撑住可能塌落的重物，尽量将安全空间扩大些，保持足够的空气以供呼吸。

设法自行脱险、尽力与外界取得联系。仔细听听周围有没有其他人，听到人声时用石块敲击铁管、墙壁，以发出呼救信号；观察四周有没有通道或光亮，分析、判断自己所处的位置，从哪个方向可能脱险；然后试着排开障碍，开辟通道。如果床、窗户、椅子等旁边还有空间的话，可以从下面爬过去，或者仰面过去。倒退时，要把上衣脱掉，把带有皮扣的皮带解下来，以免中途被阻碍物挂住。最好朝着有光线和空气的地方移动，身体不要太紧张，要尽量放松，否则在通过狭窄的地段时将会发生困难。头朝下往下滑行时，不要将两手都放在前面，一只手要放到身体的侧面，这是防止身体失去平衡的必要措施。两手交替抱住胸部，用胳膊肘滑下来效果比较好。

如果暂时不能脱险，要耐心保护自己，等待救援。被埋在废墟里之后，要对自己所处的环境做出正确的判断，得出自行逃生或等待救援的结论。如果开辟通道费时太长，费力过多，则不应自行逃生。如果周围非常危险，有玻璃、不牢固的床板、电路、水池，也不应逃生，或者自己所处的房屋年久失修，很可能一有震动即会倒塌，也不应轻举妄动。做出等待救援的决定之后，就要尽量保存体力。首先，不要大喊大叫。一般来说，被压在废墟里的人听外面人的声音比较清楚，而外面的人对里面发出的声音则不容易听到，因此，听不到外面有人，任凭怎样呼喊也无济于事。只有听到外面有人时再呼喊，才能收到良好效果。长期无效的呼喊，会消耗大量的体力，增加死亡的威胁。与外界联系的呼救信号很多，除了呼喊外，还可用敲击管道、墙壁等一切能使外界听到的方法。其次，被压埋期间，要想方设法寻找代用食物和水。俗话说，饥不择食，若要生存，只能这样做。

## 身上着火了怎么办

人身上着火后千万不能跑，越跑火就越旺。这是因为人一跑反而加快了空气对流而促进燃烧，火势会更加猛烈。跑，不但不能灭火，反而会将火种带到别的地方，扩大火势，这是很危险的。应该采取以下措施进行自救：

（1）尽量先把衣服脱掉，浸入水中或用脚踩灭。

（2）如果来不及脱衣服，也可以卧倒在地上，把身上的火苗压灭。

（3）可以跳入附近的水池和水塘内灭火。如果烧伤面积大，就不能跳入水中以防感染。

（4）切忌用灭火器直接向身上喷射，因为多数灭火器的药剂会引起烧伤的创口产生感染。

## 溺水如何自救

当发生溺水，又不熟悉水性时，除呼救外，可采取仰卧位，头部向后，使鼻部露出水面呼吸。呼气要浅，吸气要深。因为深吸气时，人体密度降

到 0.967，比水略轻，可浮出水面（呼气时人体密度为 1.057，比水略重），此时千万不要慌张，不要将手臂上举乱扑动，这会使身体下沉得更快。

## 家庭内安全用电的窍门

用螺旋口式灯头时，除了不可把火线接在螺旋套相连的接线桩头上以外，还应加上安全罩。

厨房、卫生间等易沾水的地方，应装带防水的开关。

家庭照明设备上，不可使用电炉，因为电炉中的电热丝特别容易和受热器如铝壶等直接和间接接触，造成触电事故。

不可用铜丝做保险丝，因为铜丝熔点比较高，不易烧断，因此安全系数低，起不到保护线路的作用。

电器装置的盖子破的地方很危险，人碰到裸露的带电部分，即会触电，因此必须及时修复。

不可把活动家用电器的软线直接挂在电源上，普通电灯不能当作临时活动灯使用，如是活动灯的话，必须采用限制伏（通过变压器降压）以下的安全活动工作灯，否则很容易发生触电事故。

不要用湿手接触电器和电器装置。

## 厨房内的灭火方法

灭火器灭火法。家庭厨房的灭火器要选择使用方便、有效的。

蔬菜灭火法。当用热油做菜时，油烧得太热，油面上窜出火苗，此时，可将准备炒的蔬菜投入锅内，一部分油溅到上面，火就会灭掉。

锅盖灭火。当油面火焰不高，油面上又没有油炸的食品时，用锅盖盖住，是一种理想的窒息灭火法。如锅盖与锅的大小不合适，火喷出锅盖以外，应立即切断火源。

## 修理电器时的注意事项

人体是导电体，接触到带电电线或带电器就会发生触电事故。因此，在检修电路时，一定要注意以下几点：

（1）不可赤脚或穿潮湿的鞋，要穿胶鞋或踏在干燥的木板上。

（2）不可接触非木结构的建筑物和潮湿的木结构物。

（3）一定不要带电操作，要拉下总开关，切断电源。在具体操作时，还要注意用试电笔检查一下，确实无电后才能操作。

## 暖气漏水怎么办

在供热期间一旦发生暖气漏水现象，不要慌乱，应立即采取措施妥善处理。导致暖气漏水的原因很多，以下几种情况比较常见：

（1）暖气片爆裂漏水。如果暖气片突然爆裂漏水，应立即用厚毛巾、抹布等物品将其堵上，以减少水流量，降低热水喷涌可能带来的损失。

（2）放风阀断裂或漏水。如果不小心将放风阀弄断，应立即用毛巾等物品将放风阀处堵上，并找一根圆形的筷子将漏水处钉死，然后立即请专业人员前来维修。

（3）暖气支管砂眼漏水。出现此情况后，应把毛巾或抹布缠在管子上，留出一段放到盆里，将水引流到盆里。如果家里有自行车内胎，可将其剪成宽 1 厘米左右的长条（50 厘米以上为宜），在距砂眼 3 厘米处将内胎条用力拉开，一扣压一扣地缠在管子上，直到缠过砂眼 3 厘米即可。

（4）暖气管连接处漏水。暖气管连接处一旦漏水，要用毛巾或抹布将管轻轻缠上，留出一段放到盆里，让水流到盆里，然后找专业人员维修。千万不能自行处理，一旦处理不好，连接处断开将会造成更大的损失。

出现以上各种情况时，如果是已经实行单户供热的住户，应尽快关闭阀门，并立即拨打所在区域的锅炉房或供热站的维修电话，请专业人员前来维修。

## 点蚊香勿忘安全

夏季是蚊虫的滋生季节，为了睡个安稳觉，许多家庭选择在睡觉前点燃盘香或电蚊香。因蚊香火头很小，很多人误以为不会引起火灾。然而事实上点燃的蚊香焰心温度可高达 200℃—300℃，一旦遇到棉布、纸张、木材等易燃物品很容易引起火灾。

点盘香时一定要放在金属支架上或金属盘内，并且与桌、椅、床、蚊帐等可燃物保持一定的距离；如果室内有易燃液体（汽油、酒精等）或可燃气体时，不宜在室内点燃蚊香；点蚊香时，应该放在不易被人碰倒或被风吹倒的地方；睡觉前，最好检查一下点燃的蚊香，确保安全后，再去睡觉。

## 家庭救助十忌

扭伤忌用热敷。采用冰敷减轻疼痛，用绷带包扎防肿及加强支撑作用，尽量抬高伤处，以减轻受伤部的水肿。

小而深的伤口忌马虎包扎。应立

即清洁伤口，并及时注射破伤风血清。

农药污染皮肤而中毒者忌用温热水或酒精擦洗。应立即脱掉衣服，用冷水反复冲洗农药污染过的皮肤。

烧伤或擦伤引起的水泡忌刺破。如非刺破不可，可用消毒针刺穿一洞，让水流出，但一定要保留水泡外皮覆盖伤口，以防感染。

溃疡病患者忌饮牛奶，可用苏打缓解胃酸。

严重急性腹痛忌服止痛药。这样会掩饰病情延误诊断，应及时送医院诊治。

心脏病人发生气喘忌平卧位。应取坐位，令双腿下垂。

脑出血忌随意搬动。应立即平卧，头部抬高，急送医院抢救。

对外伤等病，止血忌长时间包扎，应每隔一小时松解 15 分钟。

昏迷病患者忌进食或饮水，以免食物误入气管，引起肺炎甚至窒息。

## 使用电压力锅的注意事项

正确选购和使用电压力锅是确保安全的前提。在选购和使用电压力锅时应注意以下几个问题：

（1）忌只图便宜。要挑有牌号、有说明书、经过质量检验合格的产品，不能图便宜购买冒牌货。

（2）忌不学就用。有的人在购买电压力锅后拿回家就用，这种做法是极其错误的。初次使用电压力锅之前必须仔细阅读说明书，严格按照说明书的要求去做。

（3）忌用前不查。使用电压力锅前，应认真检查电压力锅的排气孔是否畅通，安全阀座下的孔洞是否被异物堵塞。若在使用过程中排气孔被食物堵塞，应将锅强制冷却，将排气孔疏通后继续使用。否则，在使用时电压力锅内的食物可能喷出伤人。此外，还要检查电压力锅的橡胶密封圈是否老化。橡胶密封圈容易老化，而老化的密封圈容易使电压力锅漏气，因此要及时更换密封圈。

（4）忌锅盖合不到位。一定要将电压力锅的锅盖合到位才能烹制食物，否则可能造成锅盖飞起伤人的事故。

（5）忌擅自加压。使用电压力锅时，有的人会擅自在加压阀门上增加重量，为的是加大锅内的压力，强行缩短烹制食物的时间。殊不知，电压力锅压力的大小是严格按照技术参数设计的，无视科学设计擅自为电压力锅加压是非常危险的，很容易引发锅爆人伤的事故。另外，在使用时，如果电压力锅上的易熔金属片（塞）脱落，绝不能用其他金属物代替，应尽快更换同样的零件。

（6）忌盛装过满。往电压力锅放食物原料时，不要超过锅内容积的80%，如果是豆类等易膨胀的食物原料则不得超过锅内容积的67%。

（7）忌中途开盖。在加热过程中，绝不可中途打开锅盖，免得食物喷出烫人。在未确认冷却之前，不要取下重锤或调压装置，免得食物喷出伤人，应在自然冷却或强制冷却后打开锅盖。

## 如何安全使用燃气热水器

经常检查燃气管道，避免管道漏气，发现漏气时应及时关闭燃气阀，打开门窗，禁止火种。

每次使用燃气热水器前，都应该检查安装热水器的房间窗子或排气扇是否打开。通风是否良好，连续使用热水器洗澡时，更应保持通风良好。

刮风天气发现安装热水器的房间倒灌风或烟道式热水器从烟道倒烟时，应暂停使用热水器。

运行时发现火焰溢出外壳或下部有火苗蹿出，应暂停使用。

热水器运行时上部冒黑烟，说明热交换器已经严重堵塞或燃烧器内有异物存在，应立即停用并送维修。

发现热水器上部有火苗蹿出，可能是燃气压力过高或气源种类不对，应停止使用，查明原因。

未成年人使用热水器应特别注意安全指导，教会其正确使用，切勿大意。

排烟道应注意防止腐蚀，烟道不可堵塞。

热水器每半年或一年，应由专业人员全面维修保养一次。

## 家电着火的扑救方法

首先立刻切断电源，拉闸要戴上绝缘手套，人要离远些，避免切断电源时的电弧喷射烧伤脸部。用电工钳或干燥木柄斧子切断电源时，应将电源的相线、地线一根一根地分别切断，否则会引起短路，造成更大的灾难。

扑救火灾时，要关闭门窗，防止风吹助燃。要立即用干燥的棉被、棉衣盖住火苗。切不可用水和灭火器喷淋电器设备的方法扑救，因为高温电器突然遇水冷却会爆炸伤人。火扑灭后，必须及时打开门窗通气。

## 触电急救法

人体触电后，通常会出现面色苍白、瞳孔放大、脉搏和呼吸停止等现象。发生触电后，应立即实施现场急

救，只要处理及时、正确，多数触电者都可获救。

首先要迅速切断电源。若电源开关距离较远，可用绝缘物体（如木棒等）拉开电线，切忌用金属材料或用湿手去拉电线，以防引起连锁触电。

脱离电源后，根据触电者伤势情况，采取相应的救护措施，如果伤势较轻，可让其安静地休息一小时左右，再送往医院观察。如果伤势较重，出现无知觉、无呼吸，甚至心脏停止跳动的情况，应该立即进行人工呼吸，同时进行胸外心脏按压。在送往医院的途中，不能停止进行人工呼吸和胸外心脏按压抢救。

## 插座积灰应常清理

在我们的日常生活中，清理插座往往被很多人遗忘，隔上十天半月才想起来清理，而此时它已经被搞得“灰头土脸”了。插座里的灰尘太多易造成接触不良，严重的还会导致局部发热，少数会造成短路，引发火灾。

电源插座应隔三四天清理一次。但爱干净的人喜欢用湿抹布擦插座，这是大忌，因为抹布上的水分会让插孔变得潮湿，擦完后马上插上电源，容易引发短路。最好是用吸尘器吸出插座里的尘土，也可把插座倒过来，轻轻拍打底部，然后用干布擦净表面的尘土。

其实，现在不少插座内部都有一些防尘措施，如果在干燥、清洁的环境下，插座只要定期清理就可以了。浴室里最好用带有防水罩的插座，因为水汽可能让灰尘、毛发等成为导体，形成通电状态，有人把这叫作“积污导电”。此外，长期不拔掉的电源插头也要定期清洁，否则也容易产生“积污导电”。

## 如何防止空调着火

安装空调的最佳方向是北面，其次是东面。空调不要安装在房门的上方，因为开门时会加速热空气的流入。空调可对着门安装，这样室内的空气压力可抵抗室外热空气的流入。

空调安装的高度、方向、位置必须有利于空气循环和散热，并注意与窗帘等可燃物保持一定的距离。空调运行时，应避免与其他物品靠得太近。

突然停电时应将电源插头拔下，通电后稍待几分钟再接通电源。空调必须使用专门的电源插座和线路，不能与照明或其他家用电器合用电源线。导线载流量和电度表容量要足够，插头与电器元件接触要紧密。

空调要安装一次性熔断保护器，

防止电容器击穿后引起温度上升而造成火灾。保险丝容量要合适，切不可用铁丝、铜丝代替。

空调应定时保养，定时清洗冷凝器、蒸发器、过滤网、换热器，擦除灰尘，防止散热器堵塞，避免火灾隐患。

## 处置不当，可能引起中毒的几种常见食物

豆浆中毒。生大豆含有一种有毒的胰蛋白酶抑制物，可抑制体内蛋白酶的正常活性，并对胃肠有刺激的作用，因此豆浆必须煮开再喝。

豆角中毒。豆角品种很多，豆角会引起中毒一般认为是因为豆角中含有的皂素和血球凝集素，因此豆角要“烧熟煮透”。

鱼类引起的组胺中毒。含组胺高的鱼类主要是青皮红肉的海产鱼类，如鲐鱼、青鱼、沙丁鱼、秋刀鱼等。这类鱼含有较高量的组氨酸，在适宜的条件下，经细菌作用，鱼肉中的组氨酸经脱羧酶作用会产生组胺和类组胺物质——秋刀鱼素，因此在食用这几种鱼类的时候要多加小心。

鲜黄花。新鲜黄花菜的花粉里含有一种化学成分叫秋水仙碱，秋水仙碱本身无毒，但吃下去后，在体内会氧化成毒性很大的类秋水仙碱。这种物质能强烈地刺激消化道，成年人如果一次食入0.1—0.2毫克的秋水仙碱（相当于鲜黄花菜50—100克），就会发生急性中毒，出现咽干、口渴、恶心、呕吐、腹痛、腹泻等症状，严重者还会出现血便、血尿或尿闭等。如果一次食入20毫克的秋水仙碱可致人死亡。

# 第二十章　实用文书写作

## 请柬

请柬是为邀请宾客参加某一活动时所使用的一种书面形式的通知。一般用于联谊会、纪念活动、婚宴、诞辰或重要会议等，发送请柬是为了表示隆重。

请柬不同于一般书信。一般书信都是因双方不便或不宜直接交谈而采用的交际方式。请柬却不同，即使被请者近在咫尺，也须送请柬，这表示对客人的尊敬，也表明邀请者对此事的郑重态度。语言上除要求简洁、明确外，措辞还要文雅、大方和热情。

请柬从形式上又分为横式写法和竖式写法两种，竖式写法从右边向左边写。请柬一般由标题、称呼、正文、结尾、落款五部分构成。

（1）标题。在封面上写的“请柬”（请帖）二字，一般要做一些艺术加工，可用美术体的文字，文字的色彩可以烫金，可以有图案装饰等。需说明的是，通常请柬已按照书信格式印制好，发文者只需填写正文而已。封面也已直接印上了名称“请柬”或“请帖”字样。

（2）称呼。要顶格写出被邀请者（单位或个人）的名称。如“某某先生”“某某单位”等。称呼后加上冒号。

（3）正文。要写清活动内容，如开座谈会、联欢晚会、生日派对、国庆宴会、婚礼、寿诞等。写明时间、地点、方式。如果是请人看戏或其他表演还应将入场券附上。若有其他要求也需注明，如“请准备发言”“请准备节目”等。

（4）结尾。要写上礼节性问候语或恭候语，如“致以敬礼”“顺致崇高的敬意”“敬请光临”等。

（5）落款。署上邀请者（单位或个人）的名称和发柬日期。

收到请柬后，不论是接受邀请或辞谢邀请，都要给予明确的答复。

范例：

正面——

新春作家联谊会

请　柬

××出版社

背面——

春节即将到来，为感谢您对我社工作的大力支持，现定于××年××月××日下午××时在××电影院举行新春作家联谊会，会后放映电影，敬请莅临并盼望对我社工作继续给予关心和支持。祝新春愉快！

（附上电影票）

（公章）

××年××月××日

接受邀请的回复格式范文：

××：

请柬收到，十分感谢您的盛情。本人于××月××日××时当准时参加。特此谨致谢意。

××

××月××日

谢绝邀请的回复格式范文：

××：

请柬收到，十分感谢。无奈届时出差远行，无法按时赶回参加令爱婚礼，深表歉意。今送上贺礼一份，祝新婚夫妇快乐，相亲相爱。

老友××

××月××日

## 邀请函

邀请函又称邀请书，是用来邀请对方参加纪念会、座谈会、学术研讨会等活动使用的一种礼仪性的书信文体。

邀请函与请柬的不同之处在于，邀请函的制发者一般是单位或团体，而请柬可以是单位、团体发出的，也可以是个人发出的。邀请函在内容和篇幅上要比请柬复杂。邀请函主要用于带有一定的议项和议题的研讨会等，请柬多用于庆典、婚庆、寿礼、开业等。在制作上，邀请函不刻意追求美观，而请柬要求比较讲究，要雅致精美。

邀请函主要由以下部分构成：

（1）标题。标题一般直接写“邀请函”三个字即可，位于正文上方居中的位置。

（2）称呼。同“请柬”格式。

（3）正文。一般要写明活动的名称、主要内容和议题。活动的具体时间、地点，对被邀请者的有关要求等。

（4）结语。一般为“此致敬礼”等。

（5）落款。在右下方写明邀请单位的名称和时间，并加盖公章。

范例：

邀请函

××同志：

为了纪念××一百周年诞辰，我会定于××年××月××日至××日，在××举行学术研讨会。您对此素有研究，我们希望您能莅临指导。如蒙应允，请在××月××日前来参加为盼。

报到地点：××路××号××宾馆××室

报到时间：××年××月××日上午八时

会议主题：××

联系人：××

联系电话：××

电邮：××

学术研究讨论会筹备组（公章）

## 祝词、贺词

祝词、贺词通常由标题、称呼、正文和落款四部分组成。

（1）标题。祝词、贺词的标题一般由两种方式构成。一种是由致词者、致词场合和文种共同构成，另一种是由致词对象和致词内容共同构成。

（2）称呼。称呼写在开头顶格处。写明祝词或贺词对象的姓名。一般要在姓名后面加上称呼甚至有关的职务头衔，以示敬重。

（3）正文。正文一般由三项内容构成。向受词方致意要说明自己代表何人或何种组织向受词方及其何项事业祝福贺喜。概括评价受词方已取得的成就。展望未来美好的前景，再次向受词方表示衷心的祝贺。

（4）落款。落款处应当署上致词单位名称，或致词人姓名，最后还要署上成文日期。

祝词的语言要求充满热情、喜悦、鼓励、希望、褒扬之意，以便使对方感到温暖和愉快，受到激励与鼓舞。祝词不应使用辩论、谴责、批评等词句和语气。颂扬与祝贺要恰如其分，过分的赞美之词会使对方感到不安。

祝词、贺词写作还应注意：祝词、贺词要求热情洋溢，充满喜庆，满怀诚意地表达自己的良好祝愿。多用褒扬、赞美、激励之词，但又千万不可滥用美词，以免给人阿谀奉承之嫌。祝词、贺词文体上可以多种多样，只要可以写出特色，表达诚挚的祝愿即可。

范例一：祝酒词

大家中午好！

光阴荏苒，斗转星移。满载着成功、喜悦和艰辛的牛年即将过去，充满着机遇、希望和力量的虎年悄然来临。今天，我们欢聚于此，庆祝即将到来的虎年新春佳节！

岁月不居，天道酬勤。在过去的一年里，大家齐心协力、奋发图强，众志成城、锐意进取。生活中幸福安康，其乐融融；工作上兢兢业业，任劳任怨。我们用朴实的汗水，换来了丰硕的收获！

展望即将迎来的一年，我们满怀憧憬、激情澎湃，润泽桃李我们一片丹心，无怨无悔；教育创新我们锲而不舍，敢为人先。宏伟壮观的传道事业期待着我们去挥洒智慧和才能。让我们满怀信心，开足马力，奔向更加辉煌的新年！

同志们！

风雨感时，犹恋千般情结；岁月作证，当歌百味人生。新的一年，让我们互勉一句：生命不息，奋斗不止！让我们互祝一声：阖家欢乐，万事如意！

工作再接再厉，再创佳绩；身心长健长怡，祥和长在；生活有滋有味，共享天伦！

范例二：新婚贺词

各位亲朋好友，各位来宾，女士们，先生们！

晚上好！在这欢声笑语、天降吉祥、花好月圆、天地之合的喜庆日子里，我们相聚在这里，隆重庆祝 ×× 先生与 ×× 小姐喜结良缘。

今天，我十分荣幸地接受新郎新娘的委托，步入这神圣而庄重的婚礼殿堂，为这对新人致新婚贺词。在这里，首先请允许我代表二位新人，以及他们的家人对各位来宾的光临表示衷心的感谢和热烈的欢迎！同时，让我们衷心地为他们祝福，为他们祈祷，为他们欢呼，为他们喝彩，为了他们完美的结合。让我们以最热烈的掌声，祝福幸福的新郎新娘，祝愿他们的生活像蜜糖般甜蜜，他们的爱情像钻石般永恒，他们的事业像黄金般灿烂。

各位来宾，×× 先生和 ×× 小姐两位新人志同道合，从相识、相知到相爱，直到今天步入婚姻的殿堂，是缘分把他们两颗纯洁的心相连在一起，可谓“花开并蒂、珠联璧合、佳偶天成”；是真情把这对心心相印的新人结合得甜甜蜜蜜，融合得恩恩爱爱。

我想，此时此刻，我们的新郎要比平时任何时候更感受到真正的幸福，更显得英俊潇洒；而我们的新娘要比平时任何时候更感到内心的激动，更显得楚楚动人和漂亮温柔。当然，在此时此刻，我想还有两对夫妻是最激动最高兴的，那就是对新郎、新娘有养育之恩的父母。

各位来宾，亲爱的朋友们，在这美好的夜晚，让我们为这对幸福的恋人起舞，为快乐的伴侣歌唱，为火热的爱情举杯。愿两位新人的人生之路永远洒满阳光！

## 贺　信

贺信是指行政机关、企事业单位、社会团体或个人向其他集体单位或个人表示祝贺的一种专用书信。今天贺信已成为表彰、赞扬、庆贺对方在某个方面所做贡献的一种常用形式，它还兼有表示慰问的功能。

贺信一般由标题、称谓、正文、结尾和落款五部分构成。

（1）标题。贺信的标题通常由文种名构成。如在第一行正中书写“贺信”二字。

（2）称谓。顶格写明被祝贺单位或个人的名称或姓名。写给个人的，要在姓名后加上相应的礼仪名称如“同志”。称呼之后要用冒号。

（3）正文。贺信的正文要交代清楚以下几项内容：第一，结合当前的形势状况，说明对方取得成绩的大背景，或者某个重要会议召开的历史条件。第二，概括说明对方在哪些方面取得了成绩，分析其成功的主观、客观原因。贺寿的信，要概括说明对方的贡献及他的宝贵品质。总之这一部分是贺信的中心部分，一定要交代清祝贺的原因。第三，表示热烈的祝贺。要写出自己祝贺的心情，由衷地表达自己真诚的慰问和祝福。要写些鼓励的话，提出希望和共同理想。

（4）结尾。结尾要写上祝愿的话。如“此致敬礼”“祝争取更大的胜利”“祝您健康长寿”等。

（5）落款。写明发文的单位或个人的姓名、名称，并署上成文的时间。

贺信要体现的是自己真诚的祝福，是加强彼此联系、增强双方交流的重要手段，所以贺信要写得感情饱满充沛。冷冰冰的陈述、评价是表达不出贺者心情的。贺信内容要真实，评价成绩要恰如其分，表示决心要切实可行，不可空发议论，空喊口号。语言要求精练、简洁明快，不堆砌华丽辞藻。篇幅要短小精悍。

范例：

贺　信

××杂志社：

我们怀着十分欣喜与钦佩的心情通知您，贵刊在刚刚结束的“中国期刊奖”暨“第二届全国百种重点社科期刊”评选中荣获“中国期刊奖”暨“第二届全国百种重点社科期刊”称号。在此，向贵刊表示衷心的祝贺与诚挚的敬意。

处于世纪之交的“中国期刊奖”与“第二届全国百种重点社科期刊”的评选，是20世纪最后一次对全国期刊界的检阅，承先启后，继往开来，预示着新世纪中国期刊业进一步繁荣、腾飞的灿烂前景。吮吸着悠久历史的芬芳，化育着时代奋进的精神，祝愿贵刊早日成长为中国期刊之林的一棵参天大树。

××杂志社敬贺

××年××月××日

## 贺　电

贺电的结构由收报人住址姓名、收报地点、电报内容、附项四部分构

成。拍发礼仪电报，要用电信局印制的礼仪电报纸按栏、按格写。

收报人住址姓名。先写住址马路、街道、门牌号码，再写单位名称或个人姓名。

收报地点。填写省、市、县名，大城市可略写省名。

电报内容。贺电的内容一般由标题、称呼、正文、结尾、落款等五部分组成。

（1）标题。贺电的标题，可直接由文种名构成，即在第一行正中写“贺电”二字。有的贺电标题也可由文种名和发电双方名称共同构成，如“国务院致中国体操队的贺电”。有的还用副标题，即以发电单位、受电单位和文种作为主标题，而用副标题说明内容。

（2）称呼。称呼要写上收电单位或个人的名称、姓名。是个人的还应在姓名后加上“同志”“先生”或职务名称等称呼。要顶格写，称呼后加冒号。

（3）正文。贺电的正文要根据内容而定，若发给单位或某一地区庆祝活动的，宜在表示祝贺的同时，对其做出的各种成绩、取得的巨大成就给予充分肯定，并给予鼓舞，提出希望。一般私人之间的交往，则把内容放在祝贺上就可以了。

（4）结尾。贺电结尾要表达热烈的祝贺和祝福之意，有的也提出希望。

（5）落款。即在正文右下方署上发电单位或个人的姓名，并写上发电日期。

（6）附项。包括发报人签名或盖章、住址、电话。

贺电的写作要求：

（1）文字精简明白。

（2）严格按格填写。电报的按字计费是按电报纸上的格子计费。所以要严格认真写，手写字体要端正。

（3）数字的写法。数字用阿拉伯数字填写，一组数字可以填在同一个格子里，并用活号表示。

（4）电报挂号的用法。“电报挂号”是一个单位在电信部门登记后获得的专用号码，使用这个号码，就可以代替单位的地址和名称。

（5）关于附项。附项是电文以外的内容，不拍发、不计费。但因具有在电报无法投递或其他意外情况下供电信部门与发报人联系的作用，所以应如实详细填写。

贺电的注意事项：

贺电篇幅不能太长，一般用百余字表达祝贺就行了。贺电在用语上要细细斟酌，贺颂要恰如其分。提出的要求和希望要合乎情理。贺电要及时、迅速拍发。

范例：

贺　电

××轻工机械公司：

××值此贵公司成立30周年之际谨向你们致以热烈的祝贺。

机械工业公司发报人（签名或盖章）

××年××月××日

## 题　词

题词基本格式：

（1）一般而言，题词的排版格式分为两种：一种为竖排版，一种为横排版。竖排版的题词是从右边开始写的，而横排版的题词自然是从上到下来写的。

（2）题词的写法一般有四种：

第一，在题词的上方（横排版）或右边（竖排版）写上被题词的对象的姓名或单位名称。有时还简单注明一下题词的原因，在题词正文右下方书写题词者姓名与日期。

第二，在题词的右下方（横排版）或左下方（竖排版）书写题词者的姓名和日期。

第三，只在下款写上为谁而题、题词者姓名和日期。

第四，有的题词，可以没有下款。

题词的语言形式一般比较自由，大致来分可以有以下几种：

（1）诗歌类。

如苏轼《题西林壁》："横看成岭侧成峰，远近高低各不同。不识庐山真面目，只缘身在此山中。"又如辛弃疾《丑奴儿·书博山道中壁》："少年不识愁滋味，爱上层楼。爱上层楼，为赋新词强说愁。而今识尽愁滋味，欲说还休。欲说还休，却道天凉好个秋。"

（2）对联类。

对联类是很常见的一种题词形式。名山古刹，日常生活，赠人、赠事的对联句子，可以说俯拾皆是。

（3）散句类。

散句类，句子可长可短，形式自由，要求较为随意，可任意挥毫，成为今天人们更乐意使用的一种形式。如艾青为《作文》杂志题："青年人很容易接近诗，青年人不爱诗，诗就没有发展的前途了。"

题词的注意事项：

题物类的题词范围极广，万不可滥用，尤其是在名胜古迹和借阅的书刊上，不可胡乱涂抹。如果诗兴难抑，可写在自备的笔记本上。

题词文字一般不宜过长，常常三言两语即可。

题词内容要切合题赠的场合、题赠的对象。

题写时，既可自己编写，也可摘录前人或别人现成的佳句，恰到好处即可。

题写时务必认真，书法要优美，富有审美情趣。

范例：

师长为学子题词

希望是坚韧的拐杖，忍耐是旅行袋，带上它们，你可以登上永恒之旅，走遍全世界。

假如生活是一条河流，愿你是一叶执着的小舟；假如生活是一叶小舟，愿你是个风雨无阻的水手。

## 答谢词

答谢词的结构由标题、称呼、开头、正文、结语五部分构成。

（1）标题。一般用文种《答谢词》作标题。

（2）称呼。与欢迎词同。

（3）开头。对主人的热情接待表示感谢。

（4）正文。畅叙情谊，或表明自己来访的意图、诚意，申述有关的愿望。

（5）结语。祝愿或再次表示谢意。

范例：

××参观团团长

雷××先生的答谢词

××部长××饮料厂公关部的同志们：

我们今天初临贵境，刚下飞机就得到了你们的热情接待。刚才××部长还给我们详细介绍了情况和经验，给我们周到地安排了参观和吃饭、休息，使我们感到就像回到家里一样亲切、温暖。谨让我代表参观团的全体同志向你们，并通过你们向厂领导和全体职工致以衷心的感谢！

饮料厂因其生产的高级牌健康饮料和慷慨捐助群众性体育活动而闻名全国。我们对饮料的大名早已如雷贯耳。我们这次远道慕名而来，不仅想看看你们是怎样生产、学习和生活的，而且想要学习你们改革开放的新思想、新观念和宝贵经验。刚才××部长介绍的三条经验已经使我们感到耳目一新，在今天的参观访问中，我们一定能够学到更多的东西。我们参观团的成员全部来自企业。虽然不都是做饮料的，但我们相信，你们的宝贵经验于我们都会有极大的帮助和启发。

再次感谢东道主的盛情！

谢谢！

## 求职信

求职信又称自荐信，是大、中专

毕业生或其他求职人员向有关用人单位介绍自己的主观愿望和实际才干，以便对方了解自己、相信自己，从而获得某种职位的书信。

求职信的组成部分：

（1）开头。开头一定要开门见山地写明你对公司有兴趣并想担任他们空缺的职位，以及你是如何得知该职位的招聘信息的。

（2）推销自己。第二部分要简短地叙述自己所学的专业以及才能，特别是这些才能将满足公司的需要。没有必要具体陈述，详细内容引导对方查看你的简历。此外，推销时要适度，不能夸大其词。

（3）联系方式。在求职信中给出你电话预约面试的可能时间范围，或表明你希望迅速得到回音，并标明与你联系的最佳方式。

（4）结尾。感谢他们阅读并考虑你的应聘。

（5）落款。

范例：

尊敬的领导：

您好！很荣幸您能在百忙之中翻阅我的求职信，谢谢！

我是一名即将毕业的计算机系本科生，届时将获得计算机学士学位。大学四年，我奠定了扎实的专业理论基础，拥有良好的组织能力，团队协作精神，务实的工作作风。

在理论学习上，我认真学习专业知识理论，阅读了大量计算机书籍。同时对于法律、文学等方面的非专业知识也有浓厚的兴趣。在校期间，在专业考试中我屡次获得单科第一，获得院二等奖学金一次、院三等奖学金五次，获第 ×× 届大学生科学技术创作竞赛一等奖。获学院 ×× 届优秀毕业设计。

在专业知识上，我精通 Visual Basic、SQLServer、ASP。熟练使用 Linux、Windows 9x/Me/NL/2000/XP 等操作系统。熟练使用 Office、WPS 办公自动化软件。自学 html、FrontPage、DreamWeaver、Fireworks、F1ash 等网页制作软件。对于常用软件都能熟练使用。

在工作上，我曾担任院学生会成员、副班长等职，现任计算机系团总支组织部部长。多次组织系部、班级联欢会，春游等活动，受到老师、同学们的一致好评。

我品质优秀，思想进步，笃守诚、信、礼、智的做人原则。在校期间，光荣加入中国共产党。

四年的大学生活，我对自己严格要求，注重能力的培养，尤其是实践动手能力更是我的强项。我曾在 ×× 新区的 ×× 公司、×× 公司实

习。在××集团、××电信科学技术研究院参加工程项目。在校期间多次深入企业实习，进一步增强了社会实践能力。

手捧菲薄求职之书，心怀自信诚挚之念，我期待着能成为贵公司的一员！

此致

敬礼！

××

××年××月××日

## 介绍信

介绍信是使双方相识或发生关系的一种书信。按使用方法分，有私人介绍信和单位介绍信两种。私人介绍信兼具介绍和引荐的作用；单位介绍信兼具介绍和证明的作用。介绍信是双方联系工作，洽谈事宜，了解信息，交流人才，从事社会活动等的纽带。如派人到有关单位参观学习、出席会议、联系工作、了解情况、举荐人才等，都要写介绍信。

介绍信的结构包括以下部分：

（1）标题。第一行中间写“介绍信”三字。

（2）称呼。第二行顶格写收信人单位或个人名称。

（3）正文。正文要写清楚被介绍人的姓名、身份、人数，去联系什么事，对收信单位或个人有什么要求等。

（4）结尾。正文写完后，另起一行空两格写“此致”，再另起一行顶格写“敬礼”。

（5）落款。最后在介绍信的右下方分两行写上开介绍信的单位或个人名称（单位介绍信要盖上公章）及日期。

范例：

介绍信

××厂：

为全面贯彻教育方针，帮助学生深入了解社会实际，国家实情，自觉走与实践相结合的道路，培养合格的建设人才，我院决定要求学生回乡度假期间参加社会实践活动。

现有我院学生××来你厂参加社会实践活动，具体事宜，请予接洽、安排为荷。

此致

敬礼！

××学院（公章）

××年××月××日

## 感谢信

感谢信是对某个单位或个人的关怀、支援、帮助表示感谢的信。感谢信不仅有感谢的意思，而且有表扬的意思。这种信可以直接给对方或对方所在单位，也可以张贴在对方单位内或所在地的公共场所，还可以交给报纸刊登、电台广播、电视台播映。

感谢信的格式如下：

第一行的正中用较大的字体写上“感谢信”三个字。如果写给个人这三个字可以不写。有的还在“感谢信”的前边加上一个定语，说明是因为什么事情、写给谁的感谢信。

第二行顶格写对方单位名称或个人姓名，姓名后面可以加适当的称呼，如“同志”“师傅”“先生”等，称呼后用冒号。如果感谢对象比较多，可以把感谢对象放在正文中间提出。

第三行空两格起写正文。这一部分要写清楚对方在什么时间，什么地点，由于什么原因，做了什么好事，对自己或单位有什么支持和帮助，事情有什么好的结果和影响。还要写清楚从中表现了对方哪些好思想、好品德、好风格。最后表示自己或所在单位向对方学习的态度和决心。

正文写好了，另起一行空两格（也可以紧接正文）写上“此致”，换一行顶格写上“敬礼”。

最后再换一行，在右半行署上单位名称或者个人姓名。在署名的下边写上发信的日期。

写感谢信要注意下面几点：

（1）叙述对方对自己或本单位的帮助，一定要把人物、时间、地点、原因、结果以及事情经过叙述清楚。便于组织了解和群众学习。

（2）信中要洋溢着感激之情。在叙述事实的过程中，除了要突出对方的好思想和表示谢意外，行文要始终饱含着感情。这感情要真挚、热烈，使所有看到信的人都受到感染。

（3）写表示谢意的话要得体，既要符合被感谢者的身份，也要符合感谢者的身份。

（4）感谢信以说明事实为主，切勿不着边际地大发议论。

范文：

感谢信

尊敬的后勤集团领导：

我是历史系 ×× 级硕士研究生，我要对贵单位的 ××（动力运行服务中心）和 ××（校园管理服务中心）二位老师对我的帮助表示感谢。

×× 月 ×× 日中午，我在图书馆（北区新馆）不小心将手机掉进了厕所。当时我感到非常焦急，因为手机中有大量的通信信息。情急之下我找到了 ×× 老师，她又找来了 ×× 老师。二位老师急他人所急，经过一个多小时才将手机捞出。

帮助师生打捞手机本不在他们的职责范围内。但他们却一心为方便广

大师生着想，牺牲了宝贵的休息时间，体现了后勤集团的优良作风和优秀品质。我代表同学们向后勤集团表示敬意和我个人的衷心感谢！向二位老师表示感谢！

祝集团领导身体健康，祝后勤全体工作人员顺利、家庭幸福！

此致

敬礼！

感谢人 ××

×× 年 ×× 月 ×× 日

## 表扬信

表扬信是对某些单位或个人的高尚风格和模范事迹表示颂扬的信件。这种信件可以是领导机关、群众团体表扬其所属的某一单位以及某一个人的，也可以是群众之间的互相表扬。表扬信一般用大红纸抄出，张贴在被表扬的单位、个人的所在地或者公共场所；也可以在报纸发表、在电台广播、在授奖大会上宣读。通过表扬好人好事，能够使受表扬者得到鼓舞，对其他人也起到教育作用。

表扬信的格式和写法与感谢信基本相同。不过，写表扬信还需要注意下面的几点：

（1）感谢信一般由当事者或当事者的所在单位以及亲属来写，而表扬信凡了解情况的人都能写。

（2）表扬信结尾的写法有两种，如果是写给本人的，就写“值得学习”“深受感动”等方面的内容；如果是写给受表扬者的所在单位或领导的，就可以提出建议，请在一定范围内宣传、表扬受表扬者的好作风和模范事迹。

（3）正文中要突出受表扬者事迹中最有教育意义的方面。

（4）叙述受表扬者的模范事迹一定要实事求是，赞扬的文字要掌握分寸，切忌堆砌溢美之词，使人感到不可信，受表扬者也感到不快。

范文：

给 ×× 保安的表扬信

×× 物业公司领导：

你们好！

今天，我是怀着诚挚的谢意向你们表示感谢的，尤其是保安部门的 ×× 同志。

本周一，我上班时突然发现原来挂在皮带上的公司的门卡不见了，心想一定是丢在外边了。虽然不值钱但丢了上班很不方便，补办手续繁杂。正在我着急的时候，物业保安部打来电话，说保安 ×× 同志在楼道门口捡到一门卡，上面有我的姓名和公司电话。我当天就已领回失物，非常感谢

××同志及保安部周到及时的服务。

一直以来保安部的小伙子们除了做好在小区站岗、巡逻、对外来车辆登记等职责内的工作外，还经常主动帮业主拿东西、帮助指挥业主车辆停靠、疏通道路、携老扶幼，他们言行礼貌、助人为乐，让我一进小区就能感受到回家的温暖。

他们的精神实在是令人感动，在此对全体保安部同志表示感谢！同时也深深为物业公司那种主动为业主服务的工作风气所感动！

谢谢！再一次向××同志表示感谢！

××业主

××年××月××日

## 证明信

证明信是以机关、团体、单位或个人证明一个人的身份或一件事情，供接受单位作为处理和解决某人某事的根据的书信。

证明信格式：

（1）标题。“证明”或“有关问题的证明”。

（2）称谓。

（3）正文。被证明的事实。

（4）结尾。一般写“特此证明”。

（5）出具证明的单位署名、日期，加盖公章。

证明信特点：

（1）凭证的特点。

证明信的作用贵在证明，是持有者用以证明自己身份、经历或某事真实性的一种凭证，所以证明信的第一个特点就是它的凭证作用。

（2）书信体的格式特点。

证明信是一种专用书信，尽管证明信有好几种形式，但它的写法同书信的写法基本一致，它大部分采用书信体的格式。

范文：

证　明

兹证明××是我公司员工，在××部门任××职务。至今为止，年收入约为××元。

特此证明。

本证明仅用于证明我公司员工的工作及在我公司的工资收入，不作为我公司对该员工任何形式的担保文件。

经办人××（盖章）

××年××月××日

## 协议书

协议书是在公关活动中就某一问题或某些事项交换意见，经过协商、谈判，达成共识后，由有关各方

共同签署的具有法律效力的记录性应用文。

范文：

技术合作协议书

订立协议双方：

甲方：×× 建筑工程公司

乙方：×× 装修设计公司

为发挥双方的优势，共谋发展，并为今后逐步向组成集团公司过渡，双方经过充分友好的协商，特订立本协议。

一、建立密切的技术合作关系，今后凡甲方承接的工程，装修设计任务均交给乙方承担。

二、乙方保证，在接到任务后，将立即组织以高级工程师为领导的精干设计队伍，在 10 日内提出设计方案，并在方案认可后一个月内完成全部设计图纸。

三、为保证设计的质量，甲方将毫无保留地向乙方提供所需要的一切建筑技术资料。

四、装修施工队伍由甲方组织，装修工程的施工由甲方组织实施，施工期间，乙方派出高级工程师监督施工，以保证工程的质量。

五、甲方按装修工程总费用的千分之 × 向乙方支付设计费。

六、本协议自签订之日起生效。

七、本协议书一式两份，双方各执一份。附件《×× 建筑装修工程集团公司组建意向书》一份。

甲方：×× 建筑工程公司（盖章）

法人代表：××（签字）

乙方：×× 装修设计公司（盖章）

法人代表：××（签字）

×× 年 ×× 月 ×× 日

甲方地址：××　乙方地址：××

甲方邮政编码：××　乙方邮政编码：××

甲方电话：××　乙方电话：××

甲方传真：××　乙方传真：××

甲方银行账号：××　乙方银行账号：××

甲方联系人：××　乙方联系人：××

## 收条、借条、便条和请假条

收到单位或个人的款项、物件时，要出具收条。

收　条

今收到机加工车间工会送来的困难补助费 500 元，大米 100 斤。

××

×× 年 ×× 月 ×× 日

从单位或他人手中借到款项、物件时，要出具借条。亲友或左邻右舍借钱一般不写借条，但为了防止发生差错或产生分歧，写一张借条是有好处的。

借　条

今借到机加工车间工会足球一个，三日后归还。

××

××年××月××日

在家临时有事外出，可三言两语简明地写一张便条，把事情告诉对方。

便　条

××：

我和××一起去看电影。晚饭不在家吃，请不要等我了。

××

××年××月××日

请假条是一个很重要，但经常被人们忽略的应用文写作。它是请求领导或老师或其他人准假不参加工作、学习、活动的文书。请假条因为请假的原因，分为请病假和请事假两种。

请假条

××主任：

今天早晨我突然间发高烧，经人民医院××医生检查是重感冒。无法前来上班，暂请假三天，请批准。

附医院证明

××

××年××月××日